Nichtlineare Ersatzmodellierung in transsonischer instationärer Aeroelastik

TU Braunschweig – Niedersächsisches Forschungszentrum für Luftfahrt

Berichte aus der Luft- und Raumfahrttechnik

Forschungsbericht 2015-21

Nichtlineare Ersatzmodellierung in transsonischer instationärer Aeroelastik

Klemens Lindhorst

TU Braunschweig

Institut für Flugzeugbau und Leichtbau

Diese Arbeit erscheint gleichzeitig als von der Fakultät für Maschinenbau der Technischen Universität Carolo-Wilhelmina zu Braunschweig zur Erlangung des akademischen Grades eines Doktor-Ingenieurs genehmigte Dissertation.

Bibliografische Information der Deutschen Nationalbibliothek
Die Deutsche Nationalbibliothek verzeichnet diese Publikation in der Deutschen Nationalbibliografie; detaillierte bibliografische Daten sind im Internet über http://dnb.d-nb.de abrufbar.
1. Aufl. - Göttingen: Cuvillier, 2015
Zugl.: (TU) Braunschweig, Univ., Diss., 2015

Diese Arbeit erscheint gleichzeitig als von der Fakultät für Maschinenbau der Technischen Universität Carolo-Wilhelmina zu Braunschweig zur Erlangung des akademischen Grades eines Doktor-Ingenieurs genehmigte Dissertation.

Herausgeber der NFL Forschungsberichte:
TU Braunschweig – Niedersächsisches Forschungszentrum für Luftfahrt
Hermann-Blenk-Straße 27 • 38108 Braunschweig
Tel: 0531-391-9822 • Fax: 0531-391-9804
Mail: nfl@tu-braunschweig.de
Internet: www.tu-braunschweig.de/nfl

Nonnenstieg 8, 37075 Göttingen
Telefon: 0551-54724-0
Telefax: 0551-54724-21
www.cuvillier.de

1. Auflage, 2015
Gedruckt auf umweltfreundlichem, säurefreiem Papier aus nachhaltiger Forstwirtschaft

ISBN 978-3-7369-9176-7
eISBN 978-3-7369-8176-8

Nichtlineare Ersatzmodellierung in transsonischer instationärer Aeroelastik

Von der Fakultät für Maschinenbau
der Technischen Universität Carolo-Wilhelmina zu Braunschweig

zur Erlangung der Würde
eines Doktor-Ingenieurs (Dr.-Ing.)

genehmigte
Dissertation

von
Dipl.-Ing. Klemens Lindhorst
aus Wolfenbüttel

eingereicht am:	19. Juni 2015
mündliche Prüfung am:	11. November 2015
Gutachter:	Prof. Dr.-Ing. Peter Horst Prof. Dr.-Ing. Cord-Christian Rossow
Vorsitzender:	Prof. Dr.-Ing. Peter Hecker

2015

“Der Mensch ist meist mehr Ergebnis seiner Zufälle als seiner Einfälle”
frei nach Odo Marquard

Danksagung

Diese Dissertation ist im Rahmen meiner Tätigkeit als wissenschaftlicher Mitarbeiter am Institut für Flugzeugbau und Leichtbau der Technischen Universität Braunschweig von 2010 bis 2015 entstanden. Sie ist somit ein Ergebnis der vielen Unterstützung der Personen, die mich in dieser Zeit begleitet haben.

Mein besonderer Dank gilt Herrn Prof. Dr.-Ing. Peter Horst, der mir als Doktorvater die Möglichkeit der Promotion gab und mich stets mit konstruktivem Rat unterstützte. Für die Möglichkeiten und Freiheiten zur wissenschaftlichen Entfaltung am Institut, durch Diskussionen und Expertisen und durch das Ermöglichen der Teilnahme an internationalen Konferenzen, haben Sie einen verlässlichen Rahmen für meine fachliche und persönliche Entwicklung geschaffen. Hierbei konnte ich mich stets auf Ihre Unterstützung verlassen, insbesondere in der letzten Phase meines Promotionsstudiums. Dafür möchte ich mich herzlichst bei Ihnen bedanken.

Ich bedanke mich bei Herrn Prof. Dr.-Ing. Cord-Christian Rossow, der mit großem persönlichen Interesse als Referent das Zweitgutachten übernommen hat. Sie haben sich die Zeit genommen und durch sehr konstruktive Gespräche einen wertvollen Beitrag zu dieser Arbeit geleistet. Dafür gilt auch Ihnen mein herzlichster Dank.

Den Vorsitz der Prüfungskommission hat Herr Prof. Dr.-Ing. Peter Hecker übernommen, wofür ich Ihnen ebenfalls herzlich danken möchte.

Des Weiteren möchte ich mich bei allen meinen Kollegen am Institut für die angenehme Zeit bedanken. Vor allem möchte ich mich bei Herrn Dr.-Ing. Matthias Haupt für die angenehme fachliche Betreuung und die hilfreiche und stets konstruktive Kritik bei wissenschaftlichen Publikationen bedanken, welche sicherlich den einen oder anderen Referenten-Kommentar im Vorfeld vorwegnahm. Weiterhin möchte ich Christoph danken, mit dem ich nicht nur die meiste Zeit das Büro geteilt habe, sondern mit dem ich auch die besten Zeiten des Studiums verbracht habe und der mir stets ein sehr guter Freund war. Weiter möchte ich mich bei Stefan, Paul und Tayson für die interessanten fachlichen und überfachlichen Diskussionen in der Teeküche bedanken und bei André für feine Urlaube auf dem Snowboard und temporäreres Bahnen ziehen im Schwimmbecken.

Einen erheblichen Beitrag zu dieser Promotion haben selbstverständlich meine Freunde und meine Familie geleistet, die mich immer unterstützt und motiviert haben. Ihr habt mir den Rücken freigehalten und mich in den richtigen Zeitpunkten auf andere Gedanken gebracht. Dies gilt insbesondere für meine Eltern, die mir stets alles ermöglicht haben und auf die ich mich immer verlassen kann und die nicht zuletzt durch geduldiges Korrekturlesen auch einen direkten Beitrag zu dieser Arbeit geleistet haben, und für meine Geschwister, die mir immer helfend zur Seite stehen. Vielen Dank dafür, ich bin froh, dass es euch gibt.

Übersicht

Die Berücksichtigung der aeroelastischen Eigenschaften einer Flugzeugkonfiguration ist eine wichtige Fragestellung in der Auslegung moderner Verkehrsflugzeuge. Hierbei stellt die Berechnung der Strömung eine besondere Herausforderung dar. Zur Lösung des Strömungsproblems innerhalb aeroelastischer Analysen werden bereits vielfach potentialtheoretische, lineare Verfahren eingesetzt. Diese Verfahren liefern zuverlässige Ergebnisse im subsonischen Flugbereich. Im transsonischen Bereich hingegen, in welchem die Reisefluggeschwindigkeiten der meisten modernen Flugzeuge liegen, treten verstärkt nichtlineare aerodynamische Effekte auf. Diese Effekte werden durch die linearen Verfahren nicht abgebildet, weshalb diese Methoden nur begrenzt eingesetzt werden können. Hochwertigere numerische Lösungsverfahren können nichtlineare Effekte zwar abbilden, benötigen jedoch einen erheblichen Aufwand an Rechenzeit und -ressourcen, weshalb diese Verfahren nicht in großem Umfang eingesetzt werden.
Aus diesem Grund wird in dieser Arbeit ein Ansatz entwickelt, welcher die Erstellung eines Ersatzmodells auf der Basis einer begrenzten Zahl an aufwändigen, numerischen Strömungsanalysen ermöglicht. Dieses Ersatzmodell ist darauf ausgelegt, die für aeroelastische Analysen relevanten Strömungsgrößen in vergleichbarer Qualität wie das numerische Verfahren vorherzusagen und dabei lediglich einen Bruchteil der Rechenzeit und -ressourcen zu benötigen. Zudem soll das Ersatzmodell auf hochdimensionale nichtlineare Felder anwendbar sein, damit auch der Einsatz bei komplexeren dreidimensionalen Problemen ermöglicht wird.

Die Praxistauglichkeit des entwickelten Ansatzes wird in dieser Arbeit an drei verschiedenen aeroelastischen Modellen demonstriert. Hierbei wird zunächst das zweidimensionale NLR7301-Profil mit zwei Bewegungsfreiheitsgraden untersucht, welches signifikante nichtlineare aerodynamische Eigenschaften besitzt. Anschließend wird als einfacher dreidimensionaler Fall der AGARD445.6-Flügel betrachtet, bei welchem mit dem Ersatzmodell eine Flatteruntersuchung im transsonischen und unteren supersonischen Bereich durchgeführt wird. Schließlich wird der Ersatzmodellansatz auf die realitätsnahe dreidimensionale HIRENASD-Konfiguration angewendet, welche als ein Fall industrieller Größenordnung betrachtet wird. Es wird die Robustheit und Stabilität des Ansatzes anhand der Variationen des Strukturmodells als auch des Anstellwinkels gezeigt. Als Ausblick für weiterführende Entwicklungen wird die Böenvorhersage mittels des Ersatzmodells untersucht.
Der entwickelte Ansatz stellt sich in den Testfällen als ein effektives, ergänzendes Hilfsmittel bei hochwertigen numerischen aeroelastischen Untersuchungen heraus.

Abstract

Aeroelasticity is an important aspect in modern aircraft design. Especially the precise analysis of the flow is still challenging. Nowadays, linear methods based on potential theory are widely used in aeroelastic analyses, which are solid methods in the subsonic range. In the transsonic regime with the occurance of significant nonlinear phenomenas the use of such methods is limited or not feasible. In contrast to that, high fidelity numerical flow solvers are able to capture nonlinear effects but the use of these methods is still limited due to the high computational effort.

This is the reason why in this work an approach for the construction of surrogate models is developed, which can be derived from several high fidelity numerical analyses. This surrogate model is designed to predict the relevant aerodynamic parameters in a comparable quality compared with the full order numerical method but with a fraction of the computational effort. Additionally, the surrogate model should be applicable on nonlinear high dimensional fields realizing the use of the approach in complex three dimensional cases.

The applicability of the developed approach is demonstrated on three different aeroelastic models. First the two dimensional NLR7301-airfoil with two structural degrees of freedom is investigated, which shows significant nonlinear aerodynamic behaviour. Then the three dimensional AGARD445.6 wing is considered for flutter investigations in the transsonic and lower supersonic regime with the surrogate model. Finally, the surrogate model approach is applied on the HIRENASD configuration representing a realistic transport aircraft wing. The robustness and stability of the approach is demonstrated by using various structural models as well as by interpolating the angle of attack. An outlook for further improvements is given by predicting gust responses with the surrogate model.

In the performed test cases the developed approach emerges as an effective tool for high fidelity numerical aeroelastic investigations.

Inhaltsverzeichnis

Tabellenverzeichnis

Symbolverzeichnis

α .... Stationärer Anstellwinkel
$\alpha_{M=0}$ .. Einbauwinkel des 2D-Profils bezüglich der Anströmrichtung
β .... Newmark-Parameter
$\delta\underline{\epsilon}$ ...... Virtuellen Verzerrung
$\delta\underline{u}$ ...... Virtuellen Verschiebung
δ_{ij} ...... Kroneckersymbol
δ_{log} ..... Logarithmisches Dekrement
$\dot{\theta}$ .... Nickgeschwindigkeit
$\dot{h}$ .... Bewegungsgeschwindigkeit des Hubs beim 2D-Profil
$\dot{q}_h$ ...... Wärmestrom über die Oberfläche aufgrund von Strahlung oder chemischer Reaktionen
γ .... Newmark-Parameter
$\Gamma^{(e)}$ .... Berandung des Elements
Γ_1 ...... Berandung des betrachteten strukturellen Körpers mit äußerer Last
Γ_2 ...... Berandung des betrachteten strukturellen Körpers mit aufgeprägten Wegrandbedingungen
Γ_K ..... Berandung des betrachteten elastischen Körpers
Γ_{KV} ... Berandung des Kontrollvolumen
$\underline{\hat{y}}$ .... Reduzierter Zustandsvektor, enthält die POD-Koeffizienten $\hat{y}_i$
$\underline{\lambda}$ .... Lagrange-Multiplikator
λ_s ...... Glättungsfaktor, entspricht dem Lagrange-Multiplikator zum Einbringen der Nebenbedingung nach kleinen Wichtungsfaktoren
λ_{ii} ..... i-ter Eigenwert
$\mathcal{A}_i$ ...... Zustands-Wichtungsfaktor in einem ARMA-Modell
$\mathcal{B}_i$ ...... Störungs-Wichtungsfaktor in einem ARMA-Modell
$\mathcal{D}_{limit}$ .. Abstandskriterium zur Begrenzung der maximalen Neuronenzahl
$\mathcal{F}$ ...... Strömungslöser-Operator
$\mathcal{S}$ ...... Strukturlöser-Operator
μ .... dimensionslose Strukturmasse des AGARD445.6-Flügels $\mu = \frac{m}{\rho_\infty V_{ref}}$
ν_0 ...... Referenzviskosität des Sutherland-Modells
$\Omega^{(e)}$ .... Gebiet des Elements
ω_h ...... Eigenkreisfrequenz der Hubschwingung $\omega_h = 2\pi f_h$
Ω_K ..... Volumen des betrachteten elastischen Körpers
ω_θ ...... Eigenkreisfrequenz der Anstellwinkelschwingung $\omega_\theta = 2\pi f_\theta$
ω_h ...... Eigenkreisfrequenz der Hubschwingung $\omega_h = 2\pi f_h$
Ω_{KV} ... Gebiet des Kontrollvolumen
$\overline{\omega}$ .... Dimensionslose reduzierte LCO-Frequenz $\overline{\omega} = \frac{2\pi c f_{LCO}}{U_\infty}$
ρ .... Fluiddichte
ρ_∞ ..... Fluiddichte der freien Anströmung
ρ_e ...... Elementdichte der HIRENASD-Konfiguration
ρ_K ..... Dichte des betrachteten strukturellen Körper
ρ_s ...... Strukturelle Dichte des AGARD445.6-Flügels
σ_i ...... i-ter Singlärwert

θ .... Elastischer Nick- bzw. Torsionswinkel
Θ_x, Θ_y, Θ_z Zusammenfassung des Energieflusses aufgrund der Reibung und der Wärmeleitung in der Energiebilanz
$\theta_{y,Tip}$ ... Rotation der Flügelspitze um die y-Achse
$\ddot{\underline{u}}_n$ ...... Beschleunigung für den Zeitschritt $t = n$
$\dot{\underline{u}}_f$ ...... Gittergeschwindigkeiten der Kopplungsoberfläche des Fluidgitters
$\dot{\tilde{\underline{u}}}_{n+1}$ ... Newmark-Prädiktor der Geschwindigkeit für den Zeitschritt $t = n + 1$
$\dot{\underline{u}}_n$ ...... Geschwindigkeit für den Zeitschritt $t = n$
$\underline{\omega}^2$ ...... Vektor der Eigenwerte der Modalanalyse, welcher die Quadrate der Eigenkreisfrequenzen enthält
$\underline{\psi}_i$ ...... i-ter POD Basisvektor (wird auch als POD-Mode bezeichnet)
$\tilde{\underline{u}}_s^{n+1}$ ... Durch den Prädiktor zeitlich extrapolierte strukturelle Deformation
$\tilde{\underline{u}}_{n+1}$ ... Newmark-Prädiktor der Verschiebung für den Zeitschritt $t = n + 1$
$\underline{\underline{\Lambda}}$ ...... Eigenwertmatrix mit Eigenwerten auf der Hauptdiagonalen: $\underline{\underline{\Lambda}} = diag(\lambda_{11}, ..., \lambda_{qq})$
$\underline{\underline{\mathcal{D}}}$ ...... Euklidische Abstandsmatrix
$\underline{\underline{\Phi}}$ ...... Eigenvektormatrix der Modalanalyse, welcher die Eigenformen enthält
$\underline{\underline{\Sigma}}^*$ ..... Singlärwertmatrix
$\underline{\underline{\Sigma}}^{-1}$ .... Inverse Kovarianzmatrix
$\underline{\underline{\sigma}}_K$ ..... Innere Spannungen im betrachteten strukturellen Körper entlang der virtuellen Verzerrung $\delta\underline{\epsilon}$
$\underline{\tau}$ .... Schubspannungen
$\underline{\underline{A}}$ ...... Designmatrix der radialen Basisfunktionen
$\underline{\underline{A}}_{inv}$ .... Moore-Penrose-Pseudoinverse der Matrix $\underline{\underline{A}}$
$\underline{\underline{C}}$ ...... Gesamtdämpfungsmatrix
$\underline{\underline{D}}$ ...... Differentialoperatormatrix in der Verschiebungs-Verzerrungsbedingung
$\underline{\underline{E}}$ ...... Elastizitätsmatrix
$\underline{\underline{H}}$ ...... Kopplungsmatrix bei der Balkeninterpolation
$\underline{\underline{h}}_n$ ...... n-ter Volterra-Kern
$\underline{\underline{I}}_i$ ...... Einheitsmatrix vom Rang i, d.h. $\underline{\underline{I}}_i \in \mathbb{R}^{i \times i}$
$\underline{\underline{K}}$ ...... Gesamtsteifigkeitsmatrix
$\underline{\underline{M}}$ ...... Gesamtmassenmatrix
$\underline{\underline{N}}$ ...... Formfunktionsmatrix
$\underline{\underline{S}}$ .... Formmatrix bei ellipsoiden Basisfunktionen, findet bei der Mahalanobis-Distanz d_M Anwendung
$\underline{\underline{U}}$ ...... Eigenvektormatrix der Matrix $\underline{\underline{Y}}\,\underline{\underline{Y}}^T$
$\underline{\underline{U}}^*$ ..... Links-Singulärvektoren
$\underline{\underline{V}}$ ...... Eigenvektormatrix der Matrix $\underline{\underline{Y}}^T\,\underline{\underline{Y}}$
$\underline{\underline{V}}^*$ ..... Rechts-Singulärvektoren
$\underline{\underline{W}}$ ...... Wichtungsmatrix des RBF Netzes
$\underline{\underline{X}}$ ...... Eingangsmatrix
$\underline{\underline{Y}}$ ...... Snapshotmatrix
$\underline{\underline{Z}}$ ...... Zielmatrix
$\underline{\underline{Z}}^*$ ..... Modifizierte Zielmatrix nach Subtraktion des polynomialen Untermodells $\underline{\underline{Z}}^* = \underline{\underline{Z}} - g(\underline{\underline{X}})$
$\underline{c}_F$ ...... Normierte aerodynamische Kräfte auf der Kopplungsoberfläche des Fluidgitters: $\underline{c}_F(t) = \frac{\underline{F}_f(t)}{0{,}5\rho_\infty U_\infty^2 A_{ref}}$
$\underline{f}_e$ ...... Volumenkräften
$\underline{F}_f$ ..... Aerodynamische Kräfte auf der Kopplungsoberfläche des Fluidgitters
$\underline{F}_k$ ..... Konvektive Flüsse

$\underline{F}_s$ ..... Kräfte auf der Kopplungsoberfläche des Strukturgitters
$\underline{F}_v$ ..... Viskose Flüsse
$\underline{h}_L$ ..... Hebelarm zwischen dem Lotpunkt und dem betrachteten CFD-Knoten
$\underline{n}_{KV}$ .... Normalenvektor auf der Berandung des Kontrollvolumen
$\underline{U}$ ...... Geschwindigkeit der ungestörten Strömung
$\underline{u}_f$ ...... Gitterdeformation der Kopplungsoberfläche des Fluidgitters
$\underline{u}_s$ ...... Deformationen auf dem Strukturgitter
$\underline{u}_n$ ...... Verschiebung für den Zeitschritt $t = n$
$\underline{W}$ ...... Vektor der konservativen Zustandsgrößen
$\underline{y}$ .... Allgemeiner Zustandsvektor des betrachteten Systems
$\underline{y}_0$ ...... Ursprung der POD-Basis im originären Raum
a .... Schallgeschwindigkeit
$a_i^G(\underline{x})$ .. Gaussfunktion
$a_i^{IQ}(\underline{x})$. Inverse Quadrik-Funktion
A_θ ..... Amplitude der Nickbewegung beim 2D-Profil
A_e ..... Elementfläche der HIRENASD-Konfiguration
A_h ..... Amplitude der Hubbewegung beim 2D-Profil
$a_i(\underline{x})$ ... Funktionswert der i-ten radialen Basisfunktion an der Stelle $\underline{x}$
A_{aero} ... Globaler aerodynamischer Auftrieb
A_{ref} .... Aerodynamische Bezugsfläche der benetzten Oberfläche für die aerodynamischen Beiwerte bzw. die normierte aerodynamische Kräfte
C ...... Sutherland-Konstante
C_A ..... Globaler Auftriebsbeiwert
c_i ...... Zentrum der i-ten radialen Basisfunktion
C_M .... Globaler Nickmomentenbeiwert
C_W .... Globaler Widerstandsbeiwert
$C_{A,\alpha}$ ... Globaler Auftriebsanstieg
$C_{A,\dot{\theta}}$ .... Auftriebsderivativ bezüglich der Nickgeschwindigkeit
$C_{A,\dot{h}}$ ... Auftriebsderivativ bezüglich der Hubgeschwindigkeit
$C_{A,\theta}$ .... Auftriebsderivativ bezüglich der Nickbewegung
$C_{A,h}$ ... Auftriebsderivativ bezüglich der Hubbewegung
$C_{M,\alpha}$ ... Globaler Nickmomentenanstieg
$C_{M,\dot{\theta}}$ ... Momentenderivativ bezüglich der Nickgeschwindigkeit
$C_{M,\dot{h}}$ ... Momentenderivativ bezüglich der Hubgeschwindigkeit
$C_{M,\theta}$ ... Momentenderivativ bezüglich der Nickbewegung
$C_{M,h}$ ... Momentenderivativ bezüglich der Hubbewegung
c_{Tip} .... Profiltiefe in der Flügelspitze
c_{Wurzel} . Profiltiefe in der Flügelwurzel
D^* ..... Funktionsargument der radialen/ellipsoiden Basisfunktion $D^* = \left(\frac{d_M}{r_i}\right)^2 = \frac{(\underline{x}(t)-\underline{c}_i)\underline{\underline{S}}(\underline{x}(t)-\underline{c}_i)}{r_i^2}$
D^*_{limit} .. Extrapolationskriterium
D^*_{min} ... Minimalwert für $D^*_{min} = \min(D^*)$ aller Basisfunktionen zum unbekannten Systemzustand
D_h ..... Dämpfungskonstante des Translationsfreiheitsgrades
d_M ..... Mahalanobis-Distanz $d_M(\underline{x}(t), \underline{c}_i) = \sqrt{(\underline{x}(t) - \underline{c}_i)\,\underline{\underline{S}}\,(\underline{x}(t) - \underline{c}_i)}$
D_θ ..... Dämpfungskonstante des Rotationsfreiheitsgrades
d_{limit} ... Nutzerdefinierter Parameter, welcher die Grenze für den maximalen Abstand zwischen CFD-Knoten und Lotpunkt für eine Berücksichtigung des Lotpunkts festlegt
d_{max} ... Maximaler euklidischer Abstand zwischen den Eingangsgrößen

d_{min} .... Minimaler orthogonaler Abstand eines betrachteten CFD-Knotens zum FEM-Balkenmodell (wird bei der Glättungs-Wichtungsfunktion in Überschneidungszonen verwendet)
E ...... Energie
E_x, E_y, E_z Elastizitätsmodul in die jeweilige Raumrichtung (bei orthotropen Werkstoffen)
f_h ...... Eigenfrequenz der Hubschwingung
F_x ..... x-Komponente der aerodynamischen Kräfte
F_y ...... y-Komponente der aerodynamischen Kräfte
F_z ...... z-Komponente der aerodynamischen Kräfte
f_Γ ...... Äußere Last auf dem betrachteten strukturellen Körper
f_θ ...... Eigenfrequenz der Anstellwinkelschwingung
F_{GCI} ... Sicherheitsfaktor für die konservative Bestimmung des GCI
f_h ...... Eigenfrequenz der Hubschwingung
f_{LCO} ... Frequenz der Grenzzyklusschwingungen
$f_{overlap}$. Überlappungsfaktor, zum Skalieren der adaptiven Funktionsradien
f_{sp} ..... Sparse-Faktor, mit welchem das betrachtete Zeitfenster ausgedünnt wird
G ...... Schubmodul
$G(\underline{x})$ ... Gesuchte nichtlineare Zielfunktion
$g(\underline{x})$ .... Polynomiales Untermodell des RBF Neuronalen Netzes
GCI_{ij} .. Gitterkonvergenzindex des Vergleichs des i-ten mit dem j-ten Gitter
H ...... Enthalpie
h .... Bewegungskoordinate des Hubs beim 2D-Profil
h_{rep} .... Repräsentative Zellenhöhe für die GCI-Bestimmung
I_T ...... Torsionsflächenträgheitsmoment der HIRENASD-Konfiguration
$I_{c/4}$ .... Massenträgheitsmoment
k .... Ellipsoidexponent, steuert die Ausprägung der ellipsoiden Form der RBF
K_h ..... Federsteifigkeit des Translationsfreiheitsgrades
k_ω ...... Modulationsfaktor
K_θ ..... Federsteifigkeit des Rotationsfreiheitsgrades
k_{Amp} ... Amplitudenfaktor
k_{th} ..... Wärmeübergangskoeffizient
$L(\cdot)$ .... Lagrange-Funktion
L_g ..... Böenlänge
$l_{\dot{u}}$ ...... Zeitfenstergröße der betrachteten Gittergeschwindigkeiten
L_{Re} .... Bezugslänge der Reynoldszahl Re
m ...... Dimension des Ausgangsraums
M_{aero} .. Globales aerodynamisches Nickmoment
m_{AGARD} Strukturmasse des AGARD445.6-Flügels
$m_{HIRENASD}$ Strukturmasse der HIRENASD-Konfiguration
m_{NLR} .. Masse des NLR7301-Profils
Ma .... Machzahl $Ma = \frac{U_\infty}{a}$
Mp_i .... i-ter Metaparameter
N ...... Anzahl an Neuronen
n .... Dimension des Eingangsraums
$N_{i,j}$ .... j-tes Neuron in der i-ten Schicht eines mehrschichtigen Perzeptrons
N_{Zellen} . Anzahl der Zellen eines Fluidgitters
o .... Zahl der Metaparameter
p .... Druck
p_∞ ..... Fluiddruck der freien Anströmung
p_{dyn} .... Staudruck $p_{dyn} = \rho_\infty \frac{U_\infty^2}{2}$

p_{ref} .... Bezugspunkt für die Bestimmung des Momentenbeiwerts C_M
q_s ...... Generalisierte Koordinate der s-ten Eigenform
R ...... Gaskonstante
r_i ...... Radius der i-ten radialen Basisfunktion
Re ..... Reynoldszahl $Re = \frac{U_\infty L_{Re}}{\nu}$
s .... Anzahl an bekannten Stützstellen
s_L ...... Elementkoordinaten des Lotpunktes auf dem FEM-Balkenelement
S_θ ...... Statisches Moment
s_{AGARD} Spannweite des AGARD445.6-Flügels
T ...... Temperatur
T_0 ...... Referenztemperatur des Sutherland-Modells
T_i ...... Periodendauer der i-ten Eigenfrequenz
t_{Wurzel} . Profildicke in der Flügelwurzel
U_g ..... Bewegungsgeschwindigkeit der Böe
$u_{z,Tip}$ .. Verrückung der Flügelspitze in z-Richtung
v .... Partizipationssumme
V^* ..... Dimensionsloser Geschwindigkeitsindex (Achtung: Die Definitionen von V^* unterscheiden sich beim NLR7301-Profil und dem AGARD445.6-Flügel aufgrund der Literaturquellen)
V_i ...... Volumen der i-ten Zelle eines Fluidgitters
v_{red} .... Grenzwert der Partizipationssumme für die POD-Basisreduktion
V_{ref} .... Bezugsvolumen, Definition nach Yates [81]
W_n ..... Störgröße in einem ARMA- bzw. NARMA-Modell
W_{aero} .. Globaler aerodynamischer Widerstand
$w_{d,i}(x_i)$. Glättungs-Wichtungsfunktion in Überschneidungszonen
w_{g0} ..... Maximale Störgeschwindigkeit der Böe
w_{ij} ..... Wichtungsfaktor der i-ten radialen Basisfunktion für die j-te Ausgangsgröße
x_g ...... Lokale Böenkoordinate
x_i ...... Koordinate der Glättungs-Wichtungsfunktion in Überschneidungszonen
x_S ..... Abstand zwischen Schwerpunkt und elastischer Achse in x-Richtung
y_{Tip} .... y-Koordinate des Flügelspitzenknotens des HIRENASD

Abkürzungsverzeichnis

AePW Aeroelastic Prediction Workshop

ARMA Autoregressive Moving Average

CFD Computational Fluid Dynamics (Rechnergestützte Fluiddynamik)

CSM Computational Structure Mechanics (Rechnergestützte Strukturmechanik)

DLM Douplet Lattice Method (Wirbelleiterverfahren)

DVA Disturbance Velocity Approach (Störgeschwindigkeitenansatz)

FAR Federal Aviation Regulations

FEM Finite Elemente Methode

FVM Finite Volumen Methode

GCI Grid Convergence Index (Gitterkonvergenzindex)

IK Inverse Kovarianzmatrix

IQ Inverse Quadrik Funktion

IMQ Inverse Multiquadrik Funktion

LCO Limit Cycle Oscillation (Grenzzyklusschwingung)

MLP-NN Multilayer Perceptron Neural Network (Mehrschichtiges Perzeptron)

NARMA Nonlinear Autoregressive Moving Average

POD Proper Orthogonal Decomposition (Exakte orthogonale Zerlegung)

RBF Radiale Basisfunktion

RBF-NN Radiale Basisfunktionen Neuronales Netz

ROM Reduced Order Model (Modell reduzierter Ordnung)

SVD Singular Value Decomposition (Singulärwertzerlegung)

1. Einleitung

In der Aeroelastik werden Probleme und Effekte untersucht, die aufgrund der wechselseitigen Interaktion von Strömung und Struktur entstehen. Diese Strömungs-Struktur-Interaktion kann in vielen technischen Bereichen eine Rolle spielen, wie beispielsweise im Bauingenieurwesen bei Türmen und Brücken, im Maschinenbau bei Pumpen, Turbo- und Verbrennungskraftmaschinen oder auch in der Medizin, wie beispielsweise bei der Untersuchung der Entstehungsmechanismen von Anorysmen.

Bei der Auslegung von Flugzeugen können Interaktionseffekte bezüglich der Flugzeugstruktur, aber auch der Flugdynamik, dimensionierende Größenordnungen erreichen, weshalb aeroelastische Effekte im Auslegungs- und Nachweisprozess eines Flugzeugs berücksichtigt werden müssen.
Die Herausforderung bei der Aeroelastik liegt vor allem im Interdisziplinären, also in der Interaktion physikalischer Effekte, welche von unterschiedlichen wissenschaftlichen Fachdisziplinen untersucht werden. Das Wechselspiel der im aeroelastischen System vorhandenen Kräfte wird übersichtlich im Kräftedreieck nach Collar in Abbildung 1.1 dargestellt, auf welches auch von Wright und Cooper [80] verwiesen wird.

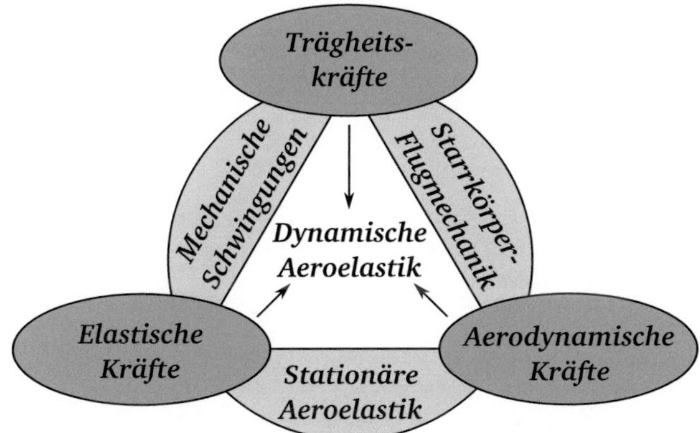

Abbildung 1.1.: Aeroelastisches Kräftedreieck nach Collar (referenziert durch Wright und Cooper [80])

In dieser Arbeit wird neben der stationären Aeroelastik vor allem die dynamische Aeroelastik betrachtet, bei welcher die elastischen, die aerodynamischen und die Trägheitskräfte zusammen wirken. Dementsprechend erfordert die korrekte Analyse und Vorhersage der aeroelastischen Effekte eine hinreichend genaue Berechnung der aerodynamischen und strukturellen Kräfte unter Berücksichtigung der Dynamik.

Im Bereich der stationären Aeroelastik wird im Flugzeugbau in erster Linie der schwingungsfreie aeroelastische Gleichgewichtszustand in verschiedenen stationären Flugphasen untersucht. Hierbei stellt die Torsionsdivergenz ein zentrales Stabilitätsproblem dar, bei welchem die aeroelastische Torsion des belasteten Flügels zusätzliche Auftriebskräfte erzeugt, wodurch die Torsion weiter zunimmt. Dies kann im äußersten Fall bis zum strukturellen Versagen des Flügels führen.
Neben der Torsionsdivergenz ist die Steuerbarkeit und Flugstabilität des elastischen Flugzeugs in den unterschiedlichen stationären Flugphasen zu gewährleisten. Darüber hinaus steht auch die aerodynamische Güte der Flugzeugkonfiguration im stationären Geradeausflug im Fokus, wobei der Zustand im Reiseflug von besonderem Interesse ist. Hierbei ist unter anderem das Ziel, im Reiseflug mit entsprechend strukturell verformten Flügeln eine möglichst ideale, elliptische Auftriebsverteilung und folglich ein hohes Auftriebs- zu Widerstandsverhältnis zu erreichen.
Weitere Themen der stationären Aeroelastik sind zum einen der Effekt der Ruderumkehr in Verbindung mit Steuerflächen und zum anderen stationäre Manöver, wie beispielsweise der stationäre Kurvenflug.

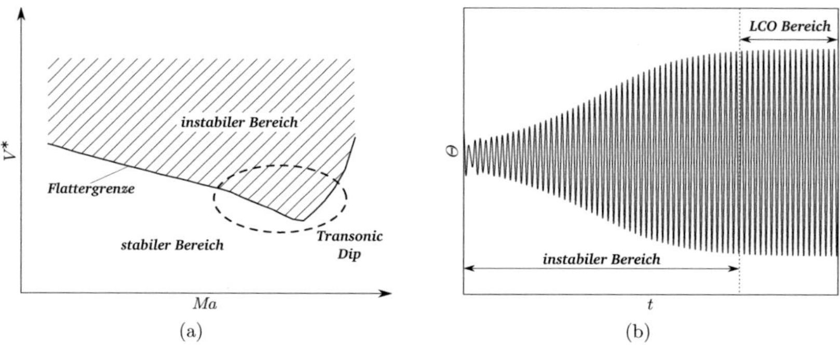

Abbildung 1.2.: (a) Geschwindigkeit-Machzahl-Diagramm mit exemplarischer Flattergrenze, welche einen Transonic Dip aufweist; (b) Anstellwinkelschwingung im LCO-Fall

In der instationären Aeroelastik werden im Flugzeugbau dynamische Effekte untersucht. Hier ist vor allem das Flügelflattern von zentraler Bedeutung, da ein instabiles Flatterverhalten zur Zerstörung der Flügelstruktur führen kann. Damit stellt der Effekt des Flatterns eine ernste Gefahr für die Betriebssicherheit des Flugzeugs dar. Es ist folglich beim Flugzeugentwurf wie auch bei anschließenden Flugversuchen sicherzustellen, dass die Flattergrenze, welche den stabilen vom instabilen Flatterbereich abgrenzt, in keiner Flugphase überschritten wird. Des Weiteren ist eine definierte Sicherheitsmarge (englisch: *flutter saftey margin*) zur Flattergrenze in allen auslegungskritischen Flugphasen nachzuweisen, welche eine zusätzliche Sicherheit gegen das Überschreiten der Flattergrenze gewährleistet.
In Abbildung 1.2(a) ist eine exemplarische Flattergrenze in einem Geschwindigkeits-Machzahl-Diagramm dargestellt, wobei der Geschwindigkeitsindex V^* der dimensionslosen

Anströmgeschwindigkeit entspricht. Es ist erkennbar, dass die Flattergrenze sich mit steigender Machzahl zu immer niedrigeren Geschwindigkeitsindizes verschiebt. Besonders kritisch ist hierbei der transsonische Bereich, in welchem das Auftreten lokaler Überschallgebiete einsetzt (etwa zwischen $0,7 < Ma < 1,0$). In diesem Bereich zeigt sich ein Phänomen, welches in der Literatur als *Transonic Dip* (frei übersetzt: transsonische Senke) bezeichnet wird [80]. Dieses beschreibt ein überproportional starkes Absinken der Flattergrenze gefolgt von einem Wiederanstieg in der Regel bei Machzahlen nahe der Schallgeschwindigkeit, wie in Abbildung 1.2(a) beispielhaft zu sehen ist. Dieser Effekt kann von linearen Analyseverfahren, wie sie im subsonischen Bereich vielfach eingesetzt werden, nicht erfasst werden. Deshalb führen diese Methoden im transsonischen Bereich zu nichtkonservativen Vorhersagen bezüglich der Flattergrenze. Da die Reisfluggeschwindigkeiten vieler Verkehrsflugzeuge im transsonischen Bereich liegen, ist dieses Phänomen von besonderem Interesse.
Ein weiterers Phänomen in Verbindung mit Flattern sind die Grenzzyklusschwingungen, für welche in der Aeroelastik in der Regel der englische Begriff der *Limit Cycle Oscillations* (LCO) verwendet wird. Diese Art von Schwingungen sind ein Sonderfall, welcher auch in anderen Bereichen der Physik und der Mathematik auftreten kann. In der Aeroelastik beschreiben Limit Cycle Oscillations ein zunächst angefachtes, also instabiles Flatterverhalten, welches jedoch ab einer gewissen Schwingungsamplitude durch nichtlineare Effekte gedämpft wird und letztendlich in einer indifferenten Schwingung, der Grenzzyklusschwingung, verweilt. In Abbildung 1.2(b) ist die Schwingung des Torsionswinkels θ über der Zeit t für einen Flatterfall mit auftretenden LCO exemplarisch dargestellt.
Die dämpfenden nichtlinearen Effekte können unterschiedliche Ursprünge haben, im Falle der Aeroelastik also entweder von struktureller und/oder aerodynamischer Natur sein oder im Falle der Aeroservoelastik auch durch Steuerflächen hervorgerufen werden. Folglich kann das LCO-Verhalten nur durch entsprechend nichtlineare Lösungsansätze abgebildet werden.
Neben dem Flattern werden im Rahmen der instationären Aeroelastik auch noch weitere dynamische Effekte, wie dem *Buffeting*, einer oszillierenden Stoß-Grenzschicht-Interaktion, oder in der Aeroservoelastik dem *Ruder-Buzz*, einer oszillierenden Interaktion zwischen Verdichtungsstoß und Ruderausschlag, betrachtet. Des Weiteren sind dynamische Flugmanöver und äußere Störungen durch Böen Gegenstand instationärer aeroelastischer Untersuchungen.

1.1. Motivation und Forschungshypothese

Im modernen Flugzeugdesign stellt die ingenieursmäßige Berücksichtigung aeroelastischer Effekte immer noch eine Herausforderung dar. Aufgrund der vielseitigen Abhängigkeiten des aeroelastischen Verhaltens vom Flug- sowie Beladezustand ergibt sich eine hohe Anzahl an Lastfällen. Aufgrund der großen Anzahl der Lastfälle können diese heutzutage nicht bzw. nur vereinzelt mit aufwändigen numerischen Methoden untersucht werden, trotz moderner Großrechner. Daher muss heutzutage zum finalen Nachweis der aeroelastischen Stabilität zumeist auf kostenintensive Flugversuche mit Prototypen zurückgegriffen werden. Da diese naturgemäß erst in einer sehr späten Entwicklungsphase zur Verfügung stehen, sind auch etwaige Modifikationen der Flugzeugkonfiguration aufgrund der Erkenntnisse aus den Flugversuchen mit hohen Kosten verbunden. Aus diesem Zusammenhang lässt sich die Forderung nach einem schnellen Verfahren ableiten, welches in einer möglichst frühen Entwicklungsphase eingesetzt werden kann, um aeroelastische Effekte in der strukturellen Auslegung zu berücksichtigen.

Ein etabliertes Verfahren zur Analyse aeroelastischer Probleme ist das potentialtheoretische Wirbelleiterverfahren (englisch: *Doublet Lattice Method, DLM*), welches beispielsweise von Wright und Cooper [80] beschrieben wird. Dieses schnelle lineare Verfahren wird vielfach zur Bestimmung der aerodynamischen Lasten im Entwurfs- bzw. Nachweisprozess eingesetzt. Jedoch ist die Gültigkeit auf den subsonsichen Bereich beschränkt und kann im transsonischen Bereich nur mit Hilfe von Korrekturverfahren verwendet werden, welche in der Regel wiederrum auf kostenintensive Windkanaldaten oder numerische Analysen zurückgreifen, wie von Brink-Spalink und Bruns beschrieben wird [9]. Zudem stellt auch die korrigierte DLM immer noch ein lineares Verfahren dar, das bei nichtlinearer Aerodynamik nur für kleine Störungen um den Korrekturpunkt gültig ist. Das Phänomen des Transonic Dip (vgl. Abb. 1.2(a)) kann durch die DLM beispielsweise nicht abgebildet werden.

Aus diesen Gründen ist das Ziel dieser Arbeit die Entwicklung eines Ansatzes, mit dem aus einer endlichen Zahl hochgenauer aber aufwändiger aerodynamischer Analysen ein effizientes aerodynamisches Ersatzmodell für aeroelastische Untersuchungen erstellt werden kann. Dieses Ersatzmodell soll in der Anwendung nicht erneut auf den numerischen Strömungslöser angewiesen sein und innerhalb einer Kopplungsumgebung ohne Modifikation derselben einsetzbar sein.
Da die Reisefluggeschwindigkeit moderner Verkehrs- und Transportflugzeuge im transsonischen Bereich liegt, soll der Ersatzmodellansatz die relevanten nichtlinearen Effekte insbesondere in diesem spezifischen Flugbereich auflösen und abdecken können. Ferner soll das Verfahren möglichst flexibel auf fallspezifische Besonderheiten angepasst werden können, so dass auch Sonderkonfigurationen, beispielsweise mit aktiven Hochauftriebsmitteln oder Klappenausschlägen, prinzipiell erfasst werden können.
Als Nebenbedingung soll das Ersatzmodell ohne Modifikationen sowohl in stationären als auch in transienten aeroelastischen Analysen anwendbar sein, wobei der Einsatz in transienten Analysen im Vordergrund steht. Zudem wird die Wunschforderung formuliert, dass der Ersatzmodellansatz auch flexibel für andere ingenieurswissenschaftliche Problemstellungen ohne tiefgreifende Anpassungen verwendet werden kann.
Zur Bewertung der Genauigkeit des Ersatzmodells wird eine relative Abweichung der relevanten Größen von unter 2% als akzeptabel eingestuft, wohingegen eine relative Abweichung von unter 1% als gut angesehen wird.

Aus diesen Forderungen und Bedingungen wird ein Ansatz entwickelt, welcher die Kombination mehrerer mathematischer Verfahren beinhaltet. Dieser wird im folgenden Abschnitt 1.2 im Kontext bereits bestehender Verfahren eingeordnet.

1.2. Stand der Forschung

Mit der Entwicklung rechenaufwändiger numerischer Verfahren zur Lösung des Fluid- und Strukturproblems ist auch das Bestreben nach dem Einsatz von Reduktionsverfahren aufgekommen. Hierbei sind in den letzten Jahren verschiedene Ansätze mit sehr unterschiedlichen Zielen verfolgt worden. Ein Überblick über die Entwicklung wird von Henshaw et al. [16] gegeben.
Sowohl Farhat [21] als auch Ahmed [1] teilen die verschiedenen Reduktionsverfahren in der Aeroelastik in zwei Kategorien ein, welche von Farhat als innere Beschreibung (englisch: *internal description*) und äußere Beschreibung (englisch: *external description*) bezeichnet werden.

Die Verfahren der ersten Kategorie projizieren das zu lösende Differentialgleichungssystem in einen niederdimensionalen Raum, um anschließend das reduzierte Differentialgleichungssystem mit einem geeigneten Verfahren zu lösen. Bei diesen Verfahren ist es möglich, abhängig von der Projektionsmethode, die physikalischen Zusammenhänge zu erhalten. Bei diesem Ansatz ist jedoch nach wie vor ein stabiles Lösungsverfahren für das reduzierte Differentialgleichungssystem notwendig. Ein Beispiel für diese Vorgehensweise aus dem strukturmechanischen Ingenieursbereich ist die Projektion der Bewegungsdifferentialgleichung eines hochdimensionalen Strukturproblems mit Hilfe der dominierenden Eigenformen in einen niederdimensionalen Unterraum.
In diese Kategorie lässt sich der strömungslöserbasierte *Harmonic-Balance*-Ansatz von Thomas et al. [67] einordnen, mit welchem sowohl Amplitude als auch Frequenz der Grenzzyklusschwingungen (LCO) im Frequenzbereich bestimmt wird. Demgegenüber wird von Willcox und Peraire [77] die exakte orthogonale Zerlegung (englisch: *Proper Orthogonal Decomposition, POD*) verwendet um ein Zustandsraummodell (englisch: *State Space Model*) der Aerodynamik aufzubauen. Bei diesem Zustandsraummodell handelt es sich jedoch um ein linearisiertes Modell, welches für kleine Störungen zulässig ist. Chen und Yan [13] hingegen verwenden die POD-Projektion in Kombination mit einem nichtlinearen Strömungslöser für die Vorhersage von LCO-Verhalten. Des Weiteren zeigen viele Publikationen aus der Farhat Forschungsgruppe den Einsatz der Graßmann-Mannigfaltigkeit zum Parametrisieren und Kombinieren von POD-Unterräumen, wie beispielsweise Amsallem et al. [4, 3] und Carlberg et al. [12] darlegen.

Bei der zweiten Kategorie handelt es sich um Ersatzmodelle, welche die Lösung des physikalischen Systems aus bekannten Lösungen interpolieren. Es wird also eine explizite, rein mathematische Abbildung von den Eingangs- auf die Ausgangsgrößen hergestellt. Beispielsweise verwenden Voitcu et al. [69, 70] mehrschichtige Perzeptren, welche eine Klasse von neuronalen Netzen darstellen (vgl. Abschnitt 3.3.3), für die Modellierung von kompletten aeroelastischen Systemen mit strukturellen Nichtlinearitäten. Han et al. [27] setzen eine modifizierte Krigingmethode ein, um aus Strömungslösungen unterschiedlicher Auflösungsgüte ein Ersatzmodell für die Vorhersage der globalen aerodynamischen Beiwerte zu erstellen. Demgegenüber untersuchen Marzocca et al. [44], Lucia et al. [43, 42] und Silva [61] den Einsatz der Volterra-Reihe zur Konstruktion zeitabhängiger, nichtlinearer Ersatzmodelle. Nach Raveh [54] ist die Volterra-Reihe jedoch aufgrund der Identifikation mit Impulsanregungen bezüglich der Anregungsamplituden ein lineares Verfahren (vgl. Abschnitt 3.3.3). Anstelle der Volterra-Reihe greift Won [79] auf die lineare ARMA-Methode zurück, welche in Abschnitt 3.2.1 näher erläutert wird. Zhang et al. [82] verwenden hingegen ein NARMA-Modell (vgl. Abschnitt 3.2.2) mit einem einfachen neuronalen Netzwerk mit radialen Basisfunktionen zur Vorhersage der globalen aerodynamischen Beiwerte in einer gekoppelten aeroelastischen Analyse. Fagley et al. [20] kombinieren ein neuonales Netz mit Wavelet-Ansatzfunktionen (Wavenet) mit der POD und einem NARMA-Modell zur Vorhersage des nichtlinearen dynamischen Verhaltens von freien Scherströmungen. Ghoreyshi et al. [24, 23] vergleichen die Volterra-Reihe, ein Kriging-Modell und ein RBF-ANN zur Vorhersage des globalen Momentenbeiwerts in Manövern der starren X-31 Flugzeugkonfiguration.

Der in dieser Arbeit entwickelte Ansatz ist in die zweite Kategorie einzuordnen, wobei Ähnlichkeiten zu den Ansätzen von Fagley et al. [20] und Zhang et al. [82] existieren. Ähnlich wie bei Fagely wird in dieser Arbeit die POD mit einem NARMA-Modell kombiniert, wobei jedoch anstelle der Wavenet-Methode ein neuronales Netzwerk mit radialen Basisfunktionen und explizitem Trainingsalgorithmus verwendet wird. Des Weiteren wird in dieser Arbeit das Modell in einer gekoppleten aeroelastischen Analyse eingesetzt, was aufgrund von Rückkopplungseffekten eine besondere Robustheit und Stabilität des Ersatzmodells erfordert. Analog zu Zhang wird in dieser Arbeit ein neuronales Netzwerk mit radialen Basisfunktionen eingesetzt, wobei diverse Modifikationen bezüglich des expliziten Identifikationsalgorithmus vorgenommen werden. Außerdem wird im Gegensatz zu Zhang in dieser Arbeit das neuronale Netz mit der Parameterreduktion mittels POD kombiniert. Dadurch wird der Ansatz für dreidimensionale Probleme anwendbar, was in dieser Arbeit demonstriert wird.

2. Analyse aeroelastischer Systeme

In der Analyse von Interaktionsproblemen, wie sie beispielsweise in der Aeroelastik auftreten, hat sich der partitionierte Ansatz etabliert. Bei diesem Ansatz wird das Gesamtproblem in zwei oder mehr Teilprobleme geteilt, wie es beispielhaft in Abbildung 2.1 für die zwei Gebiete Ω_1 und Ω_2 mit der jeweiligen Berandung Γ_1 und Γ_2 dargestellt ist. Die beiden Gebiete interagieren miteinander über einen bestimmten Bereich ihrer Berandung, welcher im Folgenden als Kopplungsoberfläche bezeichnet wird. Die Kopplungsoberfläche kann auch die komplette Berandung eines Teilgebiets ausmachen, wenn ein Gebiet das andere komplett umschließt.

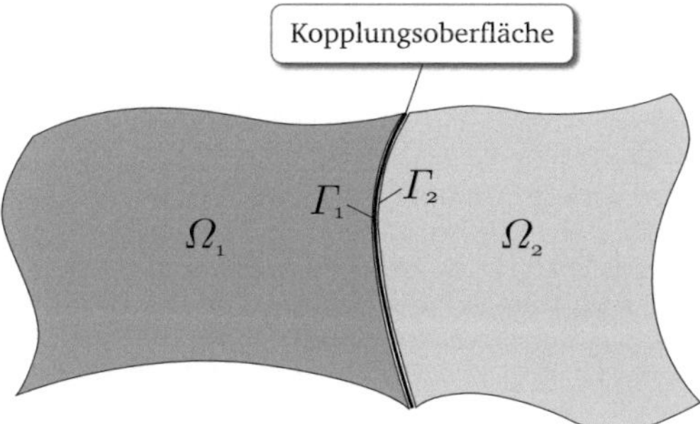

Abbildung 2.1.: Allgemeine Darstellung eines partitionierten Gesamtproblems

Bei dem partitionierten Ansatz wird jedes Teilproblem sequenziell gelöst, wobei die Lösung prinzipiell unabhängig von dem anderen Teilproblem, aber unter Berücksichtigung der jeweiligen Randbedingungen erfolgt. Anschließend werden über die Kopplungsoberfläche die berechneten Zustandsgrößen des gelösten Teilproblems als Randbedingungen des anderen Teilproblems gesetzt und dieses Problem gelöst. Diese Prozedur wird iteriert bis eine konvergierte Gesamtlösung erreicht ist. Bei aeroelastischen Analysen wird das Strömungsproblem und das Strukturproblem jeweils als ein Teilgebiet aufgefasst.
Auf den partitionierten Ansatz in der Aeroelastik und Details der Kopplung wird in Abschnitt 2.3 weiter eingegangen. Zunächst werden in Abschnitt 2.1 und 2.2 die Lösungsansätze des aerodynamischen und strukturellen Teilproblems näher betrachtet.

2.1. Lösung des Strömungsproblems

Ziel der Lösung des Strömungsproblems bei der aeroelastischen Analyse ist die Bestimmung der aerodynamischen Lasten, welche die Randbedingungen für das Strukturproblem bilden. Unger et al. [68] führen aus Gründen einer kompakteren Schreibweise für das aerodynamische Untersystem den Operator $\mathcal{F}$ ein, womit sich das Strömungsproblem wie in Gleichung 2.1 formulieren lässt.

Da bei diesem Fall die abhängigen Variablen in Form der Deformation als Randbedingungen vorgegeben sind, stellt dies ein Dirichlet-Problem dar.

$$\mathcal{F}\underline{u}_f = \underline{F}_f \tag{2.1}$$

Zur Bestimmung der Kräfte in Abhängigkeit der Deformationen existieren viele verschiedene Ansätze unterschiedlicher Komplexität. Ein sehr einfacher zweidimensionaler Ansatz ist die lineare Gleichung für ein vertikal und rotatorisch oszillierendes Profil. Da diese Gleichung als Ausgangspunkt für die Ausgestaltung des Ersatzmodells dient, wird dieser Ansatz in Abschnitt 2.1.1 näher vorgestellt.
Ein höherwertiges und sehr verbreitetes Verfahren zur Lösung des Strömungsproblems ist die in Abschnitt 1.1 bereits erwähnte DLM, welches zur Lösung dreidimensionaler Probleme geeignet ist und vor allem für subsonische Flatteranalysen im Frequenzbereich eine breite Anwendung findet. Da nichtlineare Effekte wie Verdichtungsstöße oder der Transonic Dip durch die DLM nicht abgedeckt werden, ist diese Methode für Analysen im transsonischen Bereich nicht geeignet. Es sei jedoch angemerkt, dass Korrekturmethoden und Modifikationen zur Erweiterung der DLM auf den transsonischen Bereich existieren, wie beispielsweise die Transonic Doublet Lattice Method, welche beispielsweise von Pi et al. [51] oder von Voß beschrieben wird [41].
Einen hochgenauen Ansatz stellt das numerische Verfahren der *Computational Fluid Dynamics* (CFD) dar, auf welches in Abschnitt 2.1.2 weiter eingegangen wird. Dieses numerisch aufwändige Verfahren ist in der Lage, nichtlineare aerodynamische Effekte wie Verdichtungsstöße abzubilden und ist damit für die Berechnung transsonischer Strömung besonders geeignet. Aus diesen Gründen leitet sich die Forderung für das Ersatzmodell ab, dass es die aerodynamischen Kräfte mit vergleichbarer Qualität vorhersagen soll.

2.1.1. Analytischer Ansatz für ein zweidimensionales Profil

Ein einfacher analytischer Ansatz für die Beschreibung des Zusammenhangs von Profilbewegung und den aerodynamischen Kräften ist die lineare Gleichung für ein zweidimensionales Profil, welche von Wright und Cooper [80] beschrieben wird. Da dieser sehr einfache Ansatz als Ausgangspunkt für die Modellierung der instationären Aerodynamik mittels der Markovkette in Abschnitt 3.2.3 dient, wird er an dieser Stelle kurz erläutert.

Es wird ein zweidimensionales Profil mit dem Anstellwinkel α und den zwei Bewegungsfreiheitsgraden Torsion $\theta(t)$ und Hub $h(t)$ betrachtet, wie es in Abbildung 2.2 schematisch dargestellt ist. Gesucht wird der Zusammenhang zwischen der Profilbewegung und dem aerodynamischen Auftrieb A_{aero} bzw. Moment M_{aero} im stationären sowie instationären Fall. Es ist üblich für den Auftrieb und das Moment die dimensionslosen aerodynamischen Beiwerte C_A und C_M zu verwenden, welche wie folgt definiert sind:

$$C_A = \frac{A_{aero}}{\frac{1}{2}\rho_\infty U_\infty^2 c} \quad ; \quad C_W = \frac{W_{aero}}{\frac{1}{2}\rho_\infty U_\infty^2 c} \quad ; \quad C_M = \frac{M_{aero}}{\frac{1}{2}\rho_\infty U_\infty^2 c^2} \tag{2.2}$$

Hierbei ist c die Profiltiefe und ρ_∞ die Dichte sowie U_∞ die Geschwindigkeit der freien Anströmung. Der Widerstand W_{aero} wird analog zum Auftrieb normiert, wobei der Widerstandsbeiwert C_W in den folgenden einfachen analytischen Gleichungen vernachlässigt wird.

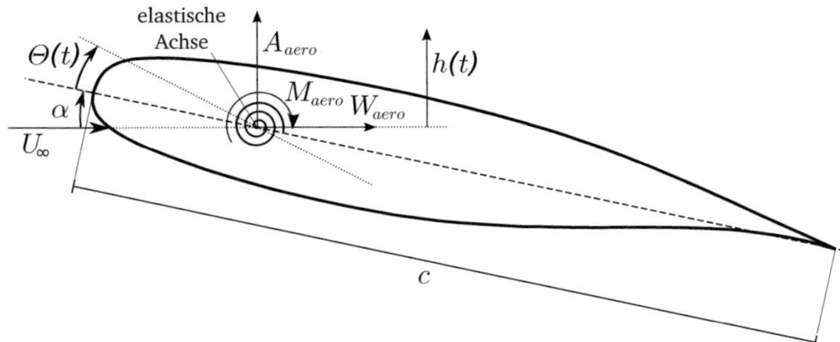

Abbildung 2.2.: Schematische Darstellung der globalen aerodynamischen Kräfte und Momente, sowie der Bewegungsvariablen an einem zweidimensionalen Profil mit zwei Bewegungsfreiheitsgraden

Stationärer Fall

Beim stationären Fall gilt für kleine Anstellwinkel ein linearer Zusammenhang zwischen dem Anstellwinkel und den dimensionslosen Beiwerten C_A und C_M. Die vertikale Position h des Flügels hat im stationären Fall keine Auswirkung auf die Aerodynamik. Damit ergibt sich für den Auftrieb und das Nickmoment der einfache lineare Zusammenhang aus Gleichung 2.3, wobei die Derivative $C_{A,\alpha}$ und $C_{M,\alpha}$ sowie der Nullauftriebswinkel α_0 das aerodynamische Verhalten des Profils charakterisieren.

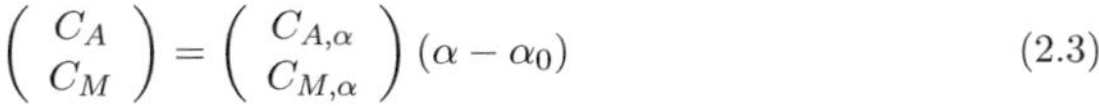

$$\begin{pmatrix} C_A \\ C_M \end{pmatrix} = \begin{pmatrix} C_{A,\alpha} \\ C_{M,\alpha} \end{pmatrix} (\alpha - \alpha_0) \tag{2.3}$$

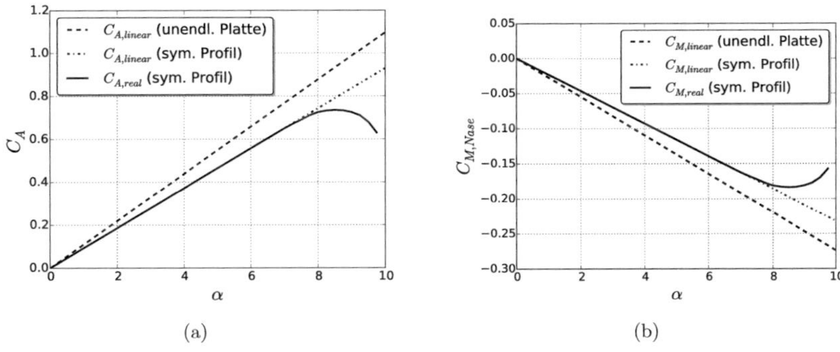

Abbildung 2.3.: Schematische Verläufe der linearen Theorie für die unendliche ebene Platte und ein symmetrisches Profil sowie dem realen Verlauf des symmetrischen Profils: (a) Auftriebsbeiwert über dem Anstellwinkel; (b) Momentenbeiwerts über dem Anstellwinkel

Eine reibungsfreie ebene Platte unendlicher Spannweite und mit Flügeltiefe $c = 1$ besitzt einen theoretischen Auftriebsanstieg von $C_{A,\alpha} = 2\pi$. Dieser Auftriebsanstieg stellt nach Schlichting und Truckenbrodt [60] die physikalische Obergrenze für alle realen Profile ohne aktive Hochauftriebssysteme dar. Des Weiteren tritt in der Realität bei höheren Anstellwinkeln Strömungsablösung auf, welche das Zusammenbrechen des Auftriebs verursacht. In den Abbildungen 2.3(a) und 2.3(b) sind beispielhafte Verläufe des Auftriebs- sowie Nickmomentenbeiwerts des linearen Ansatzes der unendlichen ebenen Platte und eines symmetrischen Profils mit $C_{A,\alpha} < 2\pi$ gezeigt. Des Weiteren ist ein beispielhafter nichtlinearer Verlauf des symmetrischen Profils mit Strömungsablösung dargestellt.

Instationärer Fall

Bei dem instationärem Ansatz wird zunächst von einer vereinfachten Form der Theodorsen-Funktion ausgegangen, welche von Wright und Cooper [80] hergeleitet wird. Nach Wright und Cooper lässt sich die Theodorsen-Funktion unter Annahme einer oszillierenden Strukturbewegung mit konstanter Kreisfrequenz ω als einfache lineare Differentialgleichung formulieren:

$$\begin{pmatrix} C_A(t) \\ C_M(t) \end{pmatrix} = \begin{pmatrix} C_{A,h}\frac{2h(t)}{c} + C_{A,\dot{h}}\frac{\dot{h}(t)}{U_\infty} + C_{A,\theta}\theta(t) + C_{A,\dot{\theta}}\frac{c\dot{\theta}(t)}{2U_\infty} \\ C_{M,h}\frac{2h(t)}{c} + C_{M,\dot{h}}\frac{\dot{h}(t)}{U_\infty} + C_{M,\theta}\theta(t) + C_{M,\dot{\theta}}\frac{c\dot{\theta}(t)}{2U_\infty} \end{pmatrix} \tag{2.4}$$

Wobei für die oszillierende Strukturbewegung gilt:

$$h(t) = h_0 e^{i\omega t} \quad , \quad \dot{h}(t) = h_0 i\omega e^{i\omega t} \quad , \quad \theta(t) = \theta_0 e^{i\omega t} \quad , \quad \dot{\theta}(t) = \theta_0 i\omega e^{i\omega t} \tag{2.5}$$

Überführt man Gleichung 2.4 in die Matrixschreibweise und berücksichtigt zusätzlich noch den Anstellwinkel α und den Nullauftriebswinkel α_0, ergibt sich Gleichung 2.6.

$$\begin{pmatrix} C_A(t) \\ C_M(t) \end{pmatrix} = \underbrace{\begin{pmatrix} C_{A,h} & C_{A,\dot{h}} & C_{A,\theta} & C_{A,\dot{\theta}} \\ C_{M,h} & C_{M,\dot{h}} & C_{M,\theta} & C_{M,\dot{\theta}} \end{pmatrix}}_{\text{Derivativmatrix}} \begin{pmatrix} \frac{2}{c}h(t) \\ \frac{\dot{h}(t)}{U_\infty} \\ \theta(t) + \alpha - \alpha_0 \\ \frac{c}{2}\frac{\dot{\theta}(t)}{U_\infty} \end{pmatrix} \tag{2.6}$$

Aus Gleichung 2.4 bzw. 2.6 geht hervor, dass die instationären aerodynamischen Beiwerte $C_A(t)$ und $C_M(t)$ aus dem Deformationszustand $h(t)$ und $\theta(t)$ und den normierten Geschwindigkeiten $\frac{\dot{h}(t)}{U_\infty}$ und $\frac{\dot{\theta}(t)}{U_\infty}$ berechnet werden. Die Profiltiefe c und der Nullauftriebswinkel α_0 sind profilspezifische Parameter und daher konstant. Des Weiteren ist der Anstellwinkel α ein fallspezifischer Parameter und innerhalb einer instationären aeroelastischen Analyse in der Regel konstant.

Die Derivativmatrix enthält in Analogie zu Gleichung 2.3 die Informationen über das spezifische aerodynamische Verhalten des betrachteten Flügelprofils. Es sei darauf hingewiesen, dass die Derivative bezüglich des Anstellwinkels aus Gleichung 2.3 den Derivativen bezüglich des Nickwinkels aus Gleichung 2.6 gleichen, es gilt also $C_{A,\alpha} = C_{A,\theta}$ und $C_{M,\alpha} = C_{M,\theta}$. Die unterschiedliche Bezeichnung dient lediglich der klaren Trennung des Anstellwinkels α und des elastischen Torsionwinkels θ.
Gleichung 2.6 stellt den Ausgangspunkt für die instationäre Ersatzmodellierung in dieser Arbeit dar, auf welche in Abschnitt 3.2.3 weiter eingegangen wird.

2.1.2. Numerisches Verfahren: Computational Fluid Dynamics (CFD)

Ein numerisches Verfahren zur konservativen Berechnung von komplexen Strömungen ist die Methode der *Computational Fluid Dynamics* (CFD), welche seit den frühen 1970er Jahren entwickelt wird. An dieser Stelle wird nur ein kurzer Überblick über den prinzipiellen Ansatz nach Blazek [7] gegeben, auf welchen für weitere Details der Methode verwiesen wird. Ziel des numerischen Ansatzes ist es, in einem betrachteten Strömungsfeld die drei Erhaltungssätze zu erfüllen:

- Erhaltung der Masse
- Erhaltung des Impulses
- Erhaltung der Energie

Hierfür wird zunächst ein diskretes Kontrollvolumen Ω_{KV} mit einer abgeschlossenen Berandung Γ_{KV} betrachtet, welches von einer Strömung mit der Geschwindigkeit $\underline{U}$ durchdrungen wird, wie es in Abbildung 2.4 dargestellt ist. Der Vektor $\underline{n}_{KV}$ stellt den Normalenvektor auf der Berandung dar.

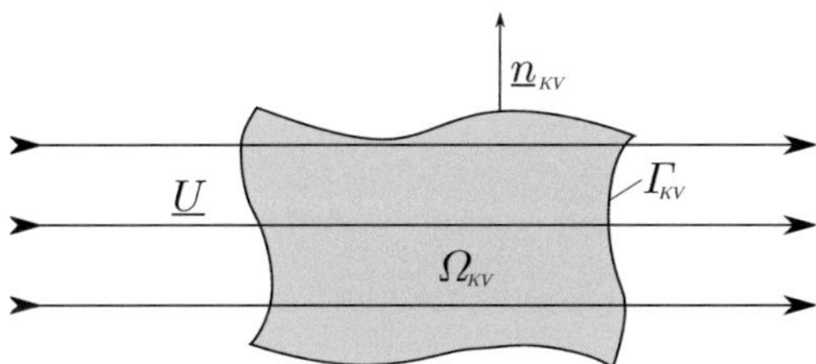

Abbildung 2.4.: Betrachtetes Kontrollvolumen

Die Erhaltung der Masse wird durch die Kontinuitätsgleichung gegeben, nach welcher die zeitliche Änderung der Masse im Kontrollvolumen dem Massenfluss über die Berandung entsprechen muss:

$$\frac{\partial}{\partial t}\int_{\Omega_{KV}} \rho d\Omega_{KV} + \oint_{\partial\Omega_{KV}} \rho(\underline{U}\ \underline{n}_{KV})d\Gamma_{KV} = 0 \tag{2.7}$$

Die Impulsbilanz wird in analoger Weise formuliert, wobei zusätzliche Quellterme auf der rechten Seite hinzugefügt werden müssen. Diese Quellterme setzen sich aus den Volumenkräften, wie beispielsweise der Gravitation, und den Oberflächenkräften aufgrund des äußeren Drucks und den reibungsbedingten Schubspannungen $\underline{\underline{\tau}}$ zusammen:

$$\begin{aligned}\frac{\partial}{\partial t}\int_{\Omega_{KV}} \rho\underline{U} d\Omega_{KV} + \oint_{\partial\Omega} \rho\underline{U}(\underline{U}\ \underline{n}_{KV})d\Gamma_{KV} = \underbrace{\int_{\Omega_{KV}} \rho\underline{f}_e d\Omega_{KV}}_{Volumenkr\ddot{a}fte} - \\ \underbrace{\oint_{\partial\Omega_{KV}} p\underline{n}_{KV} d\Gamma_{KV} + \oint_{\partial\Omega_{KV}} \underline{\underline{\tau}}\ \underline{n}_{KV} d\Gamma_{KV}}_{Oberfl\ddot{a}chenkr\ddot{a}fte}\end{aligned} \tag{2.8}$$

Bei der Energieerhaltung müssen, neben der zeitlichen Änderung der Energie E im Volumen und dem Fluss über die Oberfläche, ebenfalls Quellterme berücksichtigt werden. Diese setzen sich aus den Quelltermen aufgrund der Volumen- und Oberflächenkräfte (vgl. Gl. 2.8) sowie den Wärmeströmen über die Oberfläche aufgrund von Strahlung oder chemischer Reaktionen zusammen. Beide Wärmeströme werden hier zu einem resultierenden Wärmestrom $\dot{q}_h$ zusammengefasst. Des Weiteren ist der Wärmestrom aufgrund des Kontakts der Oberfläche mit der Umgebung $k_{th}\nabla T$ zu beachten, mit k_{th} als Wärmeübergangskoeffizienten. Dies führt zu der folgenden Energiebilanz:

$$\frac{\partial}{\partial t}\int_{\Omega_{KV}} \rho E d\Omega_{KV} + \oint_{\partial\Omega_{KV}} \rho H(\underline{U}\,\underline{n}_{KV})d\Gamma_{KV} = \underbrace{\int_{\Omega_{KV}} (\rho \underline{f}_e \underline{U} + \dot{q}_h)d\Omega_{KV}}_{Volumenquellen} - \underbrace{\oint_{\partial\Omega_{KV}} k(\nabla T \underline{n}_{KV})d\Gamma_{KV} + \oint_{\partial\Omega_{KV}} \underline{\underline{\tau}}\,\underline{U}\,\underline{n}_{KV}d\Gamma_{KV}}_{Oberflächenquellen} \quad (2.9)$$

Hierbei wird der Fluss der Energie E über die Oberfläche und die Energie aufgrund des äußeren Drucks p zum Fluss der Enthalpie H zusammengefasst:

$$\oint_{\partial\Omega_{KV}} \rho H(\underline{U}\,\underline{n}_{KV})d\Gamma_{KV} = \oint_{\partial\Omega_{KV}} \rho E(\underline{U}\,\underline{n}_{KV})d\Gamma_{KV} + \oint_{\partial\Omega_{KV}} p(\underline{U}\,\underline{n}_{KV})d\Gamma_{KV} \quad (2.10)$$

Die drei Erhaltungssätze können in einer Gleichung, der Navier-Stokes-Gleichung, zusammengefasst werden, welche die reibungsbehaftete Strömung beschreibt:

$$\frac{\partial}{\partial t}\int_{\Omega_{KV}} \underline{W} d\Omega_{KV} + \oint_{\partial\Omega_{KV}} (\underline{F}_k - \underline{F}_v)\, d\Gamma_{KV} = \int_{\Omega_{KV}} \underline{Q} d\Omega_{KV} \quad (2.11)$$

Hierbei steht $\underline{W}$ für den Vektor der konservativen Zustandsgrößen, $\underline{F}_k$ für die konvektiven Flüsse und $\underline{F}_v$ für die viskosen Flüsse aufgrund der Reibung:

$$\underline{W} = \begin{pmatrix} \rho \\ \rho u \\ \rho v \\ \rho w \\ \rho E \end{pmatrix} \quad \underline{F}_k = \begin{pmatrix} \rho(\underline{U}\,\underline{n}_{KV}) \\ \rho u(\underline{U}\,\underline{n}_{KV}) + n_x p \\ \rho v(\underline{U}\,\underline{n}_{KV}) + n_y p \\ \rho w(\underline{U}\,\underline{n}_{KV}) + n_z p \\ \rho H(\underline{U}\,\underline{n}_{KV}) \end{pmatrix} \quad \underline{F}_v = \begin{pmatrix} 0 \\ n_x\tau_{xx} + n_y\tau_{xy} + n_z\tau_{xz} \\ n_x\tau_{yx} + n_y\tau_{yy} + n_z\tau_{yz} \\ n_x\tau_{zx} + n_y\tau_{zy} + n_z\tau_{zz} \\ n_x\Theta_x + n_y\Theta_y + n_z\Theta_z \end{pmatrix} \quad (2.12)$$

Die Terme Θ_x, Θ_y und Θ_z in der Energiebilanz fassen den Energiefluss aufgrund der Reibung und der Wärmeleitung zusammen:

$$\Theta_x = u\tau_{xx} + v\tau_{xy} + w\tau_{xz} + k\frac{\partial T}{\partial x} \tag{2.13}$$

$$\Theta_y = u\tau_{yx} + v\tau_{yy} + w\tau_{yz} + k\frac{\partial T}{\partial y} \tag{2.14}$$

$$\Theta_z = u\tau_{zx} + v\tau_{zy} + w\tau_{zz} + k\frac{\partial T}{\partial z} \tag{2.15}$$

Der Vektor $\underline{Q}$ enthält die Terme der Volumenquellen:

$$\underline{Q} = \begin{pmatrix} 0 \\ \rho f_{e,x} \\ \rho f_{e,y} \\ \rho f_{e,z} \\ \rho \underline{f}_e \underline{U} + \dot{q}_h \end{pmatrix} \tag{2.16}$$

Lösen der Navier-Stokes-Gleichung

Da ein allgemeines, explizites Lösungsverfahren der Navier-Stokes-Gleichung bisher nicht existiert, haben sich implizite numerische Lösungsverfahren etabliert. Ein verbreitetes Verfahren zur näherungsweisen Lösung der Navier-Stokes-Gleichung ist die Finite Volumen Methode (FVM), bei welcher das Strömungsfeld mit einer endlichen Anzahl an Volumenzellen räumlich diskretisiert wird. Anschließend wird die Navier-Stokes-Gleichung in jeder Zelle unter Berücksichtigung der jeweiligen Randbedingungen iterativ gelöst, worauf an dieser Stelle aber nicht weiter eingegangen werden soll. In dieser Arbeit wird der DLR TAU Code [22] als numerischer Strömungslöser verwendet, welcher eine Lösung der Navier-Stokes-Gleichung mit Hilfe der FVM approximiert.

Turbulenzmodellierung

Ein weiterer Aspekt ist die Modellierung der turbulenten Grenzschicht, welche sich aufgrund der reibungsbehafteten Strömung nach dem Transitionspunkt, also dem Umschlagen von laminarer zu turbulenter Strömung, ausbildet. Die turbulente Grenzschicht weist sehr komplexe Molekülbewegungen auf, welche annähernd chaotischen Charakter haben. Zur Berechnung des Grenzschichtverhaltens stehen unterschiedlich aufwändige Verfahren zur Verfügung. Die direkte numerischen Simulation (englisch: *Direct Numerical Simulation, DNS*), bei welcher die Bewegung jedes Moleküls berücksichtigt wird, stellt hierbei den aufwändigsten Ansatz dar. Bei der Grobstruktursimulation (englisch: *Large Eddy Simulation, LES*) werden größere Wirbelstrukturen direkt berechnet und kleinere Strukturen separat modelliert, womit dieses Verfahren mit weniger numerischen Aufwand verbunden ist als die DNS. Dieser Aufwand ist jedoch für viele Anwendungen immer noch zu groß, weshalb sich die Reynolds-gemittelten Verfahren (englisch: *Reynolds Averaged Navier Stokes Equation, RANS*) etabliert haben, welche auch in dieser Arbeit eingesetzt werden. Bei einer RANS-Analyse wird für die Modellierung der turbulenten Grenzschicht ein Turbulenzmodell benötigt. In dieser Arbeit wird durchweg das Turbulenzmodell nach Spalart und Allmaras [64] verwendet, welches durch den DLR TAU Code zur Verfügung gestellt wird. Dieses Turbulenzmodell gehört zu den Eingleichungsmodellen erster Ordnung. Für weitere Details zur Turbulenzmodellierung sei der Leser an die Literatur zu diesen Themen verwiesen, wie zum Beispiel Blazek [7].

Analyse instationärer Strömung

Bei instationären Analysen wird für die Berechnung der zeitlichen Änderung ein Zeitintegrationsverfahren benötigt. Ein bekanntes Zeitintegrationsverfahren in der Strömungsmechanik ist beispielsweise das explizite Runge-Kutta-Verfahren. In dem DLR TAU Code ist die Zeitintegration mittels des impliziten *Dual Time Stepping* Ansatzes realisiert, welcher ebenfalls von Blazek [7] beschrieben wird. Dieser Ansatz sieht an jedem physikalischen Zeitschritt die Lösung eines quasi-stationären Problems vor, wobei die Zeitderivative mittels des Rückwärtigen Eulerverfahrens (englisch: *Backward Euler Approximation*) bestimmt werden.

Berechnung einer diskreten Böe

Die Methode der CFD bietet auch die Möglichkeit der Berechnung eines diskreten Böentreffers. Im Unterschied zur kontinuierlichen Turbulenz, welche einen chaotischen Charakter besitzt, ist die diskrete Böe nach Wright und Cooper [80] ein näherungsweise deterministisches Ereignis. Zur Modellierung einer Böe ist innerhalb des verwendeten CFD Lösers - des DLR TAU Codes - der Störgeschwindigkeitenansatz (englisch: *Disturbance Velocity Approach, DVA*) implementiert, welcher von Heinrich und Reimer beschrieben wird [29]. Dies ist ein in der Aerodynamik verbreiteter Ansatz und wird auch von Wright und Cooper erläutert, wenn auch nicht mit Bezug auf die CFD. An dieser Stelle wird lediglich ein kurzer Überblick über das Konzept des Störgeschwindigkeitenansatzes gegeben, da auf dessen Basis die Einbindung in das Ersatzmodell erfolgt.

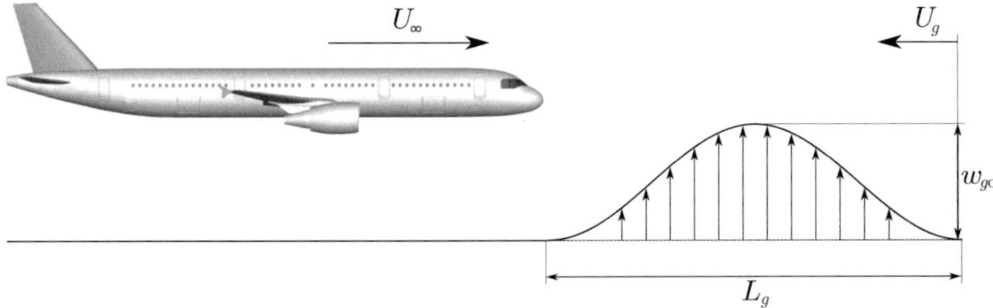

Abbildung 2.5.: Modellierung einer '1-cos'-Böe

Wie in Abbildung 2.5 dargestellt, wird die Böe als ein Feld vertikaler oder horizontaler Störgeschwindigkeiten aufgefasst, welches dem Strömungsfeld überlagert wird. Für die räumliche Verteilung des Felds wird in der FAR (*Federal Aviation Regulations*) Abschnitt 25.341 [30] eine Standardböe, die *'1-cos'*-Böe, definiert, welche durch Gleichung 2.17 beschrieben wird.

$$w_g(x_g) = \begin{cases} \frac{w_{g0}}{2}\left(1 - \cos\frac{2\pi x_g}{L_g}\right) & \text{für} \quad 0 \leq x_g \leq L_g \\ 0 & \text{für} \quad x_g < 0 || x_g > L_g \end{cases} \tag{2.17}$$

Hierbei ist w_{g0} die maximale Störgeschwindigkeit, L_g die Länge der Böe und x_g die räumliche Koordinate entlang der Bewegungsrichtung der Böe, welche in dieser Arbeit grundsätzlich entgegen der Flugrichtung orientiert ist. Zudem bewegt sich die Böe mit der Geschwindigkeit U_g relativ zum Flugzeug, wie aus Abbildung 2.5 hervorgeht.
Neben der '1-cos'-Böe sei noch die *'Sharp Edge'*-Böe erwähnt, welche ebenfalls von Wright und Cooper beschrieben wird. Diese Böe hat eine sprunghafte, diskontinuierliche Form und wird in dieser Arbeit nicht näher untersucht.

Bewertung der CFD-Methode

Aus der Herleitung der Navier-Stokes-Gleichung sind Vor- und Nachteile des numerischen Verfahrens ersichtlich. Als Vorteil ist in erster Linie die Konservativität, also die Erfüllung der physikalischen Erhaltungssätze innerhalb der diskreten Volumenzellen zu nennen. Dadurch wird das Strömungsfeld auch um komplexe Geometrien hinreichend genau angenähert, sofern die Stabilität des impliziten Lösungsschemas und eine adäquate räumliche Diskretisierung gewährleistet ist. Des Weiteren können nichtlineare Effekte wie Strömungsablösung oder Verdichtungsstöße abgedeckt werden, wobei auch hier die räumliche Diskretisierung auf eine hinreichend genaue Auflösung dieser Effekte abgestimmt sein muss.
Nachteilig hingegen ist der große numerische Aufwand, bis eine näherungsweise Lösung berechnet wird. Hierbei ist zu erwähnen, dass unter gewissen Umständen das Lösungsverfahren nicht stabil ist und dementsprechend keine näherungsweise Lösung erreicht wird.
Im Hinblick auf die aeroelastische Analyse ist weiterhin anzumerken, dass in erster Linie die diskreten aerodynamischen Kräfte $\underline{F}_f$ auf der Kopplungsoberfläche benötigt werden. Bei der CFD müssen zur Bestimmung dieser Kräfte jedoch die konservativen Zustandsgrößen des gesamten Strömungsfelds berechnet werden, mithin also ein Vielfaches der benötigten Größen.

Aus diesen Gründen leitet sich die Forschungshypothese dieser Arbeit ab (vgl. Abschnitt 1.1), dass mit Hilfe von bereits durchgeführten CFD Analysen eine Vorhersage vergleichbarer Qualität für neue Analysen gemacht werden kann. Hierbei wird der Vorteil der Konservativität zu Gunsten von schnellen, expliziten Vorhersagen der aerodynamischen Kräfte aufgegeben. Im Vergleich zu den analytischen Verfahren sollen jedoch weiterhin die komplexen Geometrien, sowie die dominierenden nichtlinearen Effekte berücksichtigt werden, sodass der Ersatzmodellansatz eine Zwischenstufe zwischen den linearen und numerischen Methoden bildet.

2.2. Lösung des Strukturproblems

Bei der Lösung des Strukturproblems wird die Flügel- bzw. Flugzeugstruktur als elastisches Kontinuum betrachtet. Ziel innerhalb der aeroelastischen Analyse ist hierbei die Berechnung der strukturellen Deformationen $\underline{u}_s$ infolge der aerodynamischen Kräfte $\underline{F}_s$. Analog zur Formulierung für das aerodynamische Untersystem in Gleichung 2.1, wird für das strukturelle Untersystem der Operator $\mathcal{S}$ eingeführt, welcher ebenfalls der Notation von Unger et al. [68] entspricht. Damit ergibt sich die Gleichung 2.18 für das Strukturproblem. Da bei diesem Teilproblem die Flüsse in Form von Kräften als Randbedingung vorgegeben sind, stellt dies ein Neumann-Problem dar.

$$\mathcal{S}\underline{u}_s = \underline{F}_s \tag{2.18}$$

In dieser Arbeit wird die Struktur generell als linear elastisch angenommen, wodurch die Lösung des Strukturproblems im Verhältnis zu dem Strömungsproblem mit wenig Aufwand verbunden ist. Im stationären Fall wird das Strukturproblem explizit durch Lösung eines linearen Gleichungssystems berechnet, wie es in Abschnitt 2.2.1 gezeigt wird. Im Gegensatz dazu muss im instationären Fall die Bewegungsdifferentialgleichung gelöst werden, welche in Abschnitt 2.2.2 beschrieben wird. Hierfür wird das Zeitintegrationsverfahren nach Newmark verwendet, welches ebenfalls vorgestellt wird. Des Weiteren wird auf die Vorgehensweise bei der Modalanalyse eingegangen, welche in der linearen Strukturdynamik eine wichtige Analysemethode darstellt. Zudem werden auf Basis der Modalanalyse die geführten Bewegungen der instationären Trainingsdaten für das Ersatzmodell bestimmt.

2.2.1. Stationäre Strukturberechnung

Bei dem stationären Problem wird die strukturelle Verformung $\underline{u}_s$ infolge einer konstanten äußeren Last $\underline{F}_s$ berechnet. Es wird also der Deformationszustand gesucht, bei welchem ein Gleichgewicht zwischen den äußeren und den inneren elastischen Kräften herrscht. Unter der Annahme von linear elastischen Struktureigenschaften ergibt sich ein elementarer Zusammenhang zwischen $\underline{u}_s$ und $\underline{F}_s$, welche in Gleichung 2.19 gegeben ist.

$$\underline{F}_s = \underline{\underline{K}}\,\underline{u}_s \tag{2.19}$$

Diese Beziehung gilt für jedes linear elastische System mit endlichen Freiheitsgraden, sei es ein idealisiertes, kontinuierliches System, wie es in der technischen Mechanik untersucht wird, oder ein diskretisiertes System, wie es in der numerischen Methode der finiten Elemente aufgebaut wird. Ist die Gesamtsteifigkeitsmatrix $\underline{\underline{K}}$ für das System bestimmt, lassen sich für gegebene Kraft- oder Wegrandbedingungen die jeweils unbekannten Systemgrößen des Gleichgewichtszustands berechnen.

2.2.2. Instationäre Strukturberechnung

Bei der instationären Strukturberechnung muss bei der Betrachtung des Kräftegleichgewichts - neben den inneren elastischen Kräften - die beschleunigungsabhängigen Massenträgheitskräfte $\underline{\underline{M}}\,\ddot{\underline{u}}_s$ berücksichtigt werden. Nach dem d'Alembert'schen Prinzip wird die stationäre Gleichung 2.19 zu der allgemeinen Bewegungsdifferentialgleichung der ungedämpften Schwingung 2.20 erweitert, wie es beispielsweise von Zienkiewicz [83] gezeigt wird.

$$\underline{\underline{M}}\,\ddot{\underline{u}}_s + \underline{\underline{K}}\,\underline{u}_s = \underline{F}_s \tag{2.20}$$

Hierbei stellt $\underline{\underline{M}}$ die Massenmatrix dar. Im Falle einer gedämpften Schwingung werden zusätzlich die geschwindigkeitsabhängigen Dämpfungskräfte $\underline{\underline{C}}\,\dot{\underline{u}}_s$ eingeführt, wobei $\underline{\underline{C}}$ von Bathe [5] als Dämpfungsmatrix bezeichnet wird. Es ergibt sich folglich die allgemeine Bewegungsdifferentialgleichung der gedämpften Schwingung 2.21.

$$\underline{\underline{M}}\,\ddot{\underline{u}}_s + \underline{\underline{C}}\,\dot{\underline{u}}_s + \underline{\underline{K}}\,\underline{u}_s = \underline{F}_s \tag{2.21}$$

Die Zeitintegration der jeweiligen Bewegungsgleichung für einen gegebenen äußeren Lastvektor $\underline{F}_s$ kann durch explizite sowie implizite Verfahren vollzogen werden. Ein guter Überblick über die etablierten Verfahren erster sowie zweiter Ordnung wird beispielsweise von

Zienkiewicz et al. [83], Bathe [5] und Hughes [31] gegeben. In dieser Arbeit wird das Zeitintegrationsverfahren nach Newmark verwendet, welches im Folgenden vorgestellt wird.

Zeitintegrationsverfahren nach Newmark

Das Zeitintegrationsverfahren nach Newmark ist ein Einschrittverfahren zweiter Ordnung zur Lösung der zeitlich diskretisierten Bewegungsgleichung 2.21, welches auf dem Prädiktor-Korrektor Prinzip beruht. Im Folgenden wird die Notation nach Hughes [31] übernommen, welche sich von der von Zienkiewicz et al. [83] durch die Definition des Newmark-Parameters β unterscheidet.
Ausgehend vom Strukturzustand $\underline{u}_n$, $\underline{\dot{u}}_n$, $\underline{\ddot{u}}_n$ zum Zeitpunkt t_n ist für die äußere Last $\underline{F}_{s,n+1} = \underline{F}_s(t_{n+1})$ des nächsten Zeitpunkts t_{n+1} die Gleichung 2.22 näherungsweise zu lösen.

$$\underline{\underline{M}}\,\underline{\ddot{u}}_{s,n+1} + \underline{\underline{C}}\,\underline{\dot{u}}_{s,n+1} + \underline{\underline{K}}\,\underline{u}_{s,n+1} = \underline{F}_{s,n+1} \tag{2.22}$$

Hiorfür wird zunächst in einem Prädiktor-Schritt die Strukturdeformation $\underline{\tilde{u}}_{n+1}$ und -geschwindigkeit $\underline{\dot{\tilde{u}}}_{n+1}$ für den nächsten Zeitschritt t_{n+1} extrapoliert, wobei β und γ die Newmark-Parameter darstellen:

$$\underline{\tilde{u}}_{n+1} = \underline{u}_n + \Delta t \underline{\dot{u}}_n + \frac{\Delta t^2}{2}(1-2\beta)\,\underline{\ddot{u}}_n \tag{2.23}$$

$$\underline{\dot{\tilde{u}}}_{n+1} = \underline{\dot{u}}_n + \Delta t\,(1-\gamma)\,\underline{\ddot{u}}_n \tag{2.24}$$

Mit diesen extrapolierten Deformationen und Geschwindigkeiten sowie der äußeren Last $\underline{F}_{s,n+1}$ wird die Beschleunigung $\underline{\ddot{u}}_{n+1}$ durch Gleichung 2.25 approximiert.

$$\left(\underline{\underline{M}} + \gamma\Delta t\underline{\underline{C}} + \beta\Delta t^2\underline{\underline{K}}\right)\underline{\ddot{u}}_{n+1} = \underline{F}_{n+1} - \underline{\underline{K}}\,\underline{\tilde{u}}_{n+1} - \underline{\underline{C}}\,\underline{\dot{\tilde{u}}}_{n+1} \tag{2.25}$$

Mit dieser approximierten Beschleunigung $\underline{\ddot{u}}_{n+1}$ wird abschließend der Korrektor-Schritt für die extrapolierten Deformationen und Geschwindigkeiten durchgeführt:

$$\underline{u}_{n+1} = \underline{\tilde{u}}_{n+1} + \beta\Delta t^2\underline{\ddot{u}}_{n+1} \tag{2.26}$$

$$\underline{\dot{u}}_{n+1} = \underline{\dot{\tilde{u}}}_{n+1} + \gamma\Delta t\underline{\ddot{u}}_{n+1} \tag{2.27}$$

Damit sind die Strukturdeformationen $\underline{u}_{n+1}$, -geschwindigkeiten $\underline{\dot{u}}_{n+1}$ und -beschleunigungen $\underline{\ddot{u}}_{n+1}$ für den nächsten Zeitschritt näherungsweise bestimmt.

Bei der Wahl der Newmark-Parameter β und γ unterscheidet Hughes [31] verschiedene Methoden, welche sich nach der Stabilität des Systems richten, wobei $2\beta \geq \gamma \geq \frac{1}{2}$ als generelle Bedingung definiert wird.
In dieser Arbeit werden die Parameter zu $\beta = \frac{1}{4}$ und $\gamma = \frac{1}{2}$ gewählt, wodurch sich ein Verfahren ergibt, welches von Hughes [31] und Bathe [5] als Methode der konstanten mittleren Beschleunigung oder auch als Trapezregel bezeichnet wird. Dieses Verfahren wird von beiden Referenzen als geeigneter Ansatz für die meisten Strukturprobleme empfohlen.

Modalanalyse

Ein linear elastischer Körper weist charakteristische Eigenschaften hinsichtlich seines Schwingungsverhaltens auf, welche sich mit Hilfe der Modalanalyse bestimmen lassen. Diese Analysemethode wird in diesem Abschnitt auf der Grundlage der Ausführungen von Bathe [5] kurz erläutert.
Bei diesem Ansatz wird die Strukturbewegung als Superposition von Eigenformen, auch Eigenmoden oder generalisierte Verschiebungen genannt, beschrieben. Jeder Eigenform ist hierbei eine jeweilige Eigenfrequenz zugeordnet.

Ausgangspunkt ist die Lösung der homogenen Bewegungsgleichung der freien ungedämpften Schwingung, welche in Gleichung 2.28 gegeben ist. Hier wird von einem System mit k Freiheitsgraden ausgegangen, folglich gilt $\underline{\underline{M}} \in \mathbb{R}^{k \times k}$ und $\underline{\underline{K}} \in \mathbb{R}^{k \times k}$.

$$\underline{\underline{M}}\, \underline{\ddot{u}}_s + \underline{\underline{K}}\, \underline{u}_s = 0 \tag{2.28}$$

Setzt man für $\underline{u}_s$ die Ansatzfunktion $\underline{u}_s(t) = \underline{\underline{\Phi}} \sin(\underline{\omega} t)$ ein, was der Annahme einer harmonischen Schwingung für die dynamische Strukturbewegung entspricht, erhält man das charakteristische Polynom 2.29 der Differentialgleichung.

$$-\underline{\omega}^2 \underline{\underline{M}}\, \underline{\underline{\Phi}} + \underline{\underline{K}}\, \underline{\underline{\Phi}} = 0 \tag{2.29}$$

Dieses lässt sich durch Umformen auf das generalisierte Eigenwertproblem in Gleichung 2.30 überführen.

$$\underline{\underline{M}}^{-1}\, \underline{\underline{K}}\, \underline{\underline{\Phi}} = \underline{\omega}^2 \underline{\underline{\Phi}} \tag{2.30}$$

Die Lösung des Eigenwertproblems liefert die Eigenwerte $\underline{\omega}^2 = \left(\omega_1^2, \omega_2^2, ..., \omega_k^2\right)$, welche den Quadraten der Eigenkreisfrequenzen entsprechen, und die Eigenvektoren $\underline{\underline{\Phi}} = (\underline{\Phi}_1, \underline{\Phi}_2, ..., \underline{\Phi}_k)$, welche die zugehörigen Eigenformen darstellen.
Damit ist, unter Annahme einer harmonischen Schwingung, die Lösungsfunktion $\underline{u}(t)$ des homogenen Teils der ungedämpften Bewegungsdifferentialgleichung bestimmt, welcher den von außen ungestörten Fall beschreibt. Dementsprechend wird der linear elastische Körper nach dem Einbringen einer initialen Randbedingung, beispielsweise einer Auslenkung, in die durch $\underline{u}(t)$ beschriebene dynamische Bewegung übergehen, wobei die Randbedingungen durch entsprechende Skalierung der Eigenformen erfüllt werden. Folglich hängen die Schwingungsamplituden der Eigenformen von den Randbedingungen, also beispielsweise der initialen Auslenkung, ab.

2.2.3. Finite Elemente Methode (FEM)

Die Methode der Finiten Elemente ist ein etablierter numerischer Ansatz zur Lösung komplexer Strukturprobleme. An dieser Stelle wird stark verkürzt auf den grundlegenden Ansatz zum Aufbau der Gesamtsteifigkeitsmatrix $\underline{\underline{K}}$ und der Gesamtmassenmatrix $\underline{\underline{M}}$ nach Bathe [5] eingegangen, da für die linear elastische Strukturberechnung mit den vorherig genannten Verfahren lediglich diese Matrizen erforderlich sind. Für weitere Details der mathematischen Formulierung der Methode sei auf die Literaturquellen zu dem Thema verwiesen, neben Bathe [5] seien hier beispielsweise Hughes [31] oder Zienkiewicz et al. [83] erwähnt.

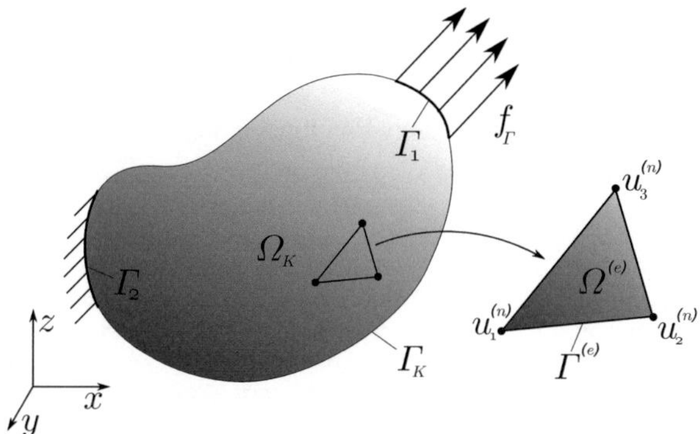

Abbildung 2.6.: Betrachteter elastischer Körper mit äußerer Last und Wegrandbedingungen

Zunächst wird ein beliebiger dreidimensionaler Körper mit einem Volumen Ω_K und einer Berandung Γ_K betrachtet, welcher in Abbildung 2.6 dargestellt ist. Es wirken in dem Gebiet Ω_K Volumenlasten f_K, welche in Abbildung 2.6 nicht dargestellt sind. Darüber hinaus wirkt auf den Rand Γ_1 des Körpers eine äußere Flächenbelastung f_Γ und auf Rand Γ_2 sind Wegrandbedingungen aufgeprägt.
Das Prinzip der Virtuellen Verrückung (PVV) sagt nach Bathe [5] aus, dass bei einem Körper im Gleichgewicht mit beliebigen virtuellen Verschiebungen $\delta \underline{u}$, welche die Randbedingungen erfüllen, die gesamte innere virtuelle Energie der gesamten äußeren Energie gleicht. Damit ergibt sich dann für den betrachteten Körper die Energiebilanz in Gleichung 2.31.

$$\underbrace{\int_{\Omega_K} \delta \underline{\epsilon}^T \, \underline{\underline{\sigma}}_K d\Omega_K}_{\text{virtuelle innere Energie}} = \underbrace{\int_{\Gamma_1} \delta \underline{u}^T \, \underline{f}_\Gamma d\Gamma_1 + \int_{\Omega_K} \delta \underline{u}^T \, \underline{f}_K d\Omega_K}_{\text{virtuelle äußere Energie}} \tag{2.31}$$

Hierbei sind $\underline{\underline{\sigma}}_K$ die inneren Spannungen im Körper und $\delta \underline{\epsilon}$ die virtuellen Verzerrungen, welche die Ableitungen der virtuellen Verschiebungen darstellen. Aus dieser Gleichung lässt sich mittels Diskretisierung des Gebiets Ω_K die gesuchte Gesamtsteifigkeitsmatrix $\underline{\underline{K}}$ und Gesamtmassenmatrix $\underline{\underline{M}}$ für die approximative Beschreibung des betrachteten Körpers herleiten. Für die Details der Herleitung sei auf Bathe [5] verwiesen. Demnach ergeben sich für ein Element mit dem Gebiet $\Omega^{(e)}$ und der Berandung $\Gamma^{(e)}$, wie es in Abbildung 2.6 dargestellt ist, aus Gleichung 2.31 die Elementsteifigkeitsmatrix $\underline{\underline{K}}^{(e)}$ und die Elementmassenmatrix $\underline{\underline{M}}^{(e)}$ aus Gleichung 2.32 und 2.33.

$$\underline{\underline{K}}^{(e)} = \int_{\Omega^{(e)}} \underline{\underline{N}}^T \, \underline{\underline{D}}^T \, \underline{\underline{E}} \, \underline{\underline{D}} \, \underline{\underline{N}} d\Omega^{(e)} \tag{2.32}$$

$$\underline{\underline{M}}^{(e)} = \int_{\Omega^{(e)}} \underline{\underline{N}}^T \, \rho_K \underline{\underline{N}} d\Omega^{(e)} \tag{2.33}$$

Hierbei stellen $\underline{\underline{N}}$ die Formfunktionsmatrix, $\underline{\underline{D}}$ die Differentialoperatormatrix in der Verschiebungs-Verzerrungsbedingung, $\underline{\underline{E}}$ die Elastizitätsmatrix mit den Stoffeigenschaften und ρ_K die Dichte des betrachteten strukturellen Körpers dar. Aus den Elementmassen-

und Elementsteifigkeitsmatrizen aller Elemente werden die Gesamtmassenmatrix $\underline{\underline{M}}$ und die Gesamtsteifigkeitsmatrix $\underline{\underline{K}}$ des ganzen Körpers zusammen gesetzt.

Einbringen homogener Verschiebungs-Randbedingungen

In der bisherigen Herleitung der Matrizen $\underline{\underline{M}}$ und $\underline{\underline{K}}$ sind die geometrischen Verschiebungs-Randbedingungen, welche von Bathe [5] auch als wesentliche Randbedingungen bezeichnet werden und die in Abbildung 2.6 auf der Berandung Γ_2 aufgeprägt sind, nicht berücksichtigt worden. Diese werden nach dem Aufbau der Matrizen durch Manipulation der Steifigkeitsmatrix in das strukturelle System eingebracht. Dieser Schritt wird normalerweise durch den FEM Löser intern durchgeführt. Da in dieser Arbeit die Massen- und Steifigkeitsmatrix von dem kommerziellen FEM Löser (MSC NASTRAN©, ANSYS©) lediglich aufgebaut und anschließend extrahiert werden, um sie innerhalb eines selbst implementierten Codes zur Lösung des Strukturproblems zu verwenden, werden die Verschiebungs-Randbedingungen ebenfalls durch den selbst implementierten Code aufgeprägt. Da in dieser Arbeit lediglich homogene Randbedingungen verwendet werden, wird das Einbringen dieser Verschiebungs-Randbedingungen in die Steifigkeitsmatrix an dieser Stelle kurz beschrieben.

Bei homogenen Randbedingungen werden die Verschiebungen zu null gesetzt, im Gegensatz zu inhomogenen Randbedingungen, bei welchen für die Verschiebungen von null verschiedene Werte vorgegeben werden. In Gleichung 2.34 ist eine homogene Verschiebungs-Randbedingung beispielhaft für den i-ten Freiheitsgrad formuliert.

$$u_i = 0 \tag{2.34}$$

Diese homogene Randbedingung muss durch die Gleichung für das stationäre Gleichgewicht 2.19 erfüllt werden. Dies wird umgesetzt, indem die i-te Zeile und die i-te Spalte der Gesamtsteifigkeitsmatrix $\underline{\underline{K}}$ zu null gesetzt wird, mit Ausnahme des Eintrags auf der Hauptdiagonalen, welcher zu $K_{ii} = 1$ gesetzt wird, wie in Gleichung 2.35 dargestellt ist. Des Weiteren wird der i-te Eintrag des Kraftvektors $\underline{F}_s$ ebenfalls zu null gesetzt.

$$\text{i-te Zeile} \quad \underbrace{\begin{pmatrix} & & \overset{\text{i-te Spalte}}{0} & & \\ & & \vdots & & \\ 0\ldots & \ldots 0 & 1 & 0\ldots & \ldots 0 \\ & & \vdots & & \\ & & 0 & & \end{pmatrix}}_{\underline{\underline{K}}} \underbrace{\begin{pmatrix} \vdots \\ u_i \\ \vdots \end{pmatrix}}_{\underline{u}_s} = \underbrace{\begin{pmatrix} \vdots \\ 0 \\ \vdots \end{pmatrix}}_{\underline{F}_s} \tag{2.35}$$

Damit ist Gleichung 2.34 in dem linearen Gleichungssystem 2.35 enthalten und die homogene Randbedingung in das Strukturmodell eingebracht.

2.3. Partitionierter Lösungsansatz zur Analyse aeroelastischer Systeme

Unter einem partitionierten Lösungsansatz wird das Aufteilen eines Gesamtproblems auf Teilprobleme verstanden, welche jedes für sich durch ein jeweiliges Verfahren gelöst wird (vgl. Abb. 2.1). Durch Kopplung der verschiedenen Lösungsverfahren in einem automatisierten

Schema wird ein Lösungsansatz für das Gesamtproblem erstellt. Dieses Vorgehen wird vor allem bei disziplinübergreifenden Problemen eingesetzt, da in der Regel in der jeweiligen Fachdisziplin bereits ein ausgereiftes, etabliertes Lösungsverfahren zur Verfügung steht und folglich die Kopplung mit anderen Verfahren mit weniger Entwicklungsaufwand verbunden ist, als die Neuentwicklung eines monolithischen Ansatzes.

Bei der numerischen Analyse aeroelastischer Systeme ist die Kopplung eines Strömungs- mit einem Strukturlöser zu einem Analyseschema der gängige Ansatz. Hierbei wird in der Regel zur Lösung des Strömungsproblems die Methode der CFD eingesetzt. Seitens der Struktur wird häufig die FEM verwendet, wobei die Modelle meistens vereinfacht werden, um den numerischen Aufwand zu minimieren. In der Literatur wird in Verbindung mit dem partitionierten Lösungsansatz die numerische Strukturanalyse mittels FEM häufig auch als *Computational Structure Mechanics (CSM)* bezeichnet, weshalb sich für das gekoppelte Verfahren der Begriff CFD-CSM-Kopplung etabliert hat. Im Folgenden wird auf die in den Gleichungen 2.18 und 2.1 eingeführte Notation von Unger et al. [68] zurückgegriffen, nach welcher für den Strukturlöser der Operator $\mathcal{S}$ und für den Strömungslöser der Operator $\mathcal{F}$ verwendet wird.

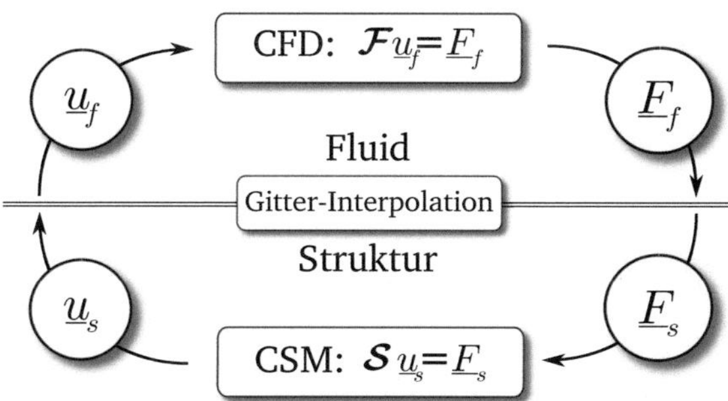

Abbildung 2.7.: Schematische Darstellung eines FSI-Iterationszyklus der CFD-CSM-Kopplung

In Abbildung 2.7 ist ein vereinfachtes CFD-CSM-Kopplungsschema für die aeroelastische Analyse exemplarisch dargestellt. Die mittels CFD bestimmten Fluidkräfte $\underline{F}_f$ werden von der Fluid- auf die Strukturkopplungsoberfläche übertragen, womit sich die Strukturkräfte $\underline{F}_s$ ergeben. Hierbei sind in der Regel die Oberflächendiskretisierungen des Fluidgitters nicht konform mit dem Strukturgitter. Aus diesem Grund ist ein Interpolationsverfahren zum Transfer der Lasten bzw. Verrückungen zwischen den beiden Gittern erforderlich. Für weitere Details der Gitterinterpolation sei auf Unger et al. [68] verwiesen.
Die Strukturkräfte $\underline{F}_s$ werden als Randbedingung für die Strukturanalyse vorgegeben, deren Ergebnis die strukturellen Verrückungen $\underline{u}_s$ sind. Diese werden wiederum durch Interpolation auf das Fluidgitter übertragen, womit sich die Deformation des Fluidgitters $\underline{u}_f$ ergibt. Damit sind die Randbedingungen für die nächste Strömungsanalyse bestimmt, womit der Kreislauf geschlossen ist. Ein Durchlauf dieses Zyklus wird auch als Strömungs-Struktur-, Dirichlet-Neumann- oder FSI-Iteration bezeichnet.

Dieser Prozess wird wiederholt, bis sich Konvergenz für die aerodynamischen Kräfte und die strukturellen Verrückungen einstellt. Bei Erreichen eines konvergenten Zustands ist das gesuchte aeroelastische Gleichgewicht bestimmt. Es sei darauf hingewiesen, dass dieses vereinfachte Schema nicht auf Details des Zeitfortschritts bei der instationären Analyse eingeht. Dies wird in Abschnitt 2.3.1 genauer behandelt. Die Beschreibung der Kopplungsschemata sowie des Prädiktors sind teilweise aus der Diplomarbeit von Lindhorst [37] übernommen worden.

2.3.1. Instationäre Kopplungsschemata

Bei der instationären Analyse kann nach Piperno [52] zwischen dem einfachen, expliziten und dem aufwändigeren, impliziten Kopplungsverfahren unterschieden werden. Der Unterschied zwischen den beiden Verfahren besteht im Wesentlichen in der Anzahl der in Abbildung 2.7 dargestellten FSI-Iterationen pro Zeitschritt.

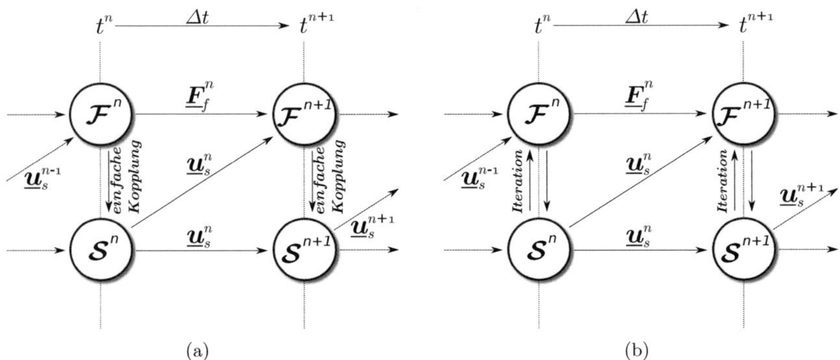

Abbildung 2.8.: Kopplungsverfahren: (a) Explizites Verfahren ; (b) Implizites Verfahren

In Abbildung 2.8(a) ist die explizite Kopplung schematisch dargestellt, welche auch als einfache, lose oder schwache Kopplung bezeichnet wird. Bei diesem Kopplungsschema wird pro Zeitschritt jeweils eine FSI-Iteration durchgeführt. Dementsprechend wird in der Regel nicht der instationäre Gleichgewichtszustand zwischen aerodynamischen, elastischen und trägheitsbedingten Kräften bestimmt, womit die Lösung nicht mit dem realen physikalischem Verhalten übereinstimmt. Dieser Problematik lässt sich mit einer sehr kleinen Zeitschrittweite begegnen. Dadurch sind die Änderungen zwischen zwei Zeitschritten derart klein, dass bereits nach einer FSI-Iteration näherungsweise der Gleichgewichtszustand erreicht ist. Dies offenbart den zentralen Nachteil des expliziten Kopplungsschemas.
Der Vorteil dieses Schemas liegt vor allem in der einfacheren Algorithmik der Kopplung bzw. der Löser, welche folglich keine wiederholte Berechnung des selben Zeitschritts unterstützen müssen. Ein weiterer Vorteil ist prinzipiell der geringere numerische Aufwand, da jedes Teilproblem pro Zeitschritt lediglich einmal gelöst werden muss. Dieser vermeintliche

Vorteil ist allerdings nur theoretisch vorhanden, da aufgrund der erforderlichen kleinen Zeitschrittweite wiederum viele Analysen für die gleiche Zeitspanne notwendig sind.

Demgegenüber steht das implizite Kopplungsverfahren, welches in Abbildung 2.8(b) dargestellt ist. Dieses Verfahren wird auch als starke Kopplung bzw. in der englischen Literatur als *closed coupling* bezeichnet. Wie die schematische Darstellung zeigt, werden bei der impliziten Kopplung pro Zeitschritt mehrere FSI-Iterationen durchgeführt, um das instationäre aeroelastische Gleichgewicht zu bestimmen. Folglich ist eine größere Zeitschrittweite bei gleichzeitig korrekter Bestimmung des physikalischen Verhaltens möglich.
Bei diesem Verfahren wird meistens eine maximale Anzahl an FSI-Iterationen definiert, welche pro Zeitfortschritt durchgeführt werden. Aus Effizienzgründen ist es darüber hinaus sinnvoll, ein Abbruchkriterium zu definieren, welches die FSI-Iterationen beim näherungsweisen Erreichen eines konvergenten Zustands beendet. Ein solches Kriterium, welches sich an den strukturellen Deformationen orientiert, ist in Gleichung 2.36 definiert.

$$\epsilon > \frac{\sqrt{\Delta \underline{u}_{s,i} \Delta \underline{u}_{s,i}}}{\sqrt{\underline{u}_{s,i}\underline{u}_{s,i} + \Delta \underline{u}_{s,i}\Delta \underline{u}_{s,i}}} \qquad \text{mit} \quad \Delta \underline{u}_{s,i} = \underline{u}_{s,i-1} - \underline{u}_{s,i} \tag{2.36}$$

Hierbei steht der Index i für den i-ten FSI-Iterationsschritt, $\underline{u}_{s,i}$ ist die strukturelle Deformation im aktuellen Iterationsschritt und $\Delta \underline{u}_{s,i}$ bezeichnet die Differenz der strukturellen Deformationen zwischen dem aktuellen und dem vorherigen Iterationsschritt. Für den nutzerdefinierten Grenzwert ϵ der Konvergenz werden Werte von $\epsilon \leq 10^{-6}$ empfohlen.
Ein weiterer Aspekt der impliziten Kopplung ist die Stabilität der FSI-Iterationen. Nach Unger et al. [68] können divergierende Analysen mit Hilfe der Aitken-Relaxation stabilisiert werden. Da die Relaxation bei den in dieser Arbeit untersuchten Fällen nicht notwendig ist, wird hier nicht weiter auf die Details eingegangen.

Der Prädiktor

Ein Problem des expliziten und des impliziten Kopplungsverfahren stellt beim Zeitfortschritt die Verwendung der Strukturantwort $\underline{u}_s^n$ des Zeitschritts t^n als Randbedingung des Strömungsproblems im Zeitschritt t^{n+1} dar. Diese zeitliche Diskontinuität führt im Falle des impliziten Kopplungsverfahrens zu einer höheren Anzahl an erforderlichen FSI-Iterationen und im Falle des expliziten Kopplungsverfahrens zu größeren Ungenauigkeiten.
Aus diesen Gründen empfehlen sowohl Piperno [52] als auch Unger et al. [68] einen strukturellen Prädiktor, welcher die Deformationen des nächsten Zeitschritts $\underline{u}_s^{n+1}$ durch Extrapolation annähert. In Abbildung 2.9 ist die Verwendung des Prädiktors im impliziten Kopplungsschema dargestellt, wobei die Verwendung im expliziten Kopplungsschema analog zu Abbildung 2.9 ebenfalls möglich ist.

Von Unger et al. [68] werden drei verschiedene Prädiktoren untersucht:

$$\tilde{\underline{u}}_s^{n+1} = \underline{u}_s^n + \Delta t \dot{\underline{u}}_s^n \tag{2.37}$$

$$\tilde{\underline{u}}_s^{n+1} = \underline{u}_s^n + \frac{\Delta t}{2}\left(3\dot{\underline{u}}_s^n - \dot{\underline{u}}_s^{n-1}\right) \tag{2.38}$$

$$\tilde{\underline{u}}_s^{n+1} = \underline{u}_s^n + \Delta t \dot{\underline{u}}_s^n - \frac{\Delta t^2}{2}\ddot{\underline{u}}_s^{n-1} \tag{2.39}$$

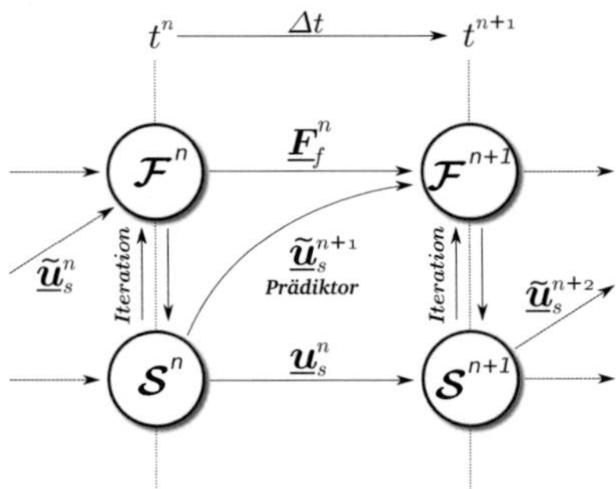

Abbildung 2.9.: Funktionsweise des Prädiktors

Die Gleichung 2.37 stellt hierbei einen Prädiktor der Zeitgenauigkeit erster Ordnung dar, während es sich bei den Gleichungen 2.38 und 2.39 um Prädiktoren der Zeitgenauigkeit zweiter Ordnung handelt. In dieser Arbeit wird durchweg der Prädiktor aus Gleichung 2.38 verwendet, da dieser aus Stabilitätsgründen von Unger et al. [68] empfohlen wird und zu hinreichend genauen Ergebnissen führt.

2.3.2. Einbindung des Ersatzmodells in den partitionierten Ansatz

Der in dieser Arbeit verfolgte Ansatz für das Ersatzmodell sieht eine vollständige Substitution des CFD-Lösers durch das Ersatzmodell vor, wobei die übrigen Komponenten des Kopplungsprozesses erhalten bleiben sollen. Dementsprechend wird das Ersatzmodell analog zum CFD-Löser in den Kopplungszyklus eingebunden, wie in Abbildung 2.10 gezeigt.

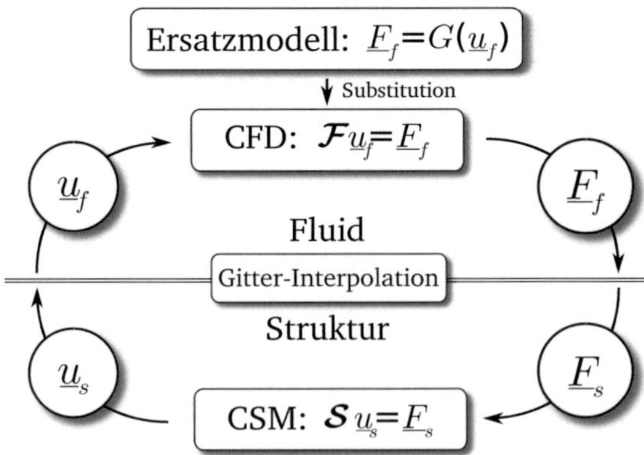

Abbildung 2.10.: Einbindung des Ersatzmodells in den Kopplungszyklus

Wie aus der schematischen Darstellung hervorgeht, wird das Ersatzmodell fluidseitig in die Kopplung eingebunden. Diese Vorgehensweise ist nicht selbstverständlich, da alternativ eine Abbildung der Strukturverrückung auf die aerodynamischen Kräfte auf dem Strukturgitter $\underline{F}_s(t) = G(\underline{u}_s(t))$ vorstellbar wäre. Dies hätte den Vorteil, dass zum einen in der gekoppelten Analyse die Gitterinterpolation entfallen würde und zum anderen, dass die Dimensionalität des Ein- und Ausgangsraums des Ersatzmodells kleiner wäre, sofern die strukturelle Kopplungsoberfläche weniger Gitterknoten aufweist als die aerodynamische Kopplungsoberfläche.
Demgegenüber stehen die Vorteile einer fluidseitigen Einbindung: Das Reduktionsmodell ist von der Diskretisierung des Strukturgitters unabhängig, womit das Strukturmodell variiert werden kann ohne ein neues Ersatzmodell zu identifizieren. Des Weiteren kann auf diese Weise der übrige Kopplungszyklus unverändert bleiben, wodurch eine klare Trennung der Teilprobleme des partitionierten Lösungsansatzes erhalten bleibt. Zudem eignen sich die Ersatzmodelle dadurch auch zum Testen des Kopplungszyklus, was im Vorfeld von aufwendigen CFD-CSM-Kopplungen hilfreich sein kann. Zuletzt liefert das Ersatzmodell Vorhersagen mit derselben räumliche Auflösung wie der CFD-Löser, womit die Abbildung lokaler Einflüsse wie Ablösung oder Stoßwanderung durch das Ersatzmodell im Detail untersucht werden können.

Der Ersatzmodellansatz sieht die Formulierung des Fluidproblems als eine explizite mathematische Funktion vor. Dementsprechend kann die in Gleichung 2.1 eingeführte Operatorschreibweise für das Fluidproblem in einen expliziten mathematischen Ausdruck in Gleichung 2.40 überführt werden.

$$\mathcal{F}\underline{u}_f(t) = \underline{F}_f(t) \quad \rightarrow \quad \underline{F}_f(t) = G(\underline{u}_f(t)) \tag{2.40}$$

Die Formulierung eines Ansatzes für die unbekannte Funktion $G(\cdot)$ sowie die Identifikation derselben ist das elementare Ziel der Ersatzmodellierung und Gegenstand des Kapitels 3.

3. Ansatz der Ersatzmodellierung

Ziel dieser Arbeit ist die Vorhersage von stationären und transienten, aerodynamischen Lasten im transsonischen Bereich. Aufgrund der transsonischen Aerodynamik liegt ein besonderer Schwerpunkt auf der Berücksichtigung der auftretenden nichtlinearen dynamischen Effekte. Wie in Abschnitt 2.3.2 beschrieben, sind die aerodynamischen Kräfte $\underline{F}_f$ aus den strukturellen Deformationen $\underline{u}_f$ durch eine explizite Funktion (vgl. Gl. 2.40) zu bestimmen. Aus dieser Zielsetzung resultieren mehrere Anforderung an das Ersatzmodell:

- Hochdimensionale Eingangs-Ausgangs-Abbildung
- Abbilden instationärer Effekte
- Berücksichtigung nichtlinearer Effekte

Um diesen Forderungen zu genügen, wird das Ersatzmodell aus mehreren Methoden zusammengesetzt. In Abbildung 3.1 ist die Prozesskette des Ersatzmodells grafisch dargestellt.

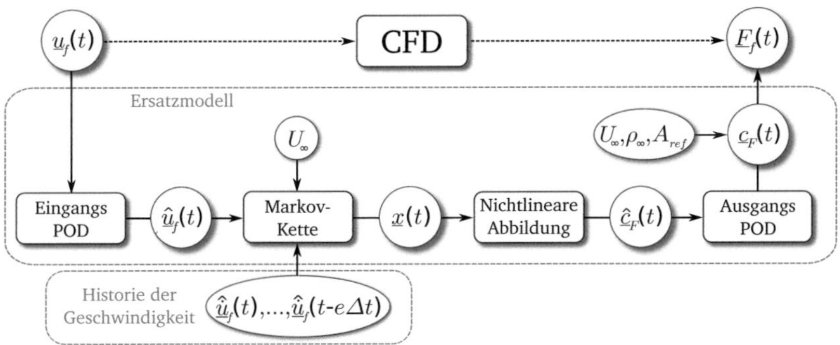

Abbildung 3.1.: Modulare Prozesskette des Ersatzmodells

Die Zahl der Eingangs- und Ausgangsgrößen wird mittels der Proper Orthogonal Decomposition (POD) reduziert, welche in Abschnitt 3.1 beschrieben wird. Instationäre Effekte werden durch Verwendung einer Markov-Kette berücksichtigt, welche in Abschnitt 3.2 erläutert wird. Nichtlineare Effekte werden mit Hilfe einer nichtlinearen Abbildungsmethode abgedeckt, welche einen funktionalen Zusammenhang zwischen den reduzierten Eingangs- und Ausgangsgrößen herstellt. Hierbei können verschiedene Abbildungsmethoden verwendet werden, auf welche in Abschnitt 3.3 eingegangen wird.

Ein weiterer Aspekt ist der modulare Aufbau der Prozesskette, durch welchen der Ansatz sehr flexibel für unterschiedliche Probleme anwendbar wird. Beispielsweise kann die Reduktion mittels POD im Falle von wenigen Eingangs- und/oder Ausgangsgrößen deaktiviert werden. Bei ausschließlich stationären Systemen kann auch die Markov-Kette übersprungen werden. Des Weiteren ist in Verbindung mit der POD-Reduktion der Eingangsgrößen auch noch die Definition zusätzlicher globaler Eingangsparameter möglich, worauf in Abschnitt 3.5 eingegangen wird.

3.1. Proper Orthogonal Decomposition

Die exakte orthogonale Zerlegung (englisch: *Proper Orthogonal Decomposition, POD*) ist eine mathematische Methode, welche in vielen Bereichen der Reduktionsmodellierung aber auch der Datenverarbeitung Anwendung findet. Beispielsweise ermöglicht dieses Verfahren die Datenkompression digitaler Bilder, aber auch die Reduktion von Systemparametern.
Die Methode ist auch unter den Namen Karhunen-Loève-Transformation oder Hauptkomponentenanalyse (englisch: *Principal Component Analysis, PCA*) bekannt. Im Folgenden wird die gebräuchliche Kurzform der englischen Bezeichnung *POD* zur Bezeichnung der Methode verwendet.

Das Ziel der Zerlegung ist die Konstruktion einer orthogonalen Basis bestehend aus M Basisvektoren $\underline{\underline{\Psi}} = [\underline{\psi}_1, ..., \underline{\psi}_M]$, welche die optimale Beschreibung für die bekannten q Zustände $\underline{y}_1, ..., \underline{y}_q$ des p-dimensionalen Felds $\underline{y}$ darstellt. Eine mathematische Überprüfung der optimalen Beschreibung durch eine diskrete POD-Basis im Sinne der kleinsten Fehlerquadrate wird von Dür [19] gegeben. Mit dieser orthogonalen Basis lässt sich ein beliebiger Systemzustand $\underline{y} \in \mathbb{R}^p$ über einen reduzierten Zustandsvektor $\underline{\hat{y}} \in \mathbb{R}^M$ mittels einer Linearkombination beschreiben:

$$\underline{y} = \underline{y}_0 + \sum_{i=1}^{M} \hat{y}_i \, \underline{\psi}_i \tag{3.1}$$

Hierbei ist $\underline{y}_0$ der Referenzpunkt beziehungsweise der Ursprung der POD-Basis bezüglich des originären Systems. Dies ist insbesondere bei nichtlinearen Feldern hilfreich, da $\underline{y}_0$ den Entwicklungspunkt für die Linearisierung darstellt. In Abbildung 3.2 ist das Prinzip der Parameterreduktion mittels der POD-Basis anhand eines dreidimensionalen Parameterraums veranschaulicht, welcher auf einen zweidimensionalen Raum reduziert wird.

Diese Projektion ist bei zeitabhängigen Systemen $\underline{y}(t)$ ebenfalls anwendbar, indem q Zustände des Felds $\underline{y}$ zu unterschiedlichen Zeitpunkten $\underline{y}(t_1), ..., \underline{y}(t_q)$ verwendet werden. Folglich wird der Systemzustand $\underline{y}(t)$ über M zeitabhängige POD-Koeffizienten $\hat{y}_1(t), ..., \hat{y}_M(t)$ und M zeitunabhängige Basisvektoren $\underline{\psi}_1, ..., \underline{\psi}_M$ mittels einer Linearkombination abgebildet, wie aus Gleichung 3.2 hervorgeht:

$$\underline{y}(t) = \underline{y}_0 + \sum_{i=1}^{M} \hat{y}_i(t) \, \underline{\psi}_i \tag{3.2}$$

Im Folgenden wird auf die Theorie zur Konstruktion der POD-Basis in verkürzter Form eingegangen, wie sie auch von Kunisch et al. [36] oder Spiess [65] beschrieben wird. Für weitere Details sei der Leser auf die vielfältigen anwendungsbezogenen Literaturreferenzen bezüglich POD verwiesen, beispielsweise Lucia und Beran [43], Willcox und Peraire [77] oder Meyer und Matthies [45].

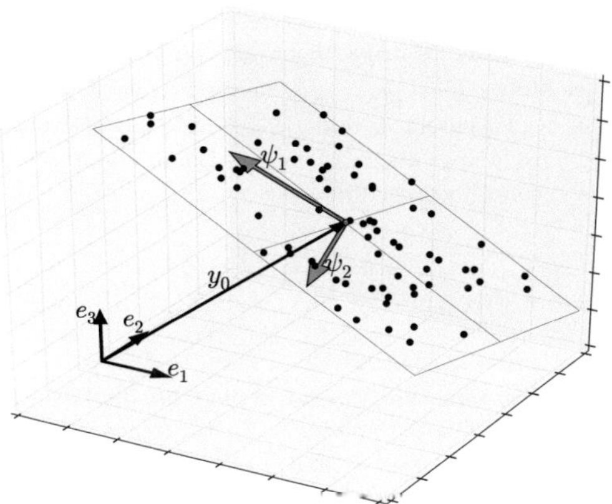

Abbildung 3.2.: Veranschaulichung der Parameterreduktion mit Hilfe der POD-Basis

Für die Konstruktion der POD-Basis lassen sich zwei Bedingungen formulieren:

- Die Orthogonalitätsbedingung:

$$\underline{\psi}_i^T \underline{\psi}_j = \begin{cases} 1 & \text{für } i = j \\ 0 & \text{für } i \neq j \end{cases} \tag{3.3}$$

- Die Minimierung des Projektionsfehlers, welcher durch Projektion in die POD-Basis und anschließender Rückprojektion in den originären Raum entsteht:

$$J(\underline{\psi}_1, ..., \underline{\psi}_l) = \sum_{j=1}^{q} \left|\left| \underline{y}_j - \sum_{i=1}^{M} (\underline{y}_j^T \underline{\psi}_i) \underline{\psi}_i \right|\right|^2 \rightarrow min \tag{3.4}$$

Das Minimierungsproblem aus Gleichung 3.4 lässt sich nach Müller [48] mit der notwendigen Bedingung nach Orthogonalität 3.3 mit Hilfe des Lagrange-Multiplikators λ in einer Gleichung kombinieren:

$$L(\underline{\psi}_1, ..., \underline{\psi}_M, \lambda_{11}, ..., \lambda_{MM}) = J(\underline{\psi}_1, ..., \underline{\psi}_l) + \sum_{i,j=1}^{M} \lambda_{ij} (\underline{\psi}_i^T \underline{\psi}_j - \delta_{ij}) \tag{3.5}$$

Das gesuchte Optimum der Beziehung 3.5 wird durch die Nullstelle der partiellen Ableitungen definiert:

$$\frac{\partial L}{\partial \underline{\psi}_i} = 0 \Rightarrow \sum_{j=1}^{l} \underline{y}_j (\underline{y}_j^T \underline{\psi}_i) = \lambda_{ii} \underline{\psi}_i \quad \text{mit } \lambda_{ij} = 0 \text{ für } i \neq j \tag{3.6}$$

$$\frac{\partial L}{\partial \lambda_{ij}} = 0 \Rightarrow \underline{\psi}_i^T \underline{\psi}_j = \delta_{ij} \tag{3.7}$$

Hierbei beinhaltet die Ableitung $\frac{\partial L}{\partial \lambda_{ij}}$ in Gleichung 3.7 wiederum die Orthogonalitätsbedingung aus Gleichung 3.3.
Gleichung 3.6 lässt sich in die Matrixschreibweise überführen, indem die einzelnen Systemzustände zu einer Matrix $\underline{\underline{Y}} = \left[\underline{y}_1, ..., \underline{y}_q\right]$ zusammengefasst werden. Da die bekannten Zustände $\underline{y}_1, ..., \underline{y}_q$ in der Fachliteratur in der Regel als Snapshots bezeichnet werden, wird die Matrix $\underline{\underline{Y}}$ analog dazu Snapshotmatrix genannt. Damit ergibt sich die notwendige Optimalbedingung in Form eines Eigenwertproblems:

$$\underline{\underline{Y}}\,\underline{\underline{Y}}^T\underline{\underline{U}} = \underline{\underline{\Lambda}}\,\underline{\underline{U}} \tag{3.8}$$

$\underline{\underline{U}}$ ist die Eigenvektormatrix und $\underline{\underline{\Lambda}}$ ist eine Diagonalmatrix mit den Eigenwerten auf der Hauptdiagonalen.

Dieses Eigenwertproblem kann direkt gelöst werden, um die Eigenvektoren $\underline{\underline{U}}$ zu bestimmen, welche den gesuchten POD-Basisvektoren $\underline{\underline{\Psi}}$ entsprechen. Hierbei muss beachtet werden, dass $\underline{\underline{Y}}\ \underline{\underline{Y}}^T \in \mathbb{R}^{p \times p}$ in den meisten Fällen eine recht große und zudem voll besetzte Matrix darstellt. Folglich ist das direkte Lösen des Eigenwertproblems numerisch aufwändig und nicht praktikabel. Das Problem kann stattdessen mit Hilfe der Singulärwertzerlegung (englisch: *Singular Value Decomposition, SVD*) gelöst werden, welche auf die Snapshotmatrix $\underline{\underline{Y}}$ angewandt wird:

$$\underline{\underline{Y}} = \underline{\underline{U}}^*\underline{\underline{\Sigma}}^*\underline{\underline{V}}^* \tag{3.9}$$

Die Singulärwertzerlegung liefert die Links-Singulärvektoren $\underline{\underline{U}}^*$, die Singulärwertmatrix $\underline{\underline{\Sigma}}^*$ sowie die Rechts-Singulärvektoren $\underline{\underline{V}}^*$. Die Links-Singulärvektoren $\underline{\underline{U}}^*$ entsprechen den gesuchten Eigenvektoren $\underline{\underline{U}}$ aus Gleichung 3.8 und damit der POD-Basis $\underline{\underline{\Psi}}$. Die Singulärwerte gleichen den Quadratwurzeln der Eigenwerte $\sigma_i = \sqrt{\lambda_{ii}}$ auf der Hauptdiagonalen der Eigenwertmatrix $\underline{\underline{\Lambda}}$.

Snapshotmethode

Eine Alternative zur Singulärwertzerlegung bietet ein Ansatz, welcher in der Literatur als Snapshotmethode (engl: *Method of Snapshots*) bezeichnet wird. Bei diesem Ansatz wird das Eigenwertproblem der Matrix $\underline{\underline{Y}}^T\ \underline{\underline{Y}} \in \mathbb{R}^{q \times q}$ gelöst:

$$\underline{\underline{Y}}^T\underline{\underline{Y}}\,\underline{\underline{V}} = \underline{\underline{\Lambda}}\,\underline{\underline{V}} \tag{3.10}$$

Da in den meisten Fällen $p \gg q$ gilt, d.h. die Anzahl an Snapshots q ist sehr viel kleiner als die Dimension p des Felds $\underline{y}$, ist die Lösung dieses Eigenwertproblems mit sehr viel weniger numerischen Aufwand verbunden. Die ermittelten Eigenvektoren $\underline{\underline{V}}$ entsprechen den Rechts-Singulärvektoren $\underline{\underline{V}}^*$ der Singulärwertzerlegung in Gleichung 3.9. Die gesuchte POD-Basis bzw. die Links-Singulärvektoren $\underline{\underline{U}}^*$ berechnen sich dann zu:

$$\underline{\psi}_i = \frac{1}{\sqrt{\lambda_{ii}}}\underline{\underline{Y}}\,\underline{V}_i \tag{3.11}$$

Sowohl die Singulärwerte σ_i als auch die Eigenwerte λ_{ii} sind ein Maß für die Relevanz des zugehörigen Basisvektors ψ_i für die Beschreibung des originären Systemzustands in Gleichung 3.1. Entsprechend dieser Interpretation ist die maximale Anzahl der POD-Basisvektoren m auf die Anzahl der zur Konstruktion verwendeten Snapshots q begrenzt, da sowohl in Gleichung 3.11 als auch in Gleichung 3.9 lediglich m Eigen- bzw. Singulärwerte zur Verfügung stehen. Dieses Phänomen lässt sich mathematisch sinnvoll interpretieren, da q linear unabhängige Richtungsvektoren in einem Raum der Dimension p durch einen q-dimensionalen Unterraum immer exakt beschrieben werden können.

Reduktion der POD-Basis

Die Anzahl der POD-Basisvektoren M kann zusätzlich reduziert werden, indem die Basisvektoren mit sehr kleinen Singulärwerten abgeschnitten werden. Dieses Vorgehen wird in vielen praktischen Anwendungen der POD Methode angewandt, beispielsweise von Willcox et al. [77]. Ein Reduktionskriterium auf Basis des Singulärwerts wird von Spiess [65] mittels der Partizipationssumme v formuliert:

$$v = \frac{\sum_i^M \sigma_i}{\sum_j^q \sigma_j} \geq v_{red} \quad \text{mit} \quad 0.0 \leq v_{red} \leq 1.0 \tag{3.12}$$

Dementsprechend wird die Anzahl der verwendeten POD-Basisvektoren so bestimmt, dass die Partizipationssumme v über dem nutzerdefinierten Grenzwert v_{red} liegt.

3.2. Markov-Ketten-Ansatz

Markov-Modelle oder auch Zeitreihen-Modelle sind in der Stochastik ein verbreiteter Ansatz zur Vorhersage zeitabhängiger Systeme. Nach Allen [2] wird hierbei zwischen einem Markov-Prozess für zeitkontinuierliche Systeme und einer Markov-Kette für zeitdiskrete Systeme unterschieden.

Die Grundidee der Markov-Kette ist die Vorhersage zukünftiger Zustände aufgrund der Kenntnis der Historie von Zuständen eines zeitabhängigen Systems. Des Weiteren wird bei einer Markov-Kette angenommen, dass anstelle der Kenntnis der vollständigen Historie eine begrenzte Historie zur Vorhersage des Systemzustands ausreicht.

3.2.1. ARMA-Modell

Ein einfaches, lineares Markov-Modell ist die ARMA-Methode (englisch: *Autoregressive Moving Average*), welche einen guten Einblick in die Funktionsweise eines Markov-Modells gibt. Im Folgenden wird eine kurze Einführung in die ARMA-Methode nach Meyn und Tweedie [46] gegeben.

Ein Prozess $\mathbf{Y} = \{Y_n\}$ wird ein ARMA-Modell der Ordnung (k, l) genannt, wenn für gegebene Initialwerte $(Y_0, ..., Y_{-k+1}, W_0, ..., W_{-l+1}) \in \mathbb{R}$ für jedes $n \in \mathbb{Z}_+$ die Beziehung 3.13 für $n \geq 1$ gilt.

$$\begin{aligned} Y_n = & \mathcal{A}_1 Y_{n-1} + \mathcal{A}_2 Y_{n-2} + ... + \mathcal{A}_k Y_{n-k} \\ & + W_n + \mathcal{B}_1 W_{n-1} + \mathcal{B}_2 W_{n-2} + ... + \mathcal{B}_l W_{n-l} \end{aligned} \tag{3.13}$$

$$\text{mit } \mathcal{A}_1, ..., \mathcal{A}_n, \mathcal{B}_1, ..., \mathcal{B}_l \in \mathbb{R}$$

Hier ist $\mathbf{W} = (W_n, ..., W_{n-l})$ eine Störsequenz, welche äußere Störungen in das Modell einbindet.

Nach Gleichung 3.13 wird der Zustand Y_n aus der finiten Historie von Zuständen $Y_{n-1}, ..., Y_{n-k}$ und Störungen $W_n, ..., W_{n-l}$ vorhergesagt, wobei die Systeminformationen in den Wichtungen $\mathcal{A}_1, ..., \mathcal{A}_k$ und $\mathcal{B}_1, ..., \mathcal{B}_l$ enthalten sind.

3.2.2. NARMA-Modell

Das lineare ARMA-Modell lässt sich nach Meyn und Tweedie [46] für nichtlineare Systeme generalisieren und wird dann als NARMA (*Nonlinear Autoregressive Moving Average*) bezeichnet.
Bei diesem Ansatz wird anstelle der gewichteten Überlagerung der finiten Historie von Zuständen $Y_{n-1}, ..., Y_{n-k}$ und Störungen $W_n, ..., W_{n-l}$ eine Funktion $G : \mathbb{R}^{k+l+1} \rightarrow \mathbb{R}$ zur Bestimmung des Zustands Y_n formuliert:

$$Y_n = G(Y_{n-1}, Y_{n-2}, ..., Y_{n-k}, W_n, W_{n-1}, W_{n-2}, ..., W_{n-l}) \tag{3.14}$$

Hierbei fordern Meyn und Tweedie, dass die Funktion $G(\cdot)$ glatt sein soll, also eine C^∞-Stetigkeit aufweist. Dies ist eine wichtige Forderung für die Wahl der nichtlinearen Abbildungsmethode, welche deshalb in Abschnitt 3.3.4 wieder aufgegriffen wird.
Die Anwendung der NARMA-Modellierung auf eine diskrete Zeitreihe des instationären, mehrdimensionalen Systems $\underline{Y}(t)$ mit konstanter Zeitschrittweite Δt führt zu Gleichung 3.15.

$$\underline{Y}(t) = G(\underline{Y}(t - \Delta t), ..., \underline{Y}(t - k\Delta t), \underline{W}(t), \underline{W}(t - \Delta t), ..., \underline{W}(t - l\Delta t)) \tag{3.15}$$

Darüber hinaus werden weitere Abwandlungen des ARMA- bzw. NARMA-Modells von Ljung [40] ausführlich beschrieben. Die Verwendung des NARMA-Modells in dieser Arbeit zur Vorhersage der instationären Aerodynamik wird im folgenden Abschnitt diskutiert.

3.2.3. Modellierung instationärer Aerodynamik mittels Markov-Ketten

Ausgehend vom NARMA-Modell für instationäre Systeme (vgl. Gl. 3.15) wird im Folgenden die Verwendung von Markov-Ketten zur Vorhersage instationärer aerodynamischer Größen beschrieben, wie sie in dieser Arbeit verwendet wird.
Ziel des Ersatzmodells ist die Vorhersage der fallspezifisch benötigten aerodynamischen Zustandsgrößen. In den vorliegenden aeroelastischen Anwendungsfällen sind dies die aerodynamischen Kräfte $\underline{F}_f(t)$ auf der Oberfläche eines umströmten Körpers. Als Störgröße wird der Einfluss der strukturellen Deformation $\underline{u}_f(t)$ der umströmten Oberfläche betrachtet. Demnach ergibt sich in Analogie zur Gleichung 3.15 eine allgemeine NARMA-Modellierung für die Aerodynamik:

$$\underline{F}_f(t) = G(\underline{F}_f(t - \Delta t), ..., \underline{F}_f(t - k\Delta t), \underline{u}_f(t), \underline{u}_f(t - \Delta t), ..., \underline{u}_f(t - l\Delta t)) \tag{3.16}$$

Die allgemeine NARMA-Modellierung kann bereits für die Vorhersage instationärer Aerodynamik verwendet werden, wie beispielsweise von Zhang et al. [82] gezeigt wird. In dieser Arbeit wird in Analogie zur einfachen expliziten Gleichung für die instationäre Aerodynamik die NARMA-Modellierung angepasst.
Hierzu wird zunächst die vereinfachte Theodorsen-Funktion 2.6 für die instationäre Aerodynamik eines zweidimensionalen Profils mit zwei Bewegungsfreiheitsgraden betrachtet. Wie

aus dieser Gleichung hervorgeht, wird der aerodynamische Auftriebsbeiwert C_A sowie der aerodynamische Nickmomentenbeiwert C_M aus dem Deformationszustand $h(t)$ und $\theta(t)$ und den normierten Geschwindigkeiten $\frac{\dot{h}(t)}{U_\infty}$ und $\frac{\dot{\theta}(t)}{U_\infty}$ berechnet. Aus dieser Beziehung werden drei Annahmen für die NARMA-Modellierung der Aerodynamik abgeleitet:

- Es wird ohne Beweis die Verallgemeinerung getroffen, dass die diskreten normierten aerodynamischen Kräfte $\underline{c}_F(t)$ (vgl. Gl. 3.17) sich ausschließlich aus den diskreten Strukturdeformationen $\underline{u}$ und Strukturgeschwindigkeit $\dot{\underline{u}}$ vorhersagen lassen.
- Der Einfluss der Strömungsbedingungen kann durch die Normierung der aerodynamischen Kräfte (vgl. Gl. 3.17) sowie der Strukturbewegung mit U_∞ berücksichtigt werden.
- Die in der Herleitung der Gleichung 2.6 von Wright und Cooper [80] getroffene Annahme einer harmonischen Bewegungsoszillation (vgl. Gl. 2.5) wird durch Verwendung des NARMA-Modells für nicht-harmonische Bewegungen verallgemeinert.

$$\underline{c}_F(t) = \frac{\underline{F}_f(t)}{\frac{1}{2}\rho_\infty U_\infty^2 A_{ref}} \tag{3.17}$$

Entsprechend dieser Annahmen wird die NARMA-Modellierung aus Gleichung 3.16 zu Gleichung 3.18 modifiziert:

$$\underline{c}_F(t) = G\left(\underline{u}_f(t), ..., \underline{u}_f(t - l_u\Delta t), \frac{\dot{\underline{u}}_f(t)}{U_\infty}, ..., \frac{\dot{\underline{u}}_f(t - l_{\dot{u}}\Delta t)}{U_\infty}\right) \tag{3.18}$$

Des Weiteren wird lediglich die aktuelle Strukturdeformation $\underline{u}_f(t)$ als Eingangsgröße verwendet und die Historie der Strukturdeformationen nicht berücksichtigt ($l_u = 0$).
Der Grund für diese Vorgehensweise ist zum einen das Vermeiden von Redundanzen bei den Eingangsgrößen und zum anderen der Vorteil, dass eine Trennung der Eingangsgrößen in einen stationären und einen intstationären Anteil ermöglicht wird. Dadurch kann das Modell in der Anwendung sowohl für stationäre als auch instationäre Fälle eingesetzt werden. Instationäre Effekte werden also mit Hilfe der Historie der $l_{\dot{u}}$ vorherigen Strukturgeschwindigkeiten vorhergesagt, wie aus Gleichung 3.19 hervorgeht.

$$\underline{c}_F(t) = G\left(\underbrace{\underline{u}_f(t)}_{\text{Stationärer Teil}}, \underbrace{\frac{\dot{\underline{u}}_f(t)}{U_\infty}, \frac{\dot{\underline{u}}_f(t - f_{sp}\Delta t)}{U_\infty}, \frac{\dot{\underline{u}}_f(t - 2f_{sp}\Delta t)}{U_\infty}, \ldots, \frac{\dot{\underline{u}}_f(t - l_{\dot{u}}\Delta t)}{U_\infty}}_{\text{Instationärer Teil}}\right) \tag{3.19}$$

Voruntersuchungen bezüglich der Größe des Zeitfensters haben ergeben, dass bei transienten, aeroelastischen Systemen die Zeitfenstergröße ein hinreichendes Auflösen der Oszillationsfrequenz ermöglichen sollte, damit Sensitivitäten bezüglich der Frequenz erfasst werden können. Als empirischer Richtwert hat sich dabei die halbe Periodendauer der niedrigsten Eigenfrequenz ergeben. Damit entspricht dieser Richtwert eben der Nyquist-Frequenz der niedrigsten Eigenfrequenz, welche in der Signalverarbeitung die erforderliche Abtastrate zur Signalrekonstruktion angibt. Damit ergeben sich in der Regel recht große Zeitfenster, weshalb ein zusätzlicher *Sparse-Faktor* $f_{sp} \in \mathbb{Z}_+$ zum Ausdünnen des Zeitfensters eingeführt wird. Wie aus Gleichung 3.19 hervor geht, wird für einen Sparse-Faktor $f_{sp} > 1$ nicht jeder

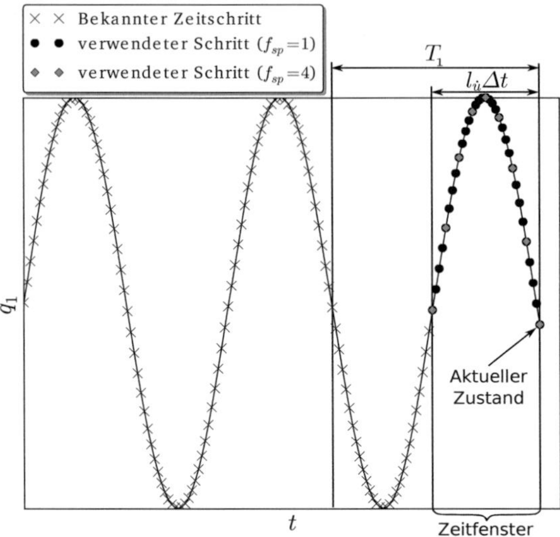

Abbildung 3.3.: Veranschaulichung des Zeitfensters und des Sparse-Faktors f_{sp}

Zeitschritt der Bewegungshistorie im Zeitfenster berücksichtigt, sondern lediglich die ganzzahligen Vielfache von f_{sp}. Dadurch wird eine erhebliche Reduktion der Eingangsgrößen bei gleichzeitigem Erhalten der Zeitfenstergröße ermöglicht.
Abbildung 3.3 verdeutlicht sowohl die Funktion des Sparse-Faktors als auch die Wahl der Zeitfenstergröße anhand der Periodendauer T_1 der niedrigsten Eigenfrequenz. Anstelle jedes Zeitschritts im Zeitfenster bei $f_{sp} = 1$ wird bei $f_{sp} = 4$ lediglich jeder vierte Zeitschritt verwendet.

3.2.4. Modellierung einer diskreten Böe mit der Markov-Kette

Zur Vorhersage eines diskreten Böentreffers mit dem Ersatzmodell wird - in Analogie zum Störgeschwindigkeitenansatz aus Abschnitt 2.1.2 - die Böe ebenfalls mit einem Feld additiver Störgeschwindigkeiten modelliert. Diese werden zu den strukturellen Gittergeschwindigkeiten $\underline{\dot{u}}_f(t)$ in Gleichung 3.19 addiert, wodurch sich eine modifizierte Geschwindigkeitsverteilung $\underline{\dot{u}}_{f+g}(t)$ ergibt:

$$\underline{\dot{u}}_{f+g}(t) = \underline{\dot{u}}_f(t) + \underline{w}_g(t) \tag{3.20}$$

Diese modifizierte Geschwindigkeitsverteilung wird anstelle der strukturellen Gittergeschwindigkeiten für den instationären Teil in Gleichung 3.19 verwendet, womit sich Gleichung 3.21 ergibt.

$$\underline{F}_f(t) = G\left(\underline{u}_f(t), \frac{\underline{\dot{u}}_{f+g}(t)}{U_\infty}, \frac{\underline{\dot{u}}_{f+g}(t - f_{sp}\Delta t)}{U_\infty}, \ldots, \frac{\underline{\dot{u}}_{f+g}(t - e\Delta t)}{U_\infty}\right) \tag{3.21}$$

Die Störgeschwindigkeiten $\underline{w}_g$ werden an jedem Gitterknoten des Oberflächengitters mittels der Gleichung 2.17 für die '1-Cosinus'-Böe bestimmt. Die lokale Böenkoordinate $x_g(t)$

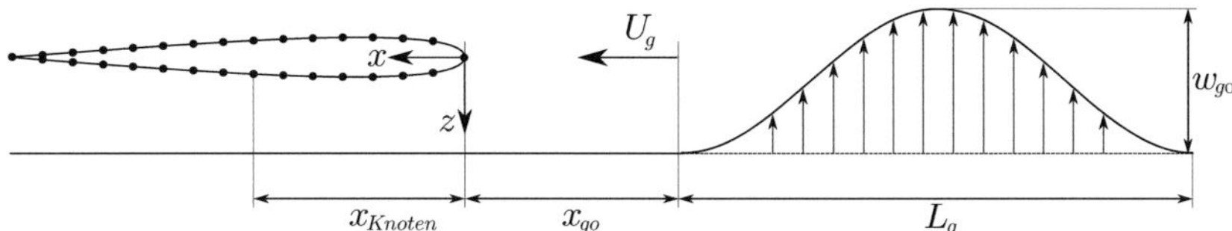

Abbildung 3.4.: Veranschaulichung der Definition der Böenkoordinate

ergibt sich für jeden Oberflächenknoten mit der jeweiligen Knotenkoordinate x_{Knoten}, der initalen Position x_{g0} der Böe und der translatorischen Bewegung U_g der Böe, wie es in Abbildung 3.4 und Gleichung 3.22 verdeutlicht wird.

$$x_g(t) = U_g t - (x_{Knoten} - x_{g0}) \tag{3.22}$$

3.3. Nichtlineare Abbildungsmethoden

Zur Modellierung des nichtlinearen Systemverhaltens wird eine nichtlineare Abbildungsmethode verwendet. Diese stellt eine Abbildung des Eingangsraums auf den Ausgangsraum in der Form $G : \mathbb{R}^n \to \mathbb{R}^m$ dar. Hierbei ist das Ziel einen eindeutigen funktionalen Zusammenhang zwischen dem Eingangs- und dem Ausgangsraum anhand von s bekannten Stützstellen herzustellen. Die s Eingangsvektoren $\underline{x}_i$ der Dimension n werden in einer Eingangsmatrix $\underline{\underline{X}}$ und die zugehörigen s Ausgangsvektoren $\underline{z}_i$ der Dimension m in einer Zielmatrix $\underline{\underline{Z}}$ angeordnet:

$$\underline{\underline{X}} = \begin{pmatrix} \underline{x}_1 \\ \vdots \\ \underline{x}_s \end{pmatrix} = \begin{pmatrix} x_{11} & \cdots & x_{1n} \\ \vdots & & \vdots \\ x_{s1} & \cdots & x_{sn} \end{pmatrix} \tag{3.23}$$

$$\underline{\underline{Z}} = \begin{pmatrix} \underline{z}_1 \\ \vdots \\ \underline{z}_s \end{pmatrix} = \begin{pmatrix} z_{11} & \cdots & z_{1m} \\ \vdots & & \vdots \\ z_{s1} & \cdots & z_{sm} \end{pmatrix} \tag{3.24}$$

Die Menge an bekannten Stützstellen werden in der Literatur auch als Trainingsdaten [35] oder Trainingset [33] bezeichnet.

Normierung des Eingangsraums

Der Eingangsraum der nichtlinearen Abbildungsmethode wird durch beliebige Eingangsgrößen aufgespannt, wobei auch unterschiedliche physikalische Einheiten und Größenordnungen kombiniert werden können. Da insbesondere die unterschiedlichen Größenordnungen zu Problemen bei der nichtlinearen Abbildung führen kann, wird unabhängig von der Abbildungsmethode der Eingangsraum in einen normierten Raum projiziert $P : \mathbb{R}^n \to \mathbb{R}^n$.
Für diese Projektion wird von jeder Eingangsgröße der minimale und der maximale in den Trainingsdaten vorhandene Wert verwendet. Mit diesen Minimal- und Maximalwerten kann dann die lineare Projektion P auf einen normierten Raum durchgeführt werden, wodurch alle Eingangsgrößen Werte zwischen 0 und 1 annehmen.

3.3.1. Polynomiale Abbildung

Ein klassischer Ansatz ist die Abbildung mittels eines linearen oder höhergradigen Polynoms, bei welchem die Koeffizienten über das Lösen eines linearen Gleichungssystems bestimmt werden. Dieser Ansatz liefert gute Ergebnisse, wenn die dominierenden Zusammenhänge des Systems bekannt sind, also wenn es zum Beispiel von linearer, quadratischer oder kubischer Natur ist. Die Abbildung erfolgt mit einem Polynom, wie es in Gleichung 3.25 dargestellt ist. Der Grad des Polynoms wird durch den Nutzer vorgegeben, wohingegen die Koeffizienten durch Minimierung der Fehlerquadrate bezüglich der bekannten Ausgangsgrößen bestimmt werden.

$$G(\underline{x}) = \underbrace{\underline{c}_0}_{konst.} + \underbrace{\sum_i^n \underline{c}_{1,i} x_i}_{linear} + \underbrace{\sum_i^n \sum_j^n \underline{c}_{2,i+j} x_i x_j}_{quadratisch} + \underbrace{\sum_i^n \sum_j^n \sum_k^n \underline{c}_{3,i+j+k} x_i x_j x_k}_{kubisch} + \ldots \tag{3.25}$$

Ein grundsätzliches Problem bei der Interpolation mittels höhergradiger Polynome stellt die Stabilität dar, da die resultierende polynomiale Funktion insbesondere am Rand der bekannten Stützstellen zu Oszillationen mit extremen Gradienten neigt. Daher ist die polynomialen Abbildung für die Verwendung als Ersatzmodell in einem gekoppelten System nicht geeignet, da es in der Regel zu instabilem Verhalten führt.
Darüber hinaus strebt das Polynom außerhalb des bekannten Bereichs gegen unendlich, also $\lim_{x \to -\infty} G(\underline{x}) \to \pm\infty$ bzw. $\lim_{x \to \infty} G(\underline{x}) \to \pm\infty$. Im Falle einer Extrapolation führt diese Eigenschaft zu schlechten Vorhersagen sofern das zugrundeliegende Systemverhalten nicht dem Grad des Polynoms entspricht.

3.3.2. Neuronale Netze mit radialen Basisfunktionen

Ein weiterer Ansatz zur Interpolation zwischen bekannten Stützstellen ist die Verwendung von radialen Basisfunktionen (RBF). So existieren beispielsweise RBF-basierte Ansätze zur Interpolation zwischen unterschiedlich diskretisierten Rechengittern oder auch zur Gitterdeformation. Im Bereich der Systemidentifikation hat sich die Methode der RBF-basierten neuronalen Netze (RBF-NN) neben den mehrschichtigen Perzeptren (vgl. Abschnitt 3.3.3) etabliert. Broomhead et al. [11] formulierten als erster das inzwischen weit verbreitete einschichtige neuronale Netz mit radialen Basisfunktionen. Bei diesem Ansatz wird die Zielfunktion $G(\underline{x})$ mittels einer Summe von gewichteten radialen Basisfunktionen $a_i(\underline{x})$ beschrieben, wie in Gleichung 3.26 gezeigt. In Abbildung 3.5 ist ein allgemeines Schema des neuronalen Netzes dargestellt. Darüber hinaus wird das Prinzip der gewichteten Überlagerung von radialen Basisfunktionen zur Abbildung einer unbekannten Funktion in Abbildung 3.6 grafisch veranschaulicht.

$$G(\underline{x}) = g(\underline{x}) + \sum_{i=1}^{N} \underline{w}_i a_i(\underline{x}) \tag{3.26}$$

Hierbei steht N für die Anzahl an radialen Basisfunktionen, welche auch als Neuronen bezeichnet werden, und $\underline{w}_i$ für den Wichtungsvektor, dessen Dimension der Ausgabedimension entspricht. Die Funktion $g(\underline{x})$ in Gleichung 3.26 ist ein additives, polynomiales Untermodell, wie es in Abschnitt 3.3.1 beschrieben wird. Dieses Untermodell dient der Berücksichtigung eines konstanten Versatzes beziehungsweise eines globalen linearen Systemverhaltens und

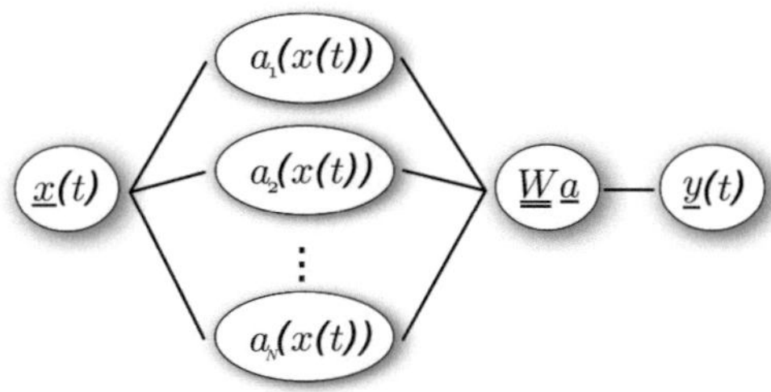

Abbildung 3.5.: Allgemeines Schema eines RBF Neuronalen Netzwerks

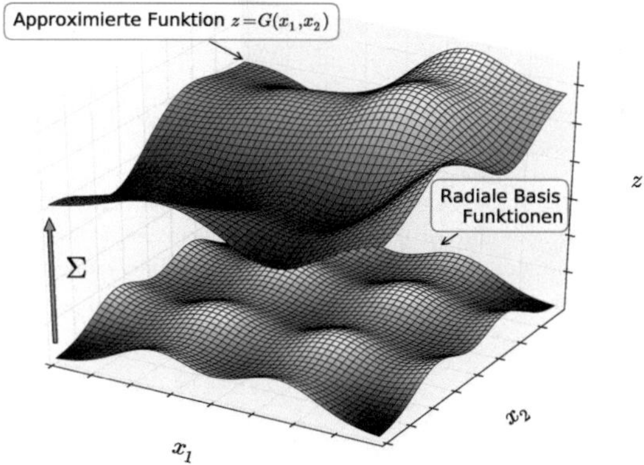

Abbildung 3.6.: Prinzip der Approximation mit gewichteten, überlagerten RBF

ist aus diesem Grund in der Regel konstant oder linear. Des Weiteren liefert lediglich das Untermodell in Bereichen mit großen Abständen zur nächsten radialen Basisfunktion einen relevanten Funktionswert, wie beispielsweise im Falle einer signifikanten Extrapolation.

Bei radialen Basisfunktionen wird der Funktionswert a_i nur durch den euklidischen Abstand des Funktionsarguments $\underline{x}$ von einem definierten Funktionszentrum $\underline{c}$ bestimmt. Damit beschreiben radiale Basisfunktionen eine rotationssymmetrische Form bezüglich des Funktionszentrums, wobei prinzipiell jede beliebige eindimensionale Funktion als radiale Basisfunktion formulierbar ist. Da der euklidische Abstand unabhängig von der Dimensionalität des Problems immer einen skalaren Wert ergibt, eignen sich diese Funktionen für Probleme beliebiger Dimensionalität.
Wird die Funktion nun so gewählt, dass sie für große Abstände zwischen $\underline{x}$ und $\underline{c}$ gegen null strebt und im Funktionszentrum $\underline{c}$ den Wert 1 annimmt (vgl. Gl. 3.27), erhält man eine global definierte Funktion, die lediglich lokal relevante Funktionswerte liefert.

$$\begin{aligned} \lim_{||\underline{x}-\underline{c}||\to\infty} a_i(\underline{x}) &\to 0 \\ a_i(\underline{c}) &= 1 \end{aligned} \tag{3.27}$$

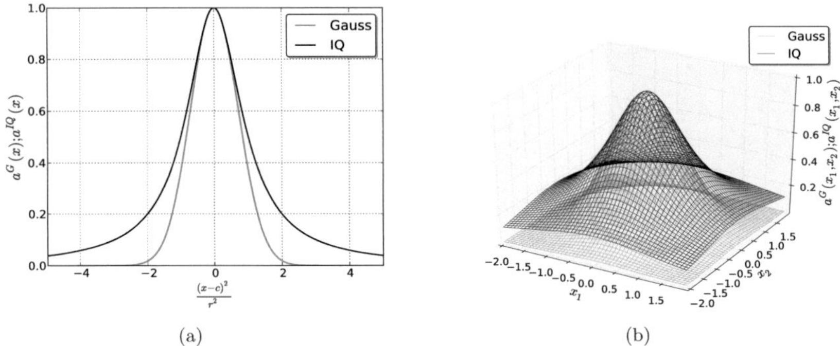

Abbildung 3.7.: Vergleich der Gauss- und Inversen Quadrik-Funktion (IQ): (a) Eindimensional; (b) Zweidimensional

Zwei Funktionen, die diese Bedingungen erfüllen sind die Gauss-Funktion (vgl. Gl. 3.28) und die Inverse Quadrik-Funktion (vgl. Gl. 3.29), welche im Folgenden mit IQ abgekürzt wird. Diese beiden radialen Basisfunktionen werden, neben einigen anderen Funktionen, häufig im Kontext von RBF-NN [33] oder zur Gitterdeformation [15] verwendet.

$$a_i^G(\underline{x}) = e^{-\frac{||\underline{x}-\underline{c}_i||^2}{r_i^2}} \tag{3.28}$$

$$a_i^{IQ}(\underline{x}) = \frac{1}{\frac{||\underline{x}-\underline{c}_i||^2}{r_i^2} + 1} \tag{3.29}$$

In Abbildung 3.7 werden die Verläufe der Funktionen verglichen. Wie aus den Graphen hervorgeht, liegen die Funktionen in der Nähe des Funktionszentrums nahezu übereinander. Mit steigendem Abstand strebt die Gauss-Funktion sehr viel stärker gegen null als die IQ-Funktion. Die Gauss-Funktion ist folglich lokaler ausgeprägt als die IQ-Funktion. Dementsprechend eignen sich die Gauss-Funktionen eher zur Approximation von Zielfunktionen mit stark variierenden Gradienten, wie beispielsweise bei oszillierenden Verläufen, wohingegen die IQ-Funktionen eher zur Approximation glatter Verläufe geeignet sind.
In der Praxis kann die geeignete Funktion durch Variation im Rahmen einer Parameterstudie gefunden werden. In der Regel führen jedoch beide Funktionen zu akzeptablen Ergebnissen.

Indentifikationsprozess

Ziel des Identifikationsprozesses, welcher auch in Verbindung mit neuronalen Netzen als Training oder Lernen bezeichnet wird, ist die Bestimmung der Funktionsparameter eines jeden Neurons anhand der s bekannten Stützstellen des zu modellierenden Systems. Die während des Identifikationsprozesses zu bestimmenden Funktionsparameter sind:

- Die Funktionszentren $\underline{c}_i$: Definiert die Position der Funktion im Eingangsraum. Bezüglich dieses Punkts wird der Abstand $||\underline{x} - \underline{c}_i||$ bestimmt.
- Die Funktionsradien r_i : Radius der radialen Basisfunktion, welcher die räumliche Ausdehnung der Funktion durch Skalierung des Abstands definiert.
- Die Wichtungsfaktoren w_{ij} : Wichtungsfaktor der i-ten radialen Basisfunktion für die j-te Ausgangsgröße. Alle Wichtungsfaktoren eines Neurons bilden den Wichtungsvektor $\underline{w}_i$ und alle Wichtungsvektoren bilden die Wichtungsmatrix $\underline{\underline{W}}$.

Die Parameter können durch einen nichtlinearen Optimierungsalgorithmus, wie beispielsweise der Methode des steilsten Abstiegs, dem Levenberg-Marquardt-Algorithmus oder das Newton-Verfahren, implizit bestimmt werden. Bei dieser Vorgehensweise wird, wie bei den mehrschichtigen Perzeptren (vgl. Abschnitt 3.3.3), auf den Rückpropagierungs-Algorithmus (englisch: *Backpropagation Algorithm*) zurückgegriffen.
Die Architektur nach Broomhead et al. [11] erlaubt auch ein explizites Regressionsverfahren, bei welchem die Wichtungsfaktoren w_{ij} durch Minimierung der Summe der Fehlerquadrate bestimmt werden:

$$\sum_{i=1}^{s} (\underline{z}_i - G(\underline{x}_i))^2 \rightarrow min \tag{3.30}$$

Unter der Voraussetzung, dass die übrigen Parameter, also die Funktionszentren $\underline{c}_i$ und die Funktionsradien r_i bereits definiert sind, werden die Wichtungsfaktoren w_{ij} durch das Lösen eines linearen Gleichungssystems bestimmt.

Durch Festlegen der Funktionsradien und -zentren sind die Funktionswerte aller N radialen Basisfunktionen an den bekannten Stützstellen definiert. Diese werden, wie in Gleichung 3.31 gezeigt, in einer Matrix $\underline{\underline{A}}$ abgelegt, welche von Orr [50] als Designmatrix bezeichnet wird.

$$\underline{\underline{A}} = \begin{pmatrix} a_1(\underline{x}_1) & \cdots & a_N(\underline{x}_1) \\ \vdots & & \vdots \\ a_1(\underline{x}_s) & \cdots & a_N(\underline{x}_s) \end{pmatrix} \tag{3.31}$$

Gleichung 3.26 lässt sich damit für die bekannten Stützstellen wie folgt in Matrixschreibweise formulieren:

$$\underline{\underline{Z}} = g(\underline{\underline{X}}) + \underline{\underline{W}}\,\underline{\underline{A}} \tag{3.32}$$

Das polynomiale Untermodell $g(\underline{\underline{X}})$ wird aus $\underline{\underline{X}}$ und $\underline{\underline{Z}}$ durch Lösen des linearen Gleichungssystems im Sinne der kleinsten Fehlerquadrate bestimmt. Anschließend werden die Funktionswerte von $g(\underline{\underline{X}})$ von den Zielgrößen $\underline{\underline{Z}}$ subtrahiert, was zu der modifizierten Zielmatrix $\underline{\underline{Z}}^*$ in Gleichung 3.33 führt.

$$\underline{\underline{Z}}^* = \underline{\underline{W}}\,\underline{\underline{A}} \tag{3.33}$$

$$\text{mit } \underline{\underline{Z}}^* = \underline{\underline{Z}} - g(\underline{\underline{X}})$$

Unter der Voraussetzung, dass in jeder bekannten Stützstelle eine radiale Basisfunktion positioniert wird, also $N = s$ gilt, ist $\underline{\underline{A}}$ invertierbar und Gleichung 3.33 ein eindeutig lösbares Gleichungssystem. Die Wichtungsmatrix $\underline{\underline{W}}$ ergibt sich dann nach Gleichung 3.34.

$$\underline{\underline{W}} = \underline{\underline{Z}}^* \, \underline{\underline{A}}^{-1} \tag{3.34}$$

Sind weniger radiale Basisfunktionen als bekannte Stützstellen vorhanden, also $N < s$ gilt, ist $\underline{\underline{A}}$ eine asymmetrische Matrix und folglich ist das Gleichungsystem 3.33 überbestimmt. Das Gleichungssystem lässt sich dann mit Hilfe der Moore-Penrose-Pseudoinversen $\underline{\underline{A}}_{inv}$ im Sinne der kleinsten Fehlerquadrate lösen, wie in Gleichung 3.35 gezeigt.

$$\underline{\underline{W}} = \underline{\underline{Z}}^* \, \underbrace{\left(\underline{\underline{A}}^T \underline{\underline{A}}\right)^{-1} \underline{\underline{A}}^T}_{\underline{\underline{A}}_{inv}} \tag{3.35}$$

Damit sind die Wichtungsfaktoren explizit durch das Lösen eines linearen Gleichungssystems definiert und das neuronale Netz kann für die Vorhersage unbekannter Fälle verwendet werden.

Verteilung der Funktionszentren

Die Positionen der Funktionszentren $\underline{c}_i$ im Eingangsraum gehören zu den Funktionsparametern, welche im oben beschriebenen, expliziten Identifikationsverfahren vor der Bestimmung der Wichtungsmatrix $\underline{\underline{W}}$ definiert werden müssen. Selbstverständlich kann eine künstliche, von den Positionen der bekannten Stützstellen unabhängige, Verteilung der Neuronen im Eingangsraum vorgenommen werden, beispielsweise eine homogene Verteilung im Eingangsraum. Dies führt jedoch bei steigender Dimensionalität des Eingangsraums schnell zu einer großen Anzahl an erforderlichen Neuronen. Außerdem liegen bei diesem Vorgehen mit hoher Wahrscheinlichkeit einige Neuronen in größerer Entfernung zu bekannten Stützstellen. Aufgrund der fehlenden Systeminformation in der Nähe des Funktionszentrums dieser Neuronen werden die Wichtungsfaktoren nicht sinnvoll bestimmt. Folglich tragen diese Neuronen nicht zur besseren Vorhersage des Netzes bei. Aus diesem Grund werden bei dem expliziten Identifikationsverfahren in der Regel die Neuronen in den bekannten Stützstellen platziert.
Der einfachste Ansatz sieht dabei vor, in jeder bekannten Stützstelle ein Neuron zu positionieren. Kruse et al. [35] bezeichnen diese Art von Netz als "einfaches Radiales-Basisfunktionen-Netz". Ferner verwenden Zhang et al. [82] oder auch Won [79] dieses Vorgehen in ihren Arbeiten. Dieser sehr einfache Ansatz führt zu einem eindeutig lösbaren, linearen Gleichungssystem, wie in Gleichung 3.34 beschrieben.
Aus Effizienzgründen - gerade bei vielen bekannten Stützstellen - kann es sinnvoll sein, die Anzahl an Neuronen zu reduzieren und dennoch alle bekannten Stützstellen zur Bestimmung der Wichtungsfaktoren zu verwenden. Dies führt zu einem überbestimmten Gleichungssystem, wie in Gleichung 3.35 gezeigt. Die Reduktion der Neuronen wirft die Frage nach einer sinnvollen Verteilung der Funktionszentren über die bekannten Stützstellen auf, welche im Folgenden diskutiert wird.

Die algorithmisch einfachste Art der Verteilung ist die zufällige Auswahl von Stützstellen für die Positionierung der Neuronen. Dieses wenig aufwändige Verfahren ist bei vielen, möglichst homogen verteilten Stützstellen sinnvoll, da in diesem Fall von einer ebenfalls vergleichsweise homogenen Verteilung der zufällig positionierten Neuronen ausgegangen werden kann.
Bei einer inhomogenen Verteilung der Stützstellen ist ein höherwertiger Verteilungsalgorithmus sinnvoll. Im Rahmen dieser Arbeit wird ein explizites Vorgehen implementiert, welches eine möglichst äquidistante und reproduzierbare Verteilung der Funktionen ermöglichen soll.

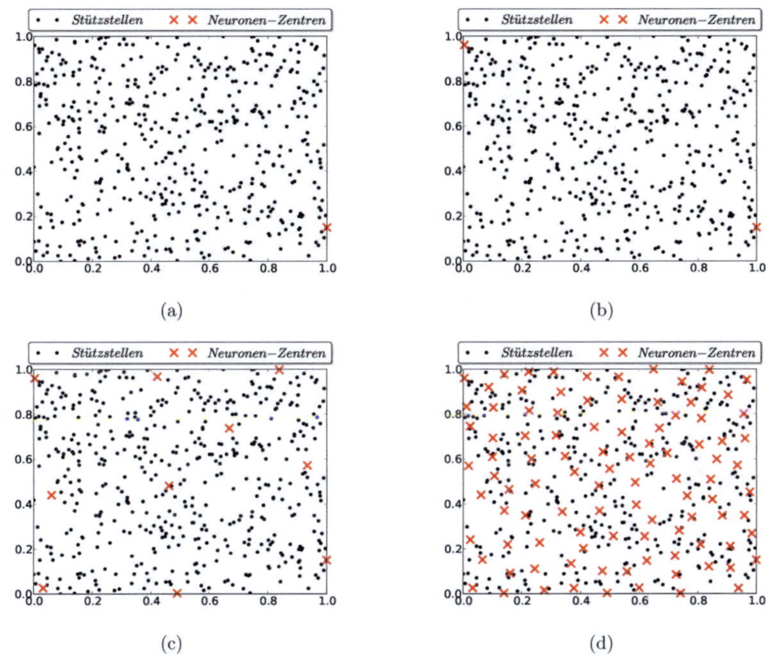

Abbildung 3.8.: Verteilung der Neuronen mittels des größten Minimalabstands: (a) Position des ersten Neurons; (b) Position des zweiten Neurons; (c) Positionen bei zehn Neuronen; (d) Positionen bei 100 Neuronen

Zunächst wird eine Abstandsmatrix $\underline{\underline{D}} \in \mathbb{R}^{s \times s}$ aufgestellt, welche die euklidischen Abstände der Stützstellen untereinander enthält. Anschließend wird das erste Neuron in jener Stützstelle positioniert, die den höchsten Zielvektorbetrag $max(||\underline{z}_i^*||)$ aufweist. Hierbei beinhaltet $||\underline{z}_i^*||$ die Subtraktion des polynomialen Untermodells, also $||\underline{z}_i^*|| = ||\underline{z}_i - g(\underline{x}_i)||$. Anschließend werden aus der Abstandsmatrix $\underline{\underline{D}}$ die Minimalabstände aller bekannten Stützstellen zu dem bereits platzierten Neuron bestimmt und das nächste Neuron in jener Stützstelle platziert, welche den größten Minimalabstand aufweist. Dies ist mit wenig numerischem Aufwand möglich, indem lediglich die zu der Stützstelle gehörige Zeile aus $\underline{\underline{D}}$ ausgewertet wird.

Das nächste Neuron wird in jener Stützstelle positioniert, welche den größten Minimalabstand zu allen bereits gesetzten Neuronen hat. Diese Prozedur wird wiederholt, bis die vorgesehene Anzahl an Neuronen verteilt ist. In Abbildung 3.8 wird der Algorithmus anhand eines zufällig verteilten Trainingsdatensatz mit 500 Stützstellen demonstriert. Wie in Abbildung 3.8(d) zu sehen ist, wird eine recht homogene Verteilung der radialen Basisfunktionen erreicht.

Bei dieser Vorgehensweise lässt sich darüber hinaus ein einfaches, explizites Kriterium für eine maximale Neuronenzahl einführen, welches in Gleichung 3.36 definiert ist.

$$\mathcal{D}_{limit} \leq \left|\left|\underline{c}_i - \underline{c}_j\right|\right| \quad \text{für alle} \quad i, j = 1, ..., N \tag{3.36}$$

Wird ein vom Nutzer definierter Minimalabstand $\mathcal{D}_{limit}$ bei der Positionierung des nächsten Neurons unterschritten, wird die Verteilung abgebrochen. Da die Verteilung im normierten Raum erfolgt, sind nur Werte kleiner $\sqrt{n}$ sinnvoll, mit n als Dimension des Eingangsraums (vgl. Gl. 3.24). Mit Hilfe dieses Kriteriums kann ein zu geringer Neuronenabstand und die damit verbundenen numerischen Instabilitäten unterbunden werden.

Bei einer größeren Anzahl an Stützstellen kann die homogene Verteilung der Funktionszentren einen größeren Rechenaufwand erfordern, weshalb das Speichern der Funktionszentren unmittelbar nach der erfolgreichen Verteilung für eine spätere Verwendung sinnvoll ist. Da die Funktionszentren während der Verteilung bereits nach größtem Minimalabstand sortiert werden, ist eine spätere Reduktion der Neuronenzahl durch Einlesen der bereits verteilten Funktionszentren und anschließendem Abschneiden möglich.

Überlappung der Funktionen

Bei der Interpolation mittels radialer Basifunktionen ist aufgrund deren lokaler Ausprägung die hinreichende Überlappung der Funktionen zu gewährleisten. Dementsprechend muss der Funktionsradius r_i der Funktionen hinreichend groß gewählt werden. Eine zu starke Überlappung der Funktionen hingegen führt zu einer sehr glatten Zielfunktion, wodurch eine akzeptable Anpassung der Zielfunktion an die bekannten Stützstellen verhindert wird. Des Weiteren kann eine zu starke Überlappung zu sehr großen Wichtungsfaktoren und damit zu instabilen Modellen führen. Aus diesen Gründen ist eine sinnvolle Anpassung der Funktionsradien erforderlich, wobei wiederum Wert auf eine explizite Bestimmung der Radien gelegt wird. Sowohl Kruse et al. [35] als auch Zhang et al. [82] geben mit der Gleichung 3.37 eine Definition eines einheitlichen Funktionsradius für alle radialen Basifunktionen an.

$$r = r_i = \frac{d_{max}}{\sqrt{N}} \tag{3.37}$$

Hierbei ist d_{max} der maximal auftretende euklidische Abstand zwischen den Eingangsgrößen und N wiederum die Anzahl an radialen Basifunktionen. Nach Kruse ist diese recht einfache, von ihm als heuristisch bezeichnete Vorgehensweise der Radienbestimmung für einen homogen verteilten Datensatz geeignet, bei welchem weder starke Häufung noch sehr vereinzelt liegende Stützstellen auftreten. Da dies jedoch in der Regel nicht gewährleistet ist, wird in dieser Arbeit eine adaptive Anpassung der Funktionsradien verwendet, welche im Folgenden erläutert wird.

Das Ziel der adaptiven Radienanpassung ist es, bei der Festlegung des Funktionsradius die Lage der übrigen Neuronen zum Funktionszentrum zu berücksichtigen. Folglich soll der Radius bei einer Häufung von Neuronen klein und bei einer exponierten Lage der Funktion groß gewählt werden. Aus diesem Grund wird der Durchschnittsabstand des Funktionszentrums des betrachteten Neurons zu den übrigen Neuronen als Referenzlänge für den Radius verwendet, welche zusätzlich mit einem Überlappungsfaktor $f_{overlap}$ skaliert wird, wie in Gleichung 3.38 gezeigt.

$$r_i = \frac{f_{overlap}}{N} \sum_{j=1|j\neq i}^{N} ||\underline{c}_j - \underline{c}_i|| \tag{3.38}$$

Der Überlappungsfaktor $f_{overlap}$ wird vom Nutzer definert und dient der globalen Skalierung der Funktionsradien. In dieser Arbeit wird der Überlappungsfaktor auf $f_{overlap} = 1.0$ gesetzt, um eine hinreichende Überlappung zu gewährleisten. Bei homogen verteilten Trainingsdaten sind kleinere Überlappungsfaktoren sinnvoll oder alternativ die Definition aus Gleichung 3.37.

Glättung der Interpolationsfunktion

Ein wiederkehrendes Problem bei der Approximation von unbekannten Funktionen ist das Auftreten von Oszillationen im Funktionsverlauf zwischen den Stützstellen. Kecman [33] gibt zu diesem Thema einen umfangreichen Einblick.
Nach Kecman kann bei Funktionsidentifikationsproblemen in der Regel der Verlauf der Zielfunktion zwischen den Stützstellen als glatt angenommen werden, weshalb ein möglichst glatter Verlauf zwischen den Stützstellen anzustreben ist. Ein Beispiel ist in Abbildung 3.9 anhand einer Interpolation einer eindimensionalen Zielfunktion gegeben. Wie zu erkennen ist, durchlaufen beide Interpolationen die bekannten Stützstellen der Zielfunktion, jedoch sind die Differenzen der glatten Interpolation zur Zielfunktion sehr viel geringer als die Differenzen der nichtglatten Interpolation.

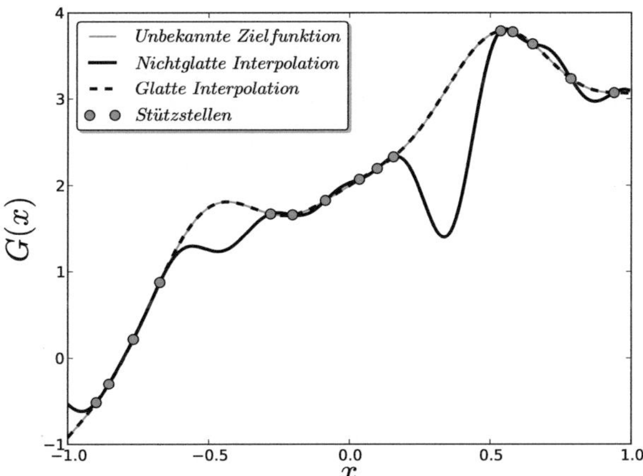

Abbildung 3.9.: Beispiel einer glatten und nichtglatten Interpolation der Zielfunktion $G(x) = 2x + sin(3x)^4 + 2cos(x)$

Bei radialen Basisfunktionen wird die Glätte der Interpolationsfunktion durch die oben bereits erwähnte Überlappung der Funktionen beeinflusst. Bei zu starker Überlappung oder sehr dicht gelegenen Funktionszentren führt die Lösung des linearen Gleichungssystems aus Gleichung 3.34 bzw. Gleichung 3.35 zu sehr großen Wichtungsfaktoren w_{ij}, welche wiederum zu oszillierenden Verläufen mit teilweise extremen Gradienten führen. Aus diesem Grund schlagen sowohl Kecman [33], Bishop [6] als auch Orr [50] eine zusätzliche, künstliche Funktionsglättung vor. Das Prinzip dieser künstlichen Funktionsglättung ist es, beim Identifikationsprozess große Wichtungsfaktoren zu sanktionieren, um den beschriebenen Effekt der oszillierenden Verläufe zu minimieren. Dementsprechend wird die Forderung nach Minimierung der kleinsten Fehlerquadrate aus Gleichung 3.30 mittels des Lagrange-Multiplikators λ_s um die Summe der Gewichte erweitert, wie in Gleichung 3.39 gezeigt.

$$\sum_{i=1}^{s}(\underline{z}_i - G(\underline{x}_i))^2 + \lambda_s \sum_{j=1}^{N} \underline{w}_j \rightarrow min \tag{3.39}$$

Diese erweiterte Bedingung lässt sich nach Orr in den Identifikationsprozess durch Modifikation der Gleichung 3.35 einbringen, womit sich die Wichtungsmatrix $\underline{\underline{W}}$ nach Gleichung 3.40 bestimmt.

$$\underline{\underline{W}} = \underline{\underline{Z}}^* \left(\underline{\underline{A}}^T \underline{\underline{A}} + \lambda_s \underline{\underline{I}}_s\right)^{-1} \underline{\underline{A}}^T \tag{3.40}$$

Hierbei stellt $\underline{\underline{I}}_s \in \mathbb{R}^{s \times s}$ die Einheitsmatrix dar. Diese Vorgehensweise zur Stabilisierung des Identifikationsprozesses wird in der Statistik als Ridge-Regression[1] bezeichnet. Die Wahl des Lagrange-Multiplikators λ_s bestimmt die Stärke der Dämpfung der Wichtungsfaktoren (englisch: *weight decay*) und damit die Rigidität der Funktionsglättung, weshalb er in dieser Arbeit als Glättungsfaktor (englisch: *regularisation parameter*) bezeichnet wird. Der Glättungsfaktor $\lambda_s > 0$ bestimmt also das Verhältnis zwischen dem exakten Abbilden der bekannten Datenpunkte durch $G(\cdot)$ und dem Vermeiden großer Wichtungsfaktoren. Da mit einem Glättungsfaktor von $\lambda_s = 0$ die Stützstellen annähernd exakt wiedergegeben werden, handelt es sich in diesem Fall um eine klassische Interpolation. Bei Glättungsfaktoren $\lambda_s > 0$ wird die exakte Abbildung der Stützstellen zugunsten von kleineren Wichtungsfaktoren aufgegeben, weshalb es sich dann bei der Funktion $G(\cdot)$ lediglich um eine Approximation der Stützstellen handelt. Die Wahl eines geeigneten Glättungsfaktors wird in der Regel durch eine Parameterstudie getroffen.

Ellipsoide Basisfunktionen

Die Verwendung des euklidischen Abstands als Funktionsargument für die Gauss- bzw. IQ-Funktionen führt zu isotropen, also richtungsunabhängigen Funktionen. Dadurch erhalten die Funktionen die namensgebende radiale Form. Bei starken Unterschieden der Verteilungsdichten der Stützstellen in die einzelnen Raumrichtungen kann die Verwendung des euklidischen Abstands als Funktionsargument jedoch zu Problemen bei der Überlappung führen. Diese Problematik kann anhand eines einfachen Beispiels in den Abbildungen 3.10 nachvollzogen werden.

Wie zu sehen ist, sind die Stützstellen zwar recht gleichmäßig verteilt, jedoch ist die Verteilungsdichte in x_2-Richtung höher als in x_1-Richtung. Es ergibt sich also für eine gute Überlappung in x_2-Richtung eine zu schwache Überlappung in x_1-Richtung, siehe Abbildung 3.10(a). Im Gegensatz dazu ergibt sich für eine gute Überlappung in x_1-Richtung eine

[1] Eine entsprechende deutsche Übersetzung existiert nicht.

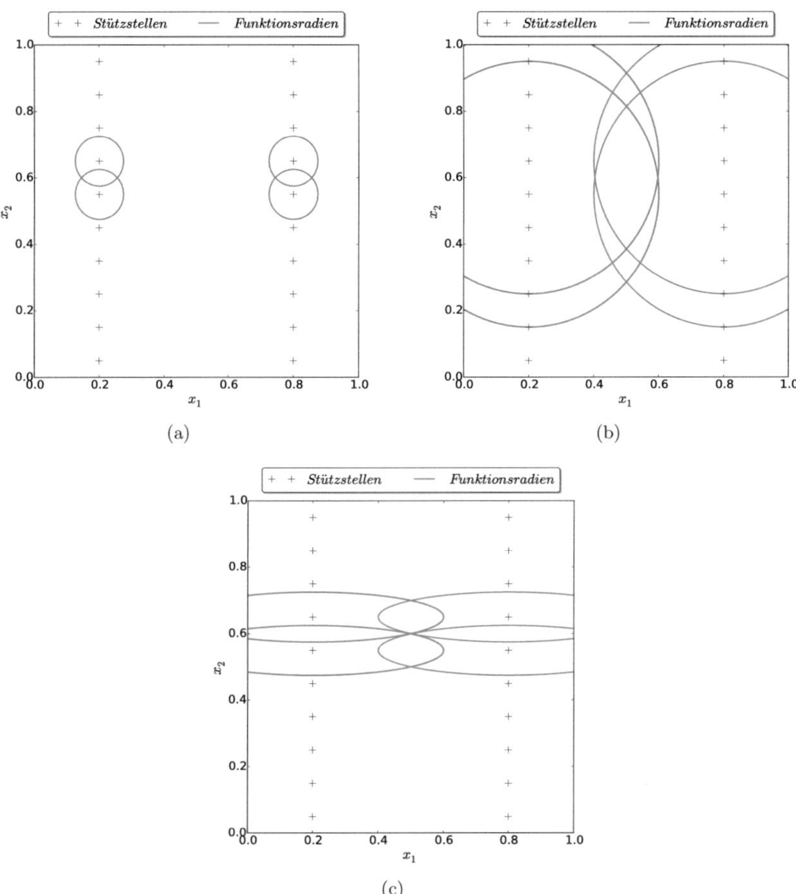

Abbildung 3.10.: Veranschaulichung der Problematik radialer Basisfunktionen bei richtungsweise unterschiedlichen Verteilungsdichten der Stützstellen: (a) Radiale Basisfunktionen mit kleinen Radien; (b) Radiale Basisfunktionen mit großen Radien; (c) Elliptische Basisfunktionen

zu starke Überlappung in x_2-Richtung, wie in Abbildung 3.10(b) gezeigt ist. Dieser Widerspruch kann mit Hilfe einer elliptischen Form der Funktionen aufgelöst werden, wie aus Abbildung 3.10(c) hervorgeht. Da die Funktionen in der Regel höherdimensional sind, handelt es sich um ellipsoide und nicht um elliptische Funktionsformen.
Eine ellipsoide Funktionsform wird durch die Verwendung des Mahalanobis-Abstandes anstelle des euklidischen Abstandes als Funktionsargument erzeugt. Der Mahalanobis-Abstand ist in Gleichung 3.41 definiert.

$$d_M(\underline{x}(t), \underline{c}_i) = \sqrt{(\underline{x}(t) - \underline{c}_i)\, \underline{\underline{S}}\, (\underline{x}(t) - \underline{c}_i)} \tag{3.41}$$

Hierbei stellt $\underline{\underline{S}} \in \mathbb{R}^{n \times n}$ die Formmatrix dar, welche die Ausprägung der ellipsoiden Basisfunktion sowie deren Lage im Raum definiert. Das Einsetzen des Mahalanobis-Abstands ergibt für die Gauss-Funktion die Gleichung 3.42 und für die IQ-Funktion die Gleichung 3.43.

$$a_i(\underline{x}(t)) = e^{-\frac{(\underline{x}(t)-\underline{c}_i)\underline{\underline{S}}(\underline{x}(t)-\underline{c}_i)}{r_i^2}} \tag{3.42}$$

$$a_i(\underline{x}(t)) = \frac{1}{\frac{(\underline{x}(t)-\underline{c}_i)\underline{\underline{S}}(\underline{x}(t)-\underline{c}_i)}{r_i^2} + 1} \tag{3.43}$$

Entspricht die Formmatrix der Einheitsmatrix $\underline{\underline{S}} = \underline{\underline{I}}_n$, gleicht der Mahalanobis-Abstand dem euklidischen Abstand und die Basisfunktionen erhalten ihre ursprünglichen radialen, isotropen Formen. Eine Diagonalmatrix mit positiven Einträgen auf der Hauptdiagonalen erzeugt ellipsoide Formen entlang des Koordinatensystems des Eingangsraums, wohingegen eine vollbesetzte, symmetrische Matrix zu schräg im Eingangsraum liegenden ellipsoiden Formen führt.

Wie aus dem einfachen Beispiel in Abbildung 3.10 hervorgeht, ist die Lage der Eingangsgrößen zueinander ein Kriterium für die Wahl der ellipsoiden Formen. Kecman [33] und Kruse [35] schlagen die Verwendung der inversen Kovarianzmatrix $\underline{\underline{\Sigma}}^{-1}$ der Eingangsgrößen als Formmatrix vor.
Bei starker Korrelation zwischen den Stützstellen im Eingangsraum kann die Verwendung der inversen Kovarianzmatrix zu extremen ellipsoiden Formen führen und damit die Approximation erheblich verschlechtern. Eine derartige starke Korrelation ist in Verbindung mit der in Abschnitt 3.2 beschriebenen Markov-Kette für größerer Zeitfenster mit kleineren Sparse-Faktoren f_{sparse} gegeben. Aus diesem Grund ist die Verwendung der inversen Kovarianzmatrix für die in dieser Arbeit betrachteten instationären Ersatzmodelle nur begrenzt geeignet. Deshalb wird ein alternatives Verfahren zur Bestimmung der ellipsoiden Formen eingeführt.

Eine einfache Vorgehensweise zur robusten Bestimmung einer Formmatrix ist die Orientierung der ellipsoiden Formen am Koordinatensystem des Eingangsraums, weshalb sich für die Formmatrix eine Diagonalmatrix ergibt. Die Einträge auf der Hauptdiagonalen bestimmen die Halbachsen des Ellipsoids in die einzelnen Raumrichtungen. Ziel hierbei ist eine derartige Bestimmung der Halbachsen, dass die Verteilungsdichten der Funktionszentren in die einzelnen Raumrichtungen berücksichtigt werden. Aus diesem Grund werden die Halbachsen $\underline{H}$ über die dimensionsweisen Durchschnittsabstände aller Funktionszentren zueinander bestimmt, wie in Gleichung 3.44 gezeigt. Da die Einträge des Vektors $\left(\underline{c}_j - \underline{c}_i\right)$ positiv sein müssen, um ein sinnvolles Ergebnis zu erhalten, wird dieser mit $sgn\left(\underline{c}_j - \underline{c}_i\right)$ multipliziert. Des Weiteren werden die Durchschnittsabstände mit dem arithmetischen Mittelwert der resultierenden Einträge normiert, damit der gemittelte Wert der Halbachsen 1 ergibt. Dadurch wird lediglich die Form der Funktion verändert und nicht der Funktionsradius skaliert.

$$\underline{H} = \frac{\sum_{i=1}^{N}\sum_{j=1}^{N}(\underline{c}_j - \underline{c}_i)sgn(\underline{c}_j - \underline{c}_i)}{\overline{\sum_{i=1}^{N}\sum_{j=1}^{N}(\underline{c}_j - \underline{c}_i)}} \tag{3.44}$$

Die Formmatrix $\underline{\underline{S}}$ wird anschließend mit Gleichung 3.45 aus $\underline{H}$ bestimmt. In der Regel führt die beschriebene Vorgehensweise zu relativ schwachen ellipsoiden Formen. Dies ist vor allem der Fall, wenn die oben beschriebene Projektion in den Einheitsraum durchgeführt wird. Da aber bei vielen Fällen stärker ausgeprägte ellipsoide Formen zu besseren Ergebnissen führen, wird in Gleichung 3.45 der Exponent k eingeführt, welcher die Ausprägung der ellipsoiden Formen steuert und deshalb als Ellipsoidexponent bezeichnet wird.

$$\underline{\underline{S}} = \underline{\underline{I}}_m \underline{H}^k \tag{3.45}$$

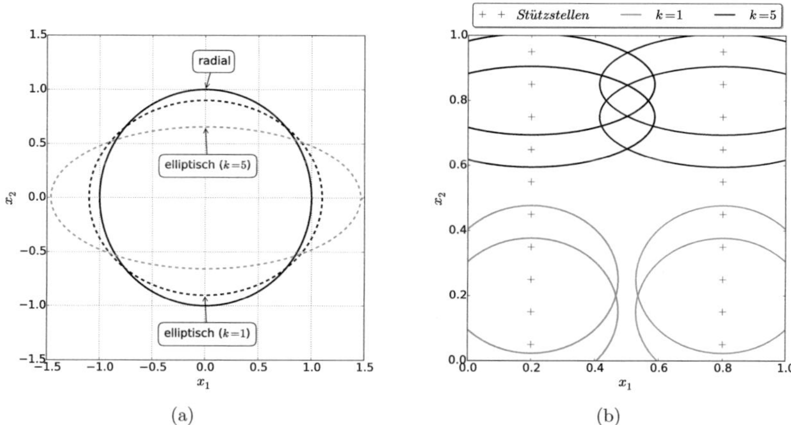

Abbildung 3.11.: (a) Einfluss des Exponenten k auf die ellipsoide Form; (b) Veranschaulichung der automatisch ermittelten ellipsoiden Funktionsformen beim einfachen Beispiel für zwei $k = 1$ und $k = 5$

In Abbildung 3.11(a) wird die ellipsoide Form für $\underline{H} = (1,1\ 0,9)^T$ und $k = 1$ bzw. $k = 5$ mit der radialen Form verglichen. In Abbildung 3.11(b) sind die über den beschriebenen Algorithmus bestimmten Funktionsformen anhand des oben eingeführten einfachen Beispiels gezeigt. Ein geeigneter Wert für den Exponenten k kann mit Hilfe einer Parameterstudie gefunden werden. Erfahrungen zeigen, dass in der Regel Werte zwischen $1 \leq k \leq 7$ zu guten Ergebnissen führen.

Ein weiterführender Schritt ist die zusätzliche Drehung der ellipsoiden Basisfunktionen zur besseren Approxiamtion der Zielfunktion. Eine Vorgehensweise hierfür wird in Abschnitt A.2 im Anhang beschrieben, welche jedoch in dieser Arbeit nicht zum Einsatz kommt.

Extrapolationskriterium

Die Extrapolation von unbekanntem, nichtlinearem Systemverhalten stellt eine besondere Herausvorderung dar. Eine leichte Extrapolation, bei welcher der neue Systemzustand nur knapp außerhalb der konvexen Hülle der bekannten Stützstellen liegt, stellt in der Regel noch kein Problem dar. Eine darüber hinausgehende Extrapolation ist jedoch nicht sinnvoll durchführbar und daher zu vermeiden. Aus diesem Grund ist es praktikabel, dass eine derartig unzulässige Extrapolation durch die nichtlineare Abbildungsmethode erkannt und der Nutzer entsprechend informiert wird.

Bei einem RBF-NN lässt sich ein solches Extrapolationskriterium über die Einflussbereiche der verwendeten Basisfunktionen definieren: Liegt der unbekannte Systemzustand außerhalb der Einflussbereiche aller vorhandenen Basisfunktionen, liegt eine unzulässige Extrapolation vor. Der Einflussbereich definiert sich hierbei über das Funktionsargument D^* der Basisfunktion, welches in Gleichung 3.46 gegeben ist. Das Funktionsargument entspricht dem quadrierten Quotienten des Mahalanobis-Abstands d_M durch den Funktionsradius r_i. Dieses Funktionsargument ist für die Gaussfunktion und die IQ-Funktion identisch (vgl. Gl. 3.42 bzw. 3.43).

$$D^* = \left(\frac{d_M}{r_i}\right)^2 = \frac{(\underline{x}(t) - \underline{c}_i)\,\underline{\underline{S}}\,(\underline{x}(t) - \underline{c}_i)}{r_i^2} \tag{3.46}$$

Liegen für den neuen, unbekannten Systemzustand die Funktionsargumente aller Basisfunktionen über einem bestimmten Grenzwert D^*_{limit}, wird die Extrapolation als unzulässig bewertet.

$$D^*_{min} = \min(D^*) \leq D^*_{limit} \tag{3.47}$$

Aus den durchgeführten Untersuchungen geht hervor, dass ein empirischer Wert von $D^*_{limit} = 0,4$ für das Extrapolationskriterium praktikabel ist.

Analytische Bestimmung der Ableitung

Da bei der Netzwerkarchitektur nach Broomhead [11] die Zielfunktion mit der Summe von radialen Basisfunktionen beschrieben wird, ist die approximierte Funktion $G(\underline{x})$ in jedem Punkt analytisch differenzierbar, sofern die verwendeten radialen Basisfunktionen differenzierbar sind. Da diese Eigenschaft bei unterschiedlichen Anwendungen, beispielsweise Optimierungsprozessen, von Interesse sein kann, wird die Vorgehensweise an dieser Stelle erläutert.

Zunächst wird die gesamte Zielfunktion $G(\underline{x})$ bezüglich des Eingangsvektors $\underline{x}$ differenziert:

$$\frac{dG(\underline{x})}{d\underline{x}} = \frac{dg(\underline{x})}{d\underline{x}} + \sum_{i=1}^{N} w_i \frac{da_i(\underline{x})}{d\underline{x}} \tag{3.48}$$

Hierbei ist das Differenzieren der polynomialen Funktion $g(\underline{x})$ trivial, wohingegen die Gauss- bzw. IQ-Funktion durch Anwendung der Kettenregel ebenfalls leicht abgeleitet werden können, wie es in Gleichung 3.49 für die Gauss-Funktion und in Gleichung 3.50 für die IQ-Funktion gezeigt ist.

$$\frac{da_i(\underline{x})}{d\underline{x}} = -\frac{2}{r^2}\underline{\underline{S}}(\underline{x} - \underline{c})e^{-\frac{(\underline{x}-\underline{c}_i)^T\underline{\underline{S}}(\underline{x}-\underline{c}_i)}{r^2}} \tag{3.49}$$

$$\frac{da_i(\underline{x})}{d\underline{x}} = -\frac{2}{r^2}\underline{\underline{S}}(\underline{x} - \underline{c})\frac{1}{\frac{(\underline{x}-\underline{c}_i)^T\underline{\underline{S}}(\underline{x}-\underline{c}_i)}{r^2} + 1} \tag{3.50}$$

Die Differentiale aus Gleichung 3.49 bzw. 3.50 werden anschließend in Gleichung 3.48 eingesetzt, womit die erste Ableitung analytisch bestimmt ist.

In Kombination mit der Parameterreduktion mittels POD muss das Differential $\frac{dG(\underline{x})}{d\underline{x}}$ anschließend in den originären Raum projiziert werden. Da die Basisvektoren konstant sind, können sie wie Koeffizienten behandelt werden, wodurch die Projektion des Differentials einfach durchzuführen ist, wobei die Markov-Kette in dieser Betrachtung nicht berücksichtigt wird.

Zunächst werden die Projektionen zwischen dem originären und dem reduzierten Eingangs- bzw. Ausgangsraum (vgl. Gl. 3.51) in die nichtlineare Abbildung $\hat{\underline{y}} = G(\underline{x})$ eingesetzt, wie es in Gleichung 3.52 gezeigt ist. Hierbei stellen $\underline{u}_0$ und $\underline{y}_0$ die Ursprünge der jeweiligen POD-Basis dar.

$$\underline{x} = \underline{\underline{\psi}}_{input}^{-1} (\underline{u} - \underline{u}_0) \quad ; \quad \underline{y} = \underline{y}_0 + \underline{\underline{\psi}}_{output} \hat{\underline{y}} \tag{3.51}$$

$$\underline{y} = \underline{y}_0 + \underline{\underline{\psi}}_{output} \hat{\underline{y}} = \underline{\underline{\psi}}_{output} G(\underbrace{\underline{\underline{\psi}}_{input}^{-1} (\underline{u} - \underline{u}_0)}_{\underline{x}}) \tag{3.52}$$

Damit ergibt sich mit $\frac{d\underline{x}}{d\underline{u}} = \underline{\underline{\psi}}_{input}^{-1}$ und $\frac{d\underline{y}_0}{d\underline{u}} = \underline{0}$ für das Differential im originärem Raum:

$$\frac{d\underline{y}}{d\underline{u}} = \underline{\underline{\psi}}_{output} \underbrace{\frac{dG(\underline{x})}{d\underline{x}} \underline{\underline{\psi}}_{input}^{-1}}_{\frac{d\hat{\underline{y}}}{d\underline{u}}} \tag{3.53}$$

3.3.3. Weitere Abbildungsverfahren

Neben den bereits vorgestellten Abbildungsmethoden gibt es weitere, ebenfalls verbreitete Systemidentifikationsverfahren, auf welche an dieser Stelle kurz eingegangen wird. Abgesehen von der Volterra-Reihe greifen die im Folgenden erwähnten Verfahren beim Identifikationsprozess auf einen nichtlinearen Optimierungsalgorithmus zurück und gehören daher zu den impliziten Verfahren. Diese Vorgehensweise hat den Vorteil, dass in der Regel mit weniger Freiheitsgraden - und damit verbunden weniger Ansatzfunktionen - eine hinreichend genaue Zielfunktion $G(\underline{x})$ bestimmt werden kann. Dadurch ist das Ersatzmodell prinzipiell kleiner und effizienter.
Demgegenüber stehen die Nachteile, welche zum einen die erhöhte Identifikationszeit und zum anderen das Finden des globalen Optimums sind. Des Weiteren steigt die Identifikationszeit mit einer Zunahme an Stützstellen sowie der Dimensionen des Eingangs- bzw. Ausgangsraums stark an.

Volterra-Reihe

Die Volterra-Reihe ist ein Ansatz zur Vorhersage von zeitabhängigen Systemen. Der Ansatz wird an dieser Stelle kurz erläutert, da in diversen Publikationen die Volterra-Reihe als aerodynamischer Ersatzmodellansatz in der Aeroelastik untersucht wird, beispielsweise von Marzocca [44], Lucia [43, 42] und Silva [61]. Die folgende Beschreibung der Volterra-Reihe sind zum Teil aus der Diplomarbeit von Lindhorst [37] übernommen.

Bei einem Volterra-Modell handelt sich um eine Reihe von Faltungsintegralen, welche die Historie der Systemzustände bis zum betrachteten Zeitpunkt t aufintegriert. Gleichung 3.54 zeigt die Volterra-Reihe n-ter Ordnung:

$$\begin{aligned} \underline{c}_F(t) = \underline{h}_0 &+ \int_0^t \underline{\underline{h}}_1(t-\tau)\underline{u}(\tau)d\tau + \int_0^{t_1}\int_0^{t_2} \underline{\underline{h}}_2(t-\tau_1, t-\tau_2)\underline{u}(\tau_1)\underline{u}(\tau_2)d\tau_1 d\tau_2 \\ &+ \sum_{n=3}^{N}\int_0^{t_1}\dots\int_0^{t_n} \underline{\underline{h}}_n(t-\tau_1,\dots,t-\tau_n)\underline{u}(\tau_1)\cdot\dots\cdot\underline{u}(\tau_n)d\tau_1\cdot\dots\cdot d\tau_n \end{aligned} \tag{3.54}$$

Laut Raveh [54] und Silva [61] ist ein Begrenzen der Reihe auf die zweite Ordnung sinnvoll, um den Identifikationsaufwand zu begrenzen:

$$\underline{c}_F(t) = \underline{h}_0 + \int_0^t \underline{\underline{h}}_1(t-\tau)\underline{u}(\tau)d\tau + \int_0^{t_1}\int_0^{t_2} \underline{\underline{h}}_2(t-\tau_1, t-\tau_2)\underline{u}(\tau_1)\underline{u}(\tau_2)d\tau_1 d\tau_2 \tag{3.55}$$

Die zeitkontinuierliche Form aus Gleichung 3.55 lässt sich nach Silva [61] in die zeitdiskrete Form für numerische Anwendungen überführen:

$$\underline{c}_F(t) = \underline{h}_0 + \sum_{k=0}^{n} \underline{\underline{h}}_1(n-k)\underline{u}(k) + \sum_{k_1=0}^{n}\sum_{k_2=0}^{n} \underline{\underline{h}}_2(n-k_1, n-k_2)\underline{u}(k_1)\underline{u}(k_2) \tag{3.56}$$

Die Volterra-Kerne $\underline{h}_0$, $\underline{\underline{h}}_1$ und $\underline{\underline{h}}_2$ enthalten die Systeminformationen, vergleichbar mit den Wichtungsfaktoren bei den neuronalen Netzen. Bei den Volterra-Kernen handelt es sich um Tensoren der Stufe $n+1$. Folglich ist der zweite Volterra-Kern bereits ein Tensor dritter Stufe und kann bei großen Systemen eine beträchtliche Größe erreichen.
Die Volterra-Kerne werden während des Identifikationsprozesses aus definierten Sprung- oder Impulsanregungen des Originalsystems bestimmt, welche je nach Kern zu verschiedenen Zeiten in das System eingebracht werden. Die Details der Kernbestimmung werden von Silva [61] und Lucia [42] aber auch in ähnlicher Form von Omran [49] beschrieben und sollen an dieser Stelle nicht weiter erörtert werden.

Die Volterra-Reihe ist keine Abbildungsmethode im klassischen Sinne, da sie vorrangig auf zeitabhängige Systeme angewendet wird. Analog zu den in dieser Arbeit verwendeten Markov-Ketten, wird bei der Volterra-Reihe die zeitabhängige Systemantwort aufgrund der Historie der Eingangsgrößen vorhergesagt. Bei der Volterra-Reihe ist jedoch die Abbildungsmethode gleichsam integriert, woraus sich einige Nachteile ergeben:

- Da bei der Konstruktion der Volterra-Kerne lediglich Einheitsimpulse vorgesehen sind, kann auch eine Volterra-Reihe zweiter Ordnung lediglich zeitliche Nichtlinearitäten abbilden. Nichtlinearitäten bezüglich der Impuls-Amplitude können nicht abgebildet werden. In Bezug auf aerodynamische Ersatzmodelle bedeutet dies, dass beispielsweise ein Anstellwinkel-Impuls von einem Grad auf höhere Anstellwinkel linear extrapoliert wird, auch wenn ein zweiter Volterra-Kern verwendet wird. Diese Problematik wird auch von Raveh [54] thematisiert.

- Für die Bestimmung der Kerne ist eine hohe Zahl an CFD-Analysen notwendig. Die Zahl benötigter CFD-Analysen, speziell für den zweiten Kern, liegt weit über den in dieser Arbeit verwendeten Trainingsdaten und steigt zudem auch stark mit der Dimensionalität der Eingangsgrößen.

- Aufgrund der Beschränkung auf Impulsanregungen können nicht bereits vorhandene Daten aus vorherigen Analysen zur Identifikation der Kerne herangezogen werden.

Zuletzt sei angemerkt, dass die modulare Trennung der Markov-Kette und der nichtlinearen Abbildungsmethode den Ersatzmodellansatz für eine Vielzahl von stationären und instationären Anwendungsfällen nutzbar macht, was in dieser Form mit der Volterra-Reihe nicht möglich ist.

Mehrschichtige Perzeptren

Die mehrschichtigen Perzeptren (englisch: *Multilayer Perceptron, MLP*) sind die klassische Form der neuronalen Netze (MLP-NN). Sie werden in vielen Referenzen über künstliche Intelligenz detailliert erklärt, wie beispielsweise von Hagan [26], Kecman [33] oder Kruse [35]. Das Konzept der mehrschichtigen Perzeptren ähnelt dem des RBF-Netzwerks aus Abschnitt 3.3.2. Im Gegensatz zur RBF-Netzwerkarchitektur nach Broomhead [11] existieren beim MLP mehrere Schichten mit Ansatzfunktionen $N_{i,j}$, woher sich auch der Name dieses Netzwerktyps ableitet.
In Abbildung 3.12 ist eine beispielhafte Netzwerkarchitektur gezeigt. Es wird zwischen der Eingangs-, Ausgangs- und den versteckten Schichten (englisch: *hidden layer*) unterschieden, wobei das in Abbildung 3.12 dargestellte Netzwerk über zwei versteckte Schichten verfügt. Alle Schichten sind über Wichtungsfaktoren miteinander verknüpft, deren Bestimmung Gegenstand des Identifikationsprozesses ist.

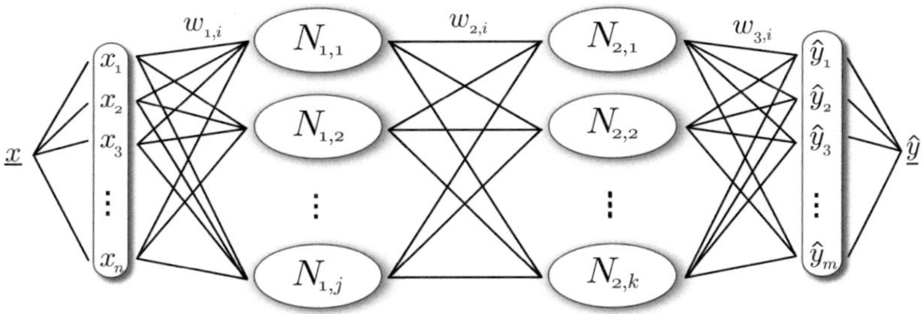

Abbildung 3.12.: Schematische Darstellung eines zweischichtigen Perzeptron

Für den Identifikationsprozess wird der Fehler-Rückpropagationsalgorithmus verwendet (englisch: *Error Backpropagation, EBP*), bei welchem, je nach Optimierungsverfahren, die erste oder zweite Ableitung jedes Neurons bestimmt werden muss. Als Ansatzfunktion für die Neuronen, die Aktivierungsfunktion, wird in der Regel der Tangens Hyperbolicus $N_{i,j} = \tanh(x)$ verwendet. Diese Funktion ist über das gesamte Gebiet differenzierbar und führt damit, ähnlich wie die radialen Basisfunktionen, zu glatten Funktionsverläufen. Genauso können aber auch beispielsweise Wavelet-Funktionen verwendet werden, wie es von Fagley et al. [20] beschrieben wird. Auch diskontinuierliche Funktionen wie die Heaviside-Funktion finden Anwendung als Aktivierungsfunktion, wie es beispielsweise Hagan [26] zeigt.

Die hier dargestellte Form des mehrschichtigen Perzeptrons ist das einfache, vorwärtsgerichtete Netzwerk. Darüber hinaus existieren komplexere Formen, welche beispielsweise Rückkopplungen enthalten. Für weitere Details wird der Leser an die bereits genannten Literaturreferenzen verwiesen.
Für die in Abschnitt 3.3.4 dürchgeführte Vergeichsstudie wird der frei verfügbare MLP-Netzwerkgenerator `FFNET` [78] für die Programmiersprache `python` verwendet.

Kriging

Kriging ist eine Methode, welche ursprünglich aus der Geologie bzw. Geostatistik stammt, aber inzwischen in vielen Bereichen eingesetzt wird. Dementsprechend existieren viele Publikationen über den Einsatz von Kriging-Modellen, beispielsweise von Simpson et al. [63], Dwight et al. [18] oder auch Han et al. [27]. Aus diesem Grund wird die Methodik an dieser Stelle anhand der Ausführungen von Simpson kurz erläutert.

$$G(\underline{x}) = g(\underline{x}) + K(\underline{x}) \tag{3.57}$$

Bei Kriging wird das unbekannte System durch die Summe eines Polynoms $g(\underline{x})$ mit einer Abweichungsfunktion $K(\underline{x})$ beschrieben, wie Gleichung 3.57 zeigt. Das Polynom stellt hierbei eine globale Trendfunktion dar und die Abweichungsfunktion bildet die Abweichungen des unbekannten Systems zum Polynom $g(\underline{x})$ ab. Laut Simpson [63] wird für $g(\underline{x})$ in der Regel ein konstantes oder lineares Polynom verwendet. Der grundsätzliche Ansatz gleicht also zunächst dem des RBF-NN (vgl. Gl. 3.26), wobei der Unterschied in der Bestimmung der lokalen Abweichungen besteht.

Für die Abweichungsfunktion $K(\underline{x})$ wird eine Normalverteilung mit dem Zentrum bei $\underline{0}$ und einer Varianz von σ_K^2 angenommen. Die Kovarianzmatrix von $K(\underline{x})$ wird in Gleichung 3.58 definiert, wobei $\underline{\underline{R}} \in \mathbb{R}^{s \times s}$ die Korrelationsmatrix und $R(\underline{x}_i, \underline{x}_j)$ die Korrelationsfunktion zwischen den beiden Stützstellen $\underline{x}_i$ und $\underline{x}_j$ darstellt.

$$\mathrm{Cov}\left[K(\underline{x}_i), K(\underline{x}_j)\right] = \sigma_K^2 \underline{\underline{R}}\left(\left[R(\underline{x}_i, \underline{x}_j)\right]\right) \tag{3.58}$$

Als Korrelationsfunktion schlägt Simpson die Gauss-Funktion in Gleichung 3.59 vor, welche bereits beim RBF-NN als Ansatzfunktion eingesetzt wird.

$$R(\underline{x}_i, \underline{x}_j) = e^{-\sum_{k=1}^{s} \theta_k \left|\underline{x}_{i,k} - \underline{x}_{j,k}\right|^{p_K}} \tag{3.59}$$

Der Exponent der Gauss-Korrelationsfunktion p_K wird von Simpson als $p_K = 2$, von Dwight hingegen als wählbarer Parameter definiert. Die Parameter θ_k werden von Simpson als Korrelationsparameter bezeichnet, deren Bestimmung Gegenstand des Identifikationsprozesses ist. Die Bestimmung der Korrelationsparameter θ_k erfolgt über eine nichtlineare Optimierung auf Basis der größten Wahrscheinlichkeitsschätzung (englisch: *Maximum likelihood estimation*).

Aus diesen kurzen Ausführungen ist ersichtlich, dass es Parallelen zwischen der Kriging-Methode und dem RBF-NN gibt, die Identifikation eines Kriging-Modells jedoch implizit durch eine nichtlineare Optimierung erfolgt. Für die Vergleichsstudie in Abschnitt 3.3.4 wird auf die Implementierung der Kriging-Methode von Dwight et al. [18] zurück gegriffen.

3.3.4. Vergleichsstudie der Verfahren

In diesem Abschnitt werden die vorgestellten Verfahren anhand einfacher, nichtlinearer Testfunktionen hinsichtlich ihrer Identifikationsgeschwindigkeit und ihrer Genauigkeit verglichen. Als Testfunktionen werden sowohl die Rosenbrock-Funktion 3.60 als auch die Giunta-Funktion 3.61 verwendet, welche von vielen Literaturquellen für Vergleichsstudien vorgeschlagen werden, beispielsweise von Kim et al. [34] oder Jamil et al. [32]. Die Wahl begründet sich zudem darin, dass es sich um stark nichtlineare Funktionen handelt, wobei die Rosenbrockfunktion einen polynomischen und die Giunta-Funktion einen trigonometrischen Charakter besitzt. Aufgrund der unterschiedlichen Charakteristiken wird die Fähigkeit der Verfahren zur universellen Funktionsapproximation geprüft. Beide Funktionen bilden zwei Eingangsgrößen x_1 und x_2 auf eine Ausgangsgröße y ab. In Abbildung 3.13 sind beide Testfunktionen dargestellt.

$$f_{Rosenbrock}(x_1, x_2) = (1 - x_1)^2 + 100(x_2 - x_1^2)^2 \tag{3.60}$$

$$f_{Giunta}(x_1, x_2) = 0,6 + \sum_{i=1}^{2} \left(\sin(1 - \frac{16}{15}x_i)^2 - \frac{1}{50} \sin(4 - \frac{64}{15}x_i) - \sin(1 - \frac{16}{15}x_i) \right) \tag{3.61}$$

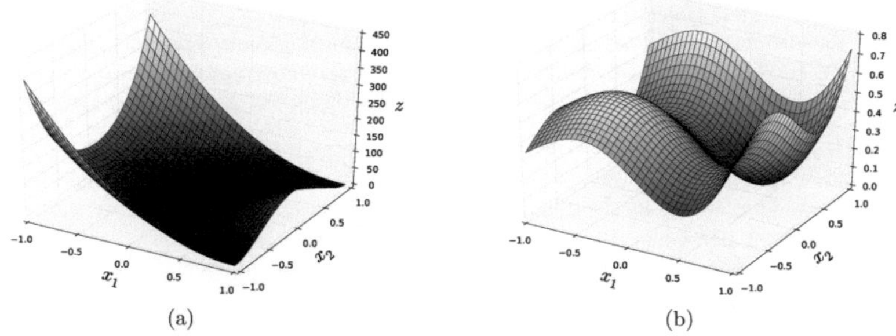

Abbildung 3.13.: Testfunktionen für die Vergleichstudie: (a) Rosenbrock-Funktion; (b) Giunta-Funktion

Für die Vergleichsstudie werden von beiden Funktionen 900 zufällige, im Intervall $-1 \leq x_1, x_2 \leq 1$ verteilte Stützstellen bestimmt, wobei diese Gesamtmenge der Stützstellen als s_{ges} bezeichnet wird. Von s_{ges} wird eine Hälfte an Stützstellen für die spätere Fehlerevaluierung abgetrennt, welche die Menge $s_{eval} = 450$ bilden. Die übrige Menge an Stützstellen $s_{train} = 450$ wird für den Identifikationsprozess verwendet. Um den Einfluss der Stützstellenanzahl auf die Identifikationsgeschwindigkeit t_I und die Fehlerbetrachtung zu ermessen, werden aus s_{train} drei zufällige Trainingssätze mit $s = 45$, $s = 225$ und $s = s_{train} = 450$ Stützstellen gebildet, anhand derer die vorgestellten Abbildungsmethoden verglichen werden.

Da die zufällige Wahl der Stützstellen die Fehlerbetrachtung beeinflusst, wird die Modellbildung und Evaluierung mit einer erneuten zufälligen Auswahl von $s_{eval} \in s_{ges}$ wiederholt.

Hierbei wird s_{ges} jedoch nicht erneut bestimmt. Anschließend werden die Fehler über alle Iterationen gemittelt. Auch die Identifikationszeit unterliegt leichten Schwankungen, weshalb diese auch über alle Iterationen gemittelt wird. In dieser Vergleichsstudie werden 20 Iterationen durchgeführt, wodurch also je Testfunktionen 60 unterschiedliche Trainingssätze erzeugt werden.

Die jeweiligen Parameter der Verfahren sind im Folgenden aufgeführt:

- **Lin.**: Lineare polynomiale Abbildung
  Keine weiteren Parameter erforderlich.
- **Quad.**: Quadratische polynomiale Abbildung
  Keine weiteren Parameter erforderlich .
- **RBF** : RBF-NN
  Es wird die Inverse Quadrik Funktion (vgl. Gl. 3.29) verwendet, wobei eine Funktion in jeder bekannten Stützstelle positioniert wird. Es werden weder Glättung noch elliptische Funktionsformen verwendet.
- **RBF**$_R$: RBF-NN
  Es wird die Inverse Quadrik Funktion (vgl. Gl. 3.29) verwendet, wobei die Neuronenzahl auf $N = 224$ begrenzt ist und diese Neuronen zufällig verteilt werden. Es werden weder Glättung noch elliptische Funktionsformen verwendet.
- **MLP** : Mehrschichtiges Perzeptron Neuronales Netz
  Es wird der Tangens Hyperbolicus als Aktivierungsfunktion verwendet. Die Architektur besteht aus zwei versteckten Schichten mit jeweils 20 Neuronen. Für die nichtlineare Optimierung wird auf den Newton-Algorithmus des `FFNET`-Moduls [78] zurückgegriffen
- **Krig.** : Kriging
  Es wird eine lineare Regressionsfunktion und für die Korrelation die Gauss-Funktion verwendet, wobei die Standard-Parameter von Dwight [18] verwendet werden: Der Exponent der Gauss-Korrelationsfunktion wird auf $p_K = 2$ gesetzt, es werden 200 Optimierungsschritte mit dem Simplex-Optimierungsalgorithmus durchgeführt

Identifikationszeit

Die erforderliche Zeit zur Identifikation der approximierten Funktion $G(\cdot)$ ist ein entscheidender Aspekt für die praktische Anwendbarkeit des Abbildungsverfahrens. Dies ist vor allem bezüglich des Ziels der beschleunigten Analyse des Originalsystems zu sehen. Liegt die Identifikationszeit beispielsweise über der gesamten erforderlichen Analysezeit des originalen Systems ist die Erstellung eines Ersatzmodells hinfällig.

In Abbildung 3.14 sind die gemittelten Identifikationszeiten t_I der sechs Abbildungsverfahren über die drei Trainingssätze aufgetragen.
Es ist ersichtlich, dass generell die Identifikationszeiten bei beiden Testfunktionen vergleichbar sind, lediglich das mehrschichtige Perzeptron (MLP) benötigt bei der Giunta-Funktion die doppelte Zeit verglichen mit der Rosenbrock-Funktion. Dies kann lediglich mit einer erhöhten Anzahl an Optimierungsschritten erklärt werden, da sowohl die Anzahl an Freiheitsgraden des neuronalen Netzes, als auch die Anzahl an Stützstellen, sowie die Dimension des Eingangsraumes bei beiden Testfunktionen identisch sind. Ein Grund für

die erhöhte Anzahl an Optimierungsschritten ist im oszillierenden Funktionsverlauf der Giunta-Funktion und den damit verbundenen stärker variierenden Gradienten zu vermuten. Dem soll an dieser Stelle aber nicht weiter nachgegangen werden.

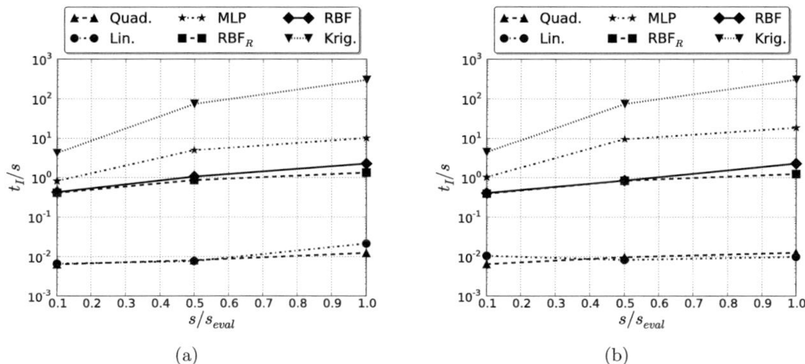

Abbildung 3.14.: Identifikationszeit: (a) Rosenbrock-Funktion; (b) Giunta-Funktion

Weiterhin ist in beiden Diagrammen erkennbar, dass die Identifikationszeiten der impliziten Verfahren, also Kriging und MLP-NN, klar über den Zeiten der expliziten Verfahren RBF und polynomiale Abbildung liegen, wodurch die bereits erwähnte Stärke der expliziten Verfahren untermauert wird.
Innerhalb der expliziten Verfahren liegen die Identifikationszeiten des RBF-NN klar über denen der polynomialen Abbildungen, was mit dem Unterschied an Freiheitsgraden der Verfahren zu erklären ist. Darüber hinaus zeigt sich, dass die Identifikationszeit des RBF-NN exponentiell mit der Anzahl an Stützstellen steigt, was sich durch eine Gerade in der logarithmischen Darstellung ausdrückt. Dieser exponentielle Anstieg ist darauf zurückzuführen, dass die Zahl an Freiheitsgraden mit der Zahl der Stützstellen steigt, sofern in jeder Stützstelle eine RBF-Funktion positioniert wird. Demgegenüber ist bei dem RBF-NN mit reduzierter Neuronenzahl eine klare Zeitersparnis erkennbar, wenn die Zahl der Stützstellen über der maximalen Neuronenzahl liegt, also $s > N = 224$. Aus dieser Betrachtung lässt sich die Notwendigkeit einer reduzierten Anzahl an Neuronen bei sehr großen Trainingssätzen ableiten.

Fehlerbetrachtung

Die Genauigkeit der Vorhersage bestimmt die Verlässlichkeit und damit die Güte der nichtlinearen Abbildung. Um die Genauigkeit in dieser Studie zu bewerten und vergleichbar zu machen, wird eine Fehlerbetrachtung mittels der Quadartwurzel der Fehlerquadrate durchgeführt, für welche im Folgenden die englische Abkürzung *RMSE* (*Root Mean Square Error*) verwendet wird. Der RMSE ist eine verbreitete Fehlernorm, welche beispielsweise auch von Kim et al. [34] für die Fehlerbetrachtung herangezogen wird.

Die Definition des RMSE ist in Gleichung 3.62 gegeben, wobei hier $f(\cdot)$ die analytische Testfunktion und $G(\cdot)$ die Approximationsfunktion darstellt.

$$\overline{e}_{RMSE} = \sqrt{\frac{\sum_{i=1}^{s_{eval}} (f(x_1, x_2) - G(x_1, x_2))^2}{s_{eval}}} \tag{3.62}$$

In Abbildung 3.15 sind die Mittelwerte und in Abbildung 3.16 die Standardabweichungen der Fehler über die normierte Stützstellenzahl aufgetragen. Die Fehler werden an allen 450 Punkten der Menge s_{eval} berechnet, welche nicht zur Identifikation verwendet wurden. Dementsprechend werden die Werte an diesen Punkten durch die Abbildungsmethode interpoliert.

Bei der Rosenbrock-Funktion liegen die Fehler gut drei Größenordnungen über denen der Giunta-Funktion. Dies ist mit den unterschiedlichen Wertebereichen der beiden Funktionen zu erklären, welche der Abbildung 3.13 entnommen werden können. Nimmt die Rosenbrock-Funktion in dem betrachteten Bereich Werte von $0 \leq y \leq 404$ an, sind die Funktionswerte der Giunta-Funktion auf das Intervall $0.06 \leq y \leq 0.75$ beschränkt. Da es sich bei den dargestellten Fehlern um absolute Fehler handelt, steigen die Abweichungen mit den Funktionswerten der Testfunktion.

Die Betrachtung des mittleren Fehlers zeigt, dass die Abbildungen mittels eines linearen bzw. quadratischen Polynoms bei beiden Testfunktionen sehr viel schlechter ist, als die höherwertigen Verfahren. Hierbei fällt auf, dass bei der Giuntafunktion keine nennenswerte Verbesserung zwischen dem linearen und dem quadratischen Polynom festzustellen ist. Dies ist mit dem trigonomertischen Charakter der Giuntafunktion zu erklären. Auch das mehrschichtige Perzeptron zeigt eine vergleichsweise schlechte Abbildung.
Demgegenüber sind die Fehler des Kriging-Modells und des RBF-NN für $s/s_{eval} = 0,1$ vergleichbar, für $s/s_{eval} \geq 0,5$ fällt der Fehler des RBF-NN jedoch sehr viel stärker ab. Darüber hinaus zeigt der Vergleich der beiden RBF-Netze, dass bei einer Begrenzung der Neuronen der Fehler mit steigender Stützstellenzahl nicht weiter sinkt, sobald die maximale Zahl an Neuronen errreicht ist. Dies lässt sich wiederum damit erklären, dass die Zahl der Freiheitsgrade nicht weiter steigt. Es sei aber darauf hingewiesen, dass bei einer homogenen Verteilung mittels dem in Abschnitt 3.3.2 beschriebenen Algorithmus durchaus eine Verbesserung der Vorhersage durch mehr Stützstellen erreicht werden kann.

Diskussion der Vergleichsstudie und Wahl des Verfahrens

Zunächst sei darauf hingewiesen, dass sich die folgende Diskussion auf die in dieser Arbeit zur Verfügung stehenden Methoden bezieht. Dies ist vor allem in Hinblick auf die Identifikationszeiten zu berücksichtigen, da die verwendeten Codes der untersuchten Verfahren einen experimentellen Status haben. Dementsprechend sind die Verfahren entweder selbst implementiert oder sie stammen aus frei verfügbaren Quellen (Open Source Codes), weshalb von einem Steigerungspotential der Methoden bezüglich ihrer Effizienz ausgegangen werden kann. Dennoch liefert die Vergleichsstudie ein hinreichend klares Bild zur Einordnung der Verfahren.
Auf der Grundlage der vorgenommenen Untersuchungen fällt die Wahl auf das RBF-NN als geeignetes Abbildungsverfahren. Es ist klar erkennbar, dass bezüglich der Identifikationszeiten die expliziten Verfahren den impliziten Methoden überlegen sind. Hierbei muss in Betracht gezogen werden, dass bei der Verwendung der nichtlinearen Abbildungsmethode innerhalb eines aerodynamischen Ersatzmodells zum einen eine sehr viel größere Zahl an Ein- und Ausgangsgrößen und zum anderen mehr Stützstellen zu erwarten sind, als bei

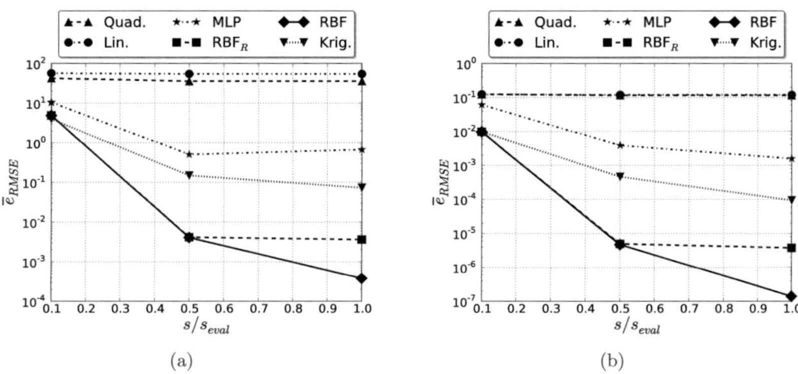

Abbildung 3.15.: Gemittelter RMSE : (a) Rosenbrock-Funktion, (b) Giunta-Funktion

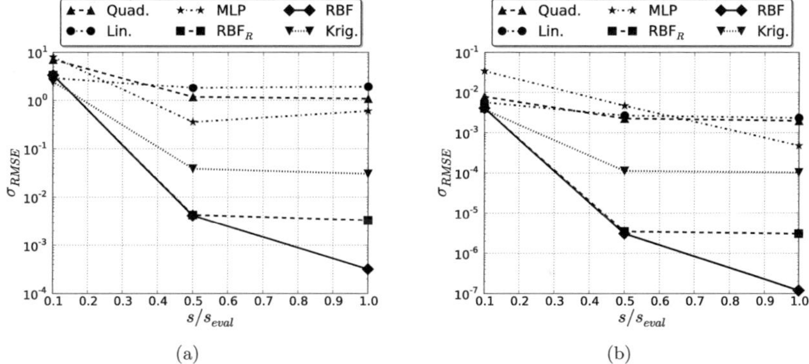

Abbildung 3.16.: Standardabweichung des RMSE : (a) Rosenbrock-Funktion; (b) Giunta-Funktion

dieser Vergleichsstudie verwendet werden. Beide Faktoren lassen die Identifikationszeiten weiter steigen.

Bei der Kriging-Methode ist der Anstieg der Identifikationszeit derart signifikant, dass die Identifikationsprozesse für aerodynamische Ersatzmodelle im Rahmen dieser Arbeit nicht erfolgreich abgeschlossen werden konnten.

Es sei an dieser Stelle darauf hingewiesen, dass bei der praktischen Anwendung des RBF-NN in dieser Arbeit jeweils eine Parameterstudie durchgeführt wird, welche prinzipiell auch eine implizite Optimierung darstellt. Durch die vergleichsweise kurzen Identifikationszeiten des RBF-NN sind diese Parameterstudien jedoch in akzeptabler Zeit durchführbar.

Bezüglich der Abbildungsgenauigkeit stellt sich das RBF-NN ebenfalls als geeignetes Verfahren heraus. Als einzige praktikable Alternative zum RBF-NN ist das mehrschichtige

Perzeptron zu nennen, da mit diesem Verfahren, unter der Voraussetzung einer begrenzten Zahl an Freiheitsgraden, erfolgreich ein aerodynamisches Ersatzmodell erstellt werden kann. Aufgrund der vergleichsweise schlechten Interpolationsgenauigkeiten der polynomialen Abbildungen scheiden diese Verfahren für diese Arbeit aus.

An dieser Stelle soll auf die bereits erwähnten Forderung von Meyn und Tweedie [46] nach einer C^∞-Stetigkeit für das NARMA-Modell (vgl. 3.2.2) eingegangen werden. Da die verwendeten radialen Basisfunktionen eine C^∞-Stetigkeit besitzen und die resultierende Zielfunktion $G(\cdot)$ sich aus der Summe der radialen Basisfunktionen ergibt, ist $G(\cdot)$ ebenfalls C^∞-stetig. Damit wird die Forderung von Meyn und Tweedie durch das RBF-NN erfüllt. Dies gilt analog auch für das MLP-NN unter der Voraussetzung, dass die verwendeten Ansatzfunktionen der Neuronen ebenfalls C^∞-stetig sind.

3.4. Training des Gesamtmodells

In diesem Abschnitt wird auf die sequenzielle Generierung der einzelnen Module des Gesamtmodells eingegangen, welche in Abbildung 3.1 der Prozesskette aufgeführt sind. In Abbildung 3.17 wird der Trainingsprozess veranschaulicht.

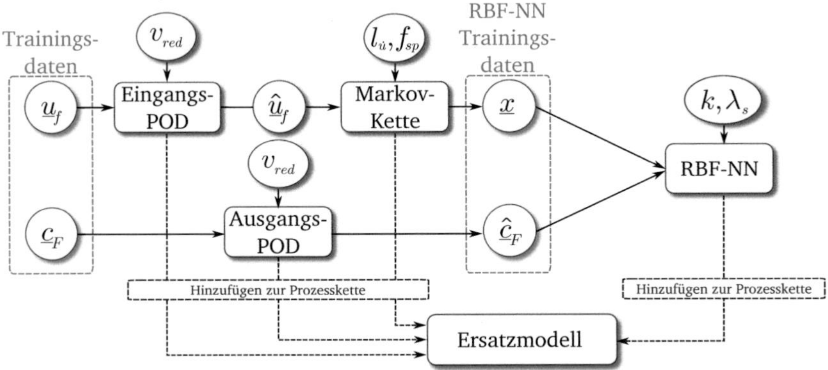

Abbildung 3.17.: Sequenzieller Ablauf des Trainingsprozesses des Gesamtmodells

Ausgehend von den Trainingsdaten $\underline{u}_f$ und $\underline{c}_F$ wird zunächst unabhängig voneinander die Eingangs-POD- und Ausgangs-POD-Basis konstruiert. Die Anzahl der verwendeten POD-Moden wird dabei entweder vom Nutzer festgelegt oder über das in Gleichung 3.12 formulierte Reduktionskriterium v_{red} bestimmt. Anschließend werden die hochdimensionalen Trainingsdaten in den niederdimensionalen Raum der konstruierten POD-Basen projiziert, womit sich die reduzierten Trainingsdaten $\hat{\underline{u}}_f$ und $\hat{\underline{c}}_F$ ergeben.
Mit den reduzierten Eingangsgrößen $\hat{\underline{u}}_f$ werden mittels der Markov-Kette die Trainingspunkte $\underline{x}$ für das RBF-NN erzeugt, wobei der Sparse-Faktor f_{sp} sowie die Größe des Zeitfensters $l_{\ddot{u}}$ vom Nutzer zu definieren sind.

Damit stehen die notwendigen Trainingsdaten für die nichtlineare Abbildungsmethode zur Verfügung, welche aufgrund der Vergleichsstudie in Abschnitt 3.3.4 in dieser Arbeit durch das RBF-NN repräsentiert wird. Die Wahl des Glättungsfaktors λ_s und der Form der Basisfunktionen (ellipsoid/radial) kann mittels einer Parameterstudie ermittelt werden.
Damit sind alle Module der Prozesskette bestimmt und das Ersatzmodell kann verwendet werden. Für die Verwendung der Ersatzmodellierung in ausschließlich stationären Problemen, wird die Markov-Kette übersprungen. Diese Art von ausschließlich stationären Problemen sind nicht Gegenstand dieser Arbeit. In den stationären Untersuchungen in dieser Arbeit ist die Markov-Kette Bestandteil der Prozesskette, da es sich in allen Untersuchungen um Ersatzmodelle für instationäre Probleme handelt, welche lediglich in stationären Problemen verwendet werden.

Datenexport während der Modellidentifikation

Der modulare Aufbau bietet neben der erhöhten Flexibilität des Ersatzmodellansatzes auch den Vorteil, dass während der Identifikation die Resultate bereits abgeschlossener Prozesse für einen späteren Gebrauch exportiert werden können. Dies bezieht sich vor allem auf die POD-Basen, deren Konstruktion bei besonders hochdimensionalen Systemen in Kombination mit vielen Snapshots einen großen Rechen- und Arbeitsspeicheraufwand bedeuten kann. Da die Konstruktion der Eingangs- sowie der Ausgangs-POD-Basis die ersten Schritte des gesamten Identifikationsprozesses darstellen, ist das Speichern der jeweiligen Basis unmittelbar nach erfolgreicher Konstruktion eine sinnvolle Funktionalität. Damit stehen die Basen zum einen bei einem etwaigen unvorhergesehenen Abbruch des Identifikationsprozesses weiter zur Verfügung und können bei einem erneuten Ausführen eingelesen werden und zum anderen kann bei Parametermodifikationen oder auch einem Austausch der nichtlinearen Abbildungsmethode der Konstruktionsprozess der POD-Basen übersprungen werden.

Neben den POD-Basen ist der Export des reduzierten Trainingsdatensatzes sinnvoll, da auch die Projektion aller hochdimensionalen Systemzustände in den reduzierten Raum bei einer hohen Anzahl an Trainingspunkten einen nicht zu unterschätzenden Rechenaufwand darstellen kann. Hierbei ist zu beachten, dass sich der reduzierte Trainingsdatensatz ausschließlich auf die verwendeten POD-Basen bezieht. Dementsprechend ist beim Einlesen die Konsistenz des reduzierten Trainingsdatensatz mit den POD-Basen vom Nutzer sicherzustellen.

Da bei der Identifikation des Ersatzmodells gegebenenfalls eine Parameterstudie durchgefüht wird, erlaubt der Datenexport und -reimport eine erhebliche Ersparnis an Rechenzeit und Rechnerressourcen.

Evaluation des Gesamtmodells

Da die Parameter des RBF-NN mittels einer Parameterstudie ermittelt werden, ist eine Evaluation der Modellgüte während des Identifikationsprozesses erforderlich, um anschließend ein geeignetes Modell auswählen zu können.
Um die Güte des RBF-NN zu evaluieren, werden analog zu dem Vorgehen bei der Vergleichsstudie in Abschnitt 3.3.4 bei der Parameterstudie die Trainingsdaten in zwei Mengen s_{train} und s_{eval} gleicher Größe unterteilt. Hierbei wird jede zweite Stützstelle der Menge s_{train} zugeordnet, welche für die Identifikation des RBF-NN genutzt werden. Da die Stützstellen sich nach wie vor in einer chronologischen Reihenfolge befinden, sind sowohl die Stützstellen der Menge s_{train} als auch der Menge s_{eval} gleichmäßig über die vorhandenen Stützstellen verteilt.

Die Bewertung der Modellgüte erfolgt über einen Qualitätsindex Q, welcher in Gleichung 3.63 definiert ist. Der Qualitätsindex Q gibt analog zum RMSE aus Gleichung 3.62 den durchschnittlichen Fehler im reduzierten Raum an den Evaluationspunkten an. Bei Q wird der relative Fehler verwendet, im Gegensatz zum RMSE in Gleichung 3.62, welcher den absoluten Fehler betrachtet.

$$Q = \frac{1}{s_{eval}} \sum_{i=1}^{s_{eval}} \frac{||\hat{\underline{c}}_{F,i} - G(\underline{x}_i)||}{||\hat{\underline{c}}_{F,i}||} \tag{3.63}$$

Bei dem Qualitätsindex kann sich im Zusammenhang mit den Markov-Ketten eine Problematik bezüglich der Funktionsglättung ergeben: Aufgrund der Zeitreihenbetrachtung bei der Markov-Kette liegen alle Evaluationspunkte in direkter Nähe zu Identifikationsstützstellen. Dies kann dazu führen, dass sich eine unzureichende Funktionsglättung nicht in Q widerspiegelt, da keine Evaluationspunkte in Bereichen mit potentiell oszillatorischen Verläufen aufgrund eines zu kleinen Glättungsfaktors λ_s liegen.
Im Falle von nicht zufriedenstellenden Vorhersageergebnissen ist es deshalb sinnvoll, Modelle mit größeren Glättungsfaktoren ebenfalls in Betracht zu ziehen. Als Indikator für einen zu klein gewählten Glättungsfaktor kann das Verhältnis Q_W des Betrags der Wichtungsmatrix $||\underline{\underline{W}}||$ zum Betrag der Zielmatrix $||\underline{\underline{Z}}||$ verwendet werden, wie in Gleichung 3.64 dargestellt. Die Normierung mit $||\underline{\underline{Z}}||$ elimiert den Einfluss der Größenordnung der Zielgrößen. Erfahrungswerte zeigen, dass Modelle mit Wichtungsquotienten von $10 < Q_W < 100$ in der Regel zufriedenstellende Ergebnisse liefern, wohingegen Wichtungsquotienten von $Q_W > 1000$ auf zu kleine Glättungsfaktoren hindeuten.

$$Q_W = \frac{||\underline{\underline{W}}||}{||\underline{\underline{Z}}||} \tag{3.64}$$

3.5. Einbinden von Metaparametern

In der modularen Prozesskette, wie sie zu Beginn dieses Kapitels vorgestellt wird, werden die Eingangsgrößen bei großen Dimensionen mittels der POD reduziert. Dies ist vor allem bei Feldgrößen sinnvoll, wie sie in dieser Arbeit ausschließlich behandelt werden. Darüber hinaus ist es aber auch vorstellbar, dass neben den verteilten Feldgrößen weitere, globale Größen als Eingangsgrößen für das Ersatzmodell gewünscht sind. Beispielsweise sind im Bereich der Aerodynamik die Machzahl, die Reynoldszahl oder bei 3D-Modellen der Anstellwinkel als eine solche globale Größe vorstellbar.

Diese Größen werden im Rahmen dieser Arbeit als *Metaparameter* bezeichnet. Die Metaparameter werden weder durch die POD reduziert, noch durch die Markov-Kette chronologisch sortiert, sondern gehen direkt in die nichtlineare Abbildungsmethode ein, wie es in Abbildung 3.18 dargestellt ist. Dementsprechend wird der Eingangsraum der Abbildungsmethode um o zusätzliche Metaparameter Mp_i erweitert $G : \mathbb{R}^{n+o} \rightarrow \mathbb{R}^m$.

$$y = G(\underline{x}, Mp_1, Mp_2, ..., Mp_o) \tag{3.65}$$

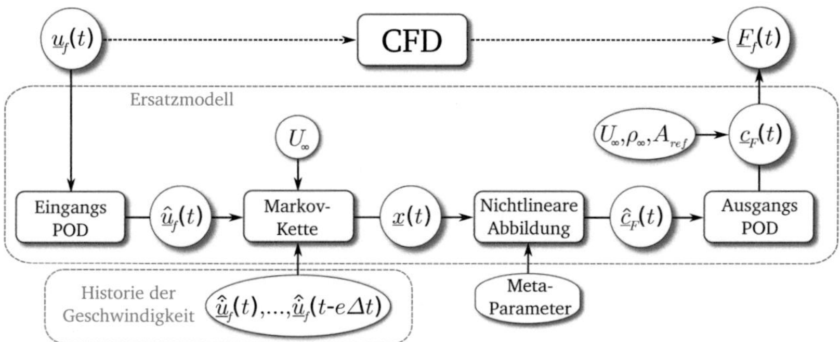

Abbildung 3.18.: Integration der Metaparameter in die modulare Prozesskette des Ersatzmodells

Die Kombination aus reduzierten Feldgrößen und globalen Metaparametern als Eingangsgrößen macht den Ersatzmodellansatz erheblich variabler, da bisher inkonsistente Trainingsdaten zur Identifikation eines Ersatzmodells genutzt werden können. So können beispielsweise Strömungslösungen bei unterschiedlichen Machzahlen zu einem Trainingsdatensatz zusammengefasst werden und zur Identifikation eines Ersatzmodells verwendet werden, welches für den betrachteten Machzahlbereich gültig ist.

4. Anwendung auf einen 2D-Fall: NLR7301

Gegenstand dieses Kapitels ist die Validierung des in Kapitel 3 beschriebenen Ersatzmodellansatzes anhand eines zweidimensionalen Falls mit zwei Freiheitsgraden, wobei für die aerodynamische Kontur das NLR7301-Profil gewählt wird. In Kapitel 5 wird weiterführend der Einsatz des Ersatzmodells in Flatteruntersuchungen des einfachen dreidimensionalen AGARD445.6-Flügels demonstriert. Zuletzt wird in Kapitel 6 der Ersatzmodellansatz anhand der HIRENASD-Konfiguration untersucht, deren Geometrie an einem modernen Verkehrsflugzeugflügel orientiert ist. Es sei an dieser Stelle darauf hingewiesen, dass das NLR7301-Profil hinsichtlich der nichtlinearen aerodynamischen Effekte die größte Herausforderung der drei untersuchten Fälle darstellt.

Das NLR7301-Profil wird in vielen Publikationen bezüglich seiner aeroelastischen Eigenschaften untersucht, beispielsweise von Weber et al. [72, 73], Tang et al. [66], Thomas et al. [67] oder auch von Wang et al. [71]. Es handelt sich um ein relativ dickes, asymmetrisches und superkritisches Profil, wodurch sich signifikante nichtlineare aerodynamische Effekte im transsonischen Bereich ausbilden. Damit eignet sich dieses Profil als Testfall für die grundlegenden Validierung der Ersatzmodellierung, da zum einen der Aufwand der CFD-Rechnungen vergleichsweise gering ist und zum anderen starke nichtlineare Effekte durch das Ersatzmodell abgedeckt werden müssen. Da der Ersatzmodellansatz explizit darauf ausgerichtet ist, im transsonischen Flugbereich Anwendung zu finden, sind die Testfälle in diesem und allen folgenden Kapiteln in einem Machzahlbereich von etwa $0,7 \leq Ma \leq 1,0$ angesiedelt.

Wie aus der in Abschnitt 2.3.2 beschriebenen Integration des Ersatzmodells in die aeroelastische Kopplung hervorgeht, werden die aerodynamischen Oberflächenkräfte und nicht Oberflächendrücke durch das Ersatzmodell vorhergesagt. Daher wird bei allen folgenden Untersuchungen die vorhergesagten mit den berechneten Oberflächenkräften verglichen. Da dem Ersatzmodell das Oberflächengitter der CFD-Analysen zugrunde liegt und folglich beide Oberflächengitter identisch sind, ist ein direkter Vergleich der an sich flächenbezogenen Kraftgrößen in Form von Kraftverteilungen zulässig. In den folgenden Untersuchungen wird auch Bezug auf Ergebnisse genommen, welche bereits in Referenz [38] veröffentlich sind.

4.1. Strukturmodell

Die Struktur wird durch ein lineares, mechanisches Modell mit zwei Freiheitsgraden repräsentiert, wie es in Abbildung 4.1 dargestellt ist. Das Modell besitzt für den translatorischen und den rotatorischen Freiheitsgrad jeweils ein Feder-Dämpfer-Paar.

Die Parameter des Strukturmodells, welche von Tang [66] übernommen werden, sind in Tabelle 4.1 aufgeführt. Diese Parameter stimmen weitestgehend mit den übrigen Publika-

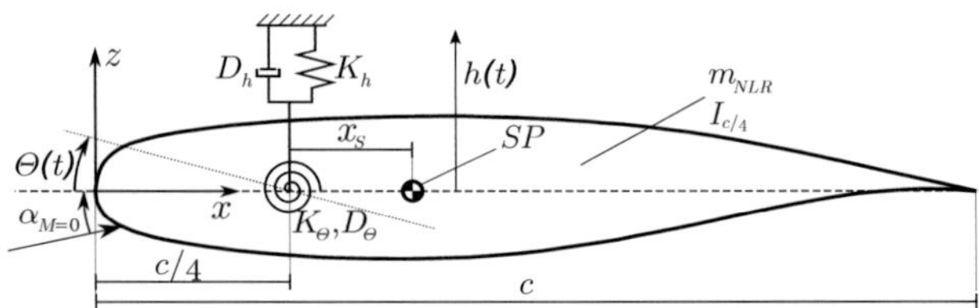

Abbildung 4.1.: Strukturmodell des NLR7301-Profils

tionen überein, wobei diese in der Regel auf dimensionslose Größen zurückgreifen. Etwaige Unterschiede werden im Folgenden diskutiert.

Parameter	Wert	Parameter	Wert
m_{NLR}	$26,64\ kg$	$I_{c/4}$	$0,086\ m^2 \cdot kg$
S_θ	$0,387\ m \cdot kg$	K_h	$1,21 \cdot 10^6\ \frac{N}{m}$
K_θ	$6,68 \cdot 10^3\ \frac{N \cdot m}{rad}$	D_h	$82,9\ \frac{kg}{s}$
D_θ	$0,197\ \frac{m^2 \cdot kg}{rad \cdot s}$	x_S	$0,0145\ m$

Tabelle 4.1.: Parameter des Strukturmodells nach Tang [66]

Bei den aufgeführten Parametern stellt S_θ das statische Moment dar, welches aufgrund des Hebelarms x_S zwischen Schwerpunkt und Rotationsachse entsteht, m_{NLR} ist die Profilmasse, $I_{c/4}$ das Massenträgheitsmoment und D bzw. K die Dämpfung bzw. Federsteifigkeit des jeweiligen Freiheitsgrades.
Mit den strukturellen Parametern lassen sich die Massenmatrix $\underline{\underline{M}}$, Dämpfungsmatrix $\underline{\underline{C}}$ und Steifigkeitsmatrix $\underline{\underline{K}}$ aufstellen, womit sich aus der allgemeinen Bewegungsdifferentialgleichung 2.2.2 folgende Gleichung ergibt:

$$\underbrace{\begin{pmatrix} m_{NLR} & S_\theta \\ S_\theta & I_{c/4} \end{pmatrix}}_{\underline{\underline{M}}} \underbrace{\begin{pmatrix} \ddot{h} \\ \ddot{\theta} \end{pmatrix}}_{\underline{\ddot{u}}} + \underbrace{\begin{pmatrix} D_h & 0 \\ 0 & D_\theta \end{pmatrix}}_{\underline{\underline{C}}} \underbrace{\begin{pmatrix} \dot{h} \\ \dot{\theta} \end{pmatrix}}_{\underline{\dot{u}}} + \underbrace{\begin{pmatrix} K_h & 0 \\ 0 & K_\theta \end{pmatrix}}_{\underline{\underline{K}}} \underbrace{\begin{pmatrix} h \\ \theta \end{pmatrix}}_{\underline{u}} = \underbrace{\begin{pmatrix} A \\ M \end{pmatrix}}_{\underline{F}} \quad (4.1)$$

Wie aus Gleichung 4.1 hervorgeht, sind beide Bewegungsfreiheitsgrade lediglich über das statische Moment S_θ gekoppelt. Die Eigenkreisfrequenzen, welche mittels der Modalanalyse (vgl. Gl. 2.30) bestimmt werden, ergeben sich zu $\omega_\theta = 299.26\ \frac{1}{s}$ und $\omega_h = 205.31\ \frac{1}{s}$. Diese Werte werden auch von Tang et al. [66] für die Eigenkreisfrequenzen angegeben, wohingegen Thomas et al. [67] die Eigenkreisfrequenzen als $\omega_\theta = \sqrt{\frac{K_\theta}{I_{c/4}}}$ und $\omega_h = \sqrt{\frac{K_h}{m_{NLR}}}$ definieren. Diese Definitionen gelten jedoch nur für den entkoppelten Fall bei $x_S = 0$.

4.2. Fluidmodell

Zur Berechnung der Strömung um das NLR7301 Profil wird ein hybrides Rechengitter verwendet, welches in Abbildung 4.2(a) dargestellt ist. Ein hybrides Rechengitter bezeichnet ein unstrukturiertes Gitter mit einer strukturierten Grenzschichtdiskretisierung. Obwohl es sich um ein zweidimensionales Problem handelt, ist das Strömungsgitter tatsächlich ein dreidimensionales Gitter. Das Strömungsfeld um das extrudierte 2D-Profil wird in Spannweitenrichtung durch zwei Symmetrieebenen begrenzt, womit das Profil gleichsam eine unendliche Spannweite bekommt und entsprechend ein quasi-ebenes Problem darstellt. Das Gitter ist in Spannweitenrichtung durch lediglich ein Volumenelement diskretisiert, um den numerischen Aufwand nicht unnötig durch zusätzliche Zellen zu erhöhen. Die Profiloberfläche ist in jeder Symmetrieebene mit 597 Oberflächenknoten diskretisiert. Der Momentenbeiwert C_M wird auf den $c/4$-Punkt des Profils bezogen, welcher aufgrund der Profillänge von $c = 0,3\ m$ bei $p_{ref} = (0,075\ 0,0\ 0,0)$ liegt.

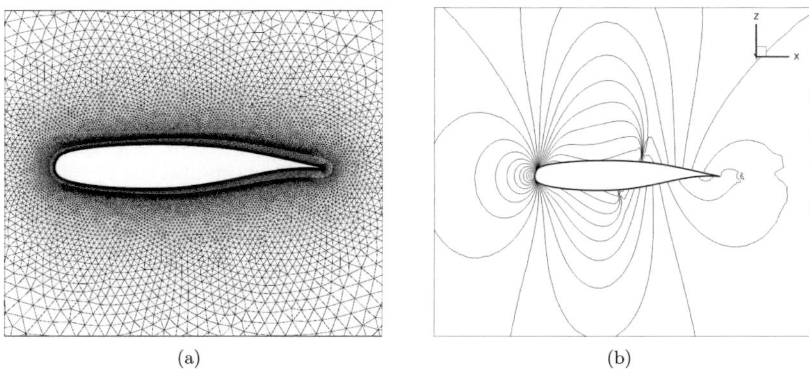

(a) (b)

Abbildung 4.2.: (a) Verwendetes CFD-Gitter des NLR7301-Profils; (b) Isobaren des Strömungsfelds bei $Ma = 0,753$, $U_\infty = 250,5\ \frac{m}{s}$ und $\alpha = 0°$

Das NLR7301 Profil zeigt im transsonischen Bereich den bereits in Kapitel 1 beschriebenen Sonderfall der Limit Cycle Oscillations (LCO). Dieser Sonderfall ist aus akademischer Sicht für die Ersatzmodellierung von besonderem Interesse, da aufgrund des verwendeten linearen Strukturmodells das LCO-Verhalten ausschließlich auf die nichtlineare Aerodynamik zurückzuführen ist. Wird das LCO-Verhalten hinreichend genau durch das Ersatzmodell vorhergesagt, kann daraus geschlossen werden, dass die dominierenden nichtlinearen, aerodynamischen Effekte durch das Ersatzmodell in zufriedenstellendem Maße abgedeckt werden. Aus diesem Grund wird zunächst der LCO-Fall untersucht, bevor in den folgenden Kapiteln weiterführende Analysen mit 3D-Modellen vorgenommen werden.

Weber et al. [73] geben für den LCO-Fall eine Machzahl von $Ma = 0,753$ an, wobei es sich hierbei um eine korrigierte Machzahl handelt. Die entsprechenden Windkanalexperimente wurden bei einer Machzahl von $Ma = 0,768$ durchgeführt. Eine weitere Korrektur wird von Weber et al. über den strukturellen Einbauwinkel $\alpha_{M=0} = 0,6°$ vorgenommen. Dies bedeutet, dass bei einem Anstellwinkel von $\alpha_{M=0} = 0,6°$ die Rotationsfeder des Strukturmodells kein rückstellendes Moment erzeugt, womit sich eine entsprechende Winkeldifferenz zwischen Fluid- und Strukturmodell ergibt. Ferner geben Weber et al. eine Reynoldszahl von $Re = 1,727 \cdot 10^6$ mit $L_{Re} = c = 0,3\ m$ und einen dynamischen Druck von $p_{dyn} = 0,126\ bar$ an, welcher auch als Staudruck bezeichnet wird. Damit lassen sich die

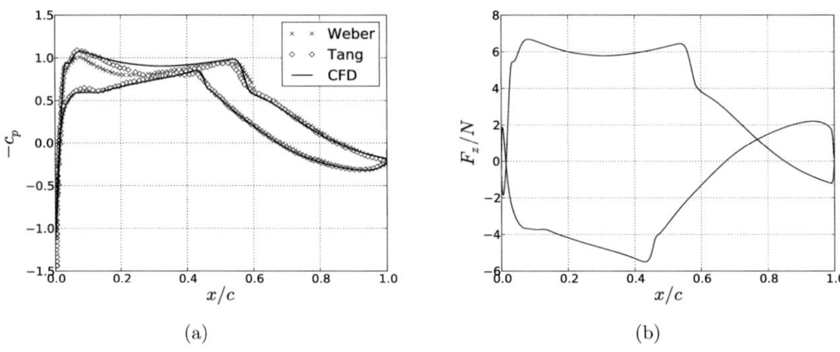

Abbildung 4.3.: (a) Vergleich der stationären Oberflächen-Druckverteilung des verwendeten CFD-Gitters mit den Ergebnissen von Weber et al. [73] und Tang et al. [66] bei $Ma = 0,753$, $Re = 1,727 \cdot 10^6$, $U_\infty = 250,5 \, \frac{m}{s}$ und $\alpha = 0°$; (b) Aerodynamische Oberflächenkräfte bei $Ma = 0,753$, $U_\infty = 250,5 \, \frac{m}{s}$ und $\alpha = 0°$

übrigen Strömungsgrößen zu $T = 275,388 \, K$, $\rho_\infty = 0,402 \, \frac{kg}{m^3}$ und $U_\infty = 250,48 \, \frac{m}{s}$ mit dem in Abschnitt A.4 beschriebenen Sutherland-Modell bestimmen.
Weber et al. zeigen in ihren Untersuchungen, dass der Einfluss von Viskositätseffekten beim NLR7301-Profil nicht vernachlässigbar ist. Sie empfehlen zur Turbulenzmodellierung das Spalart-Allmaras-Turbulenzmodell (siehe Abschnitt 2.1.2), wobei die Strömung als voll turbulent angenommen wird. Dadurch ist eine detaillierte Betrachtung der Transition obsolet.
Des Weiteren zeigen Weber et al., dass das NLR7301-Profil in den erwähnten Windkanalexperimenten ein signifikant anderes aeroelastisches Verhalten zeigt, als in den numerischen Analysen. Da die Ersatzmodellierung jedoch darauf ausgelegt ist, die Ergebnisse der numerischen Strömungslösung vorherzusagen, wird an dieser Stelle auf jegliche Vergleiche mit den Windkanalexperimenten verzichtet.

In Abbildung 4.2(b) sind die Isobaren des stationären Strömungsfelds in Profilnähe bei den genannten LCO-Bedingungen und einem Anstellwinkel von $\alpha = 0°$ dargestellt. Sowohl auf der Ober- als auch auf der Unterseite des Profils ist deutlich ein Verdichtungsstoß erkennbar. Betrachtet man die zugehörige Verteilung des Druckbeiwerts c_p auf der Profiloberfläche, welche in Abbildung 4.3(a) dargestellt ist, sind ebenfalls beide Verdichtungsstöße erkennbar. Darüber hinaus sind zum Vergleich in Abbildung 4.3(a) die Druckverteilungen von Weber et al. [73] und Tang et al. [66] dargestellt. Wie aus dem Diagramm hervorgeht, sind Abweichungen zwischen den Druckverteilungen von Weber et al. und Tang et al. erkennbar, wobei die in dieser Arbeit berechnete CFD-Druckverteilung mit der von Tang et al. in einem akzeptablen Maße übereinstimmt. Sowohl Stoßlage als auch -intensität werden passend berechnet, lediglich im Überschallgebiet auf der Oberseite treten erkennbare Abweichungen auf. In Abbildung 4.3(b) sind die der Druckverteilung aus Abbildung 4.3(a) entsprechenden z-Komponenten der Oberflächenkräfte F_z dargestellt. In der Kraftverteilung sind ebenfalls die Stöße auf Ober- und Unterseite des Profils deutlich erkennbar.

4.3. Identifikation des Ersatzmodells

Für die Identifikation des Ersatzmodells sind zwei wesentliche Schritte notwendig: Zum einen die Erstellung von Trainingsdaten und zum anderen die Identifikation des Ersatzmodells, wobei diverse Modellparameter mittels einer Parameterstudie ermittelt werden. Diese beiden Schritte werden in den folgenden Unterabschnitten beschrieben und diskutiert.

4.3.1. Trainingsdaten

Die Wahl der Trainingsdaten hat einen erheblichen Einfluss auf die Güte der daraus identifizierten Ersatzmodelle. Die Trainingsdaten müssen die relevanten Systemzustände abdecken, um eine hinreichende Genauigkeit der Vorhersage zu ermöglichen. Hierbei ist zu beachten, dass im Hinblick auf nichtlineare Systeme Extrapolationen zu vermeiden sind. Daraus lässt sich die Forderung ableiten, dass die Trainingsdaten möglichst alle zu erwartenden Extremzustände enthalten müssen. Folglich bildet die konvexe Hülle um die bekannten Eingangsgrößen im Eingangsraum der nichtlinearen Abbildung eine Enveloppe, welche den Gültigkeitsbereich des Ersatzmodells definiert.

An dieser Stelle sei sowohl auf die Latin-Hypercube- als auch auf die Monte-Carlo-Methode hingewiesen, welche beide häufig in der Literatur verwendete Sampling-Methoden darstellen. Giunta et al. [25] geben einen guten Überblick über diese Methoden. In Verbindung mit einem Markov-Ketten-Modell zur Vorhersage zeitabhängiger Systeme sind diese Methoden eher ungeeignet, da zum einen aufgrund des chronologischen Zusammenhangs der Eingangsparameter nicht der gesamte Eingangsraum sinnvoll mit Stützstellen abgedeckt werden kann und zum anderen die Berechnung einer durch die Verteilungsmethode definierten Stützstelle eine langwierige Berechnung eines entsprechenden Zeitsignals beinhaltet.
Aus diesen Gründen ist die Identifikation zeitabhängiger Ersatzmodelle anhand von definierten Zeitsignalen sinnvoll. Zhang et al. [82], welche in ihrer Veröffentlichung ebenfalls eine Kombination aus Markov-Kette und RBF-NN zur Vorhersage nichtlinearer Aerodynamik in aeroelastischen Systemen untersuchen, verwenden beispielsweise die Daten einer freien Oszillation des gekoppelten aeroelastischen Systems als Trainingsdaten.

In dieser Arbeit werden die Trainingsdaten mit dem konkreten Ziel der Erstellung eines Ersatzmodells berechnet. Es werden instationäre Analysen mit geführten Deformationen als Trainingsdaten verwendet. Diese Vorgehensweise bietet zwei Vorteile. Zum einen sind bei einer geführten Bewegung zu jedem Zeitpunkt die Deformationen klar definiert, wodurch pro Zeitschritt das Strömungsproblem nur einmal gelöst werden muss, im Gegensatz zu einer implizit gekoppelten aeroelastischen Analyse. Zum anderen lassen sich auf diese Weise kontrolliert verschiedene Amplituden und Frequenzen durchlaufen und damit ein breites Spektrum an Zuständen erzeugen und gleichzeitig Redundanzen vermeiden. In praktischen Anwendungsfällen ist es auch vorstellbar, dass bereits vorhandene Daten des abzubildenden Systems aus älteren Analysen verwendet werden und folglich keine gezielten Trainingsdaten berechnet werden müssen.

$$\begin{aligned} h(t) &= h_0 + h_{max} \underbrace{(1 - e^{-5t})}_{\text{exp. Amplitudenwachstum}} \sin(\omega_h t(1 \underbrace{-0,1 \sin\left(\frac{\omega_h}{20} t\right)}_{\text{Frequenzmodulation}})) \\ \theta(t) &= \alpha + \theta_{max}(1 - e^{-5t}) \sin(\omega_\theta t(1 - 0,1 \sin\left(\frac{\omega_\theta}{20} t\right))) \end{aligned} \tag{4.2}$$

Das Trainingssignal für die Hub- und Anstellwinkelschwingung ist in Gleichung 4.2 gegeben. Es handelt sich um eine harmonische Schwingung mit exponentiellem Amplitudenwachstum und Frequenzmodulation um die jeweiligen Eigenkreisfrequenzen ω_h und ω_θ, welche in Abschnitt 4.1 definiert sind.

Durch das exponentielle Amplitudenwachstum wird die Schwingungsamplitude sukzessive erhöht, bis schließlich die Maximalamplitude h_{max} bzw. θ_{max} erreicht wird. Dies bietet zwei Vorteile gegenüber dem direkten Aufprägen der Maximalamplitude:
Zum einen werden - durch die anfänglich kleinen Amplituden - Abweichungen aufgrund von aerodynamischen Einschwingeffekten zu Beginn der Analyse minimiert. Zum anderen wird das Amplitudenspektrum langsam bis zum Erreichen der Maximalamplitude h_{max} bzw. θ_{max} durchlaufen, wodurch das Amplitudenspektrum mit mehr Trainingspunkten abgedeckt wird.

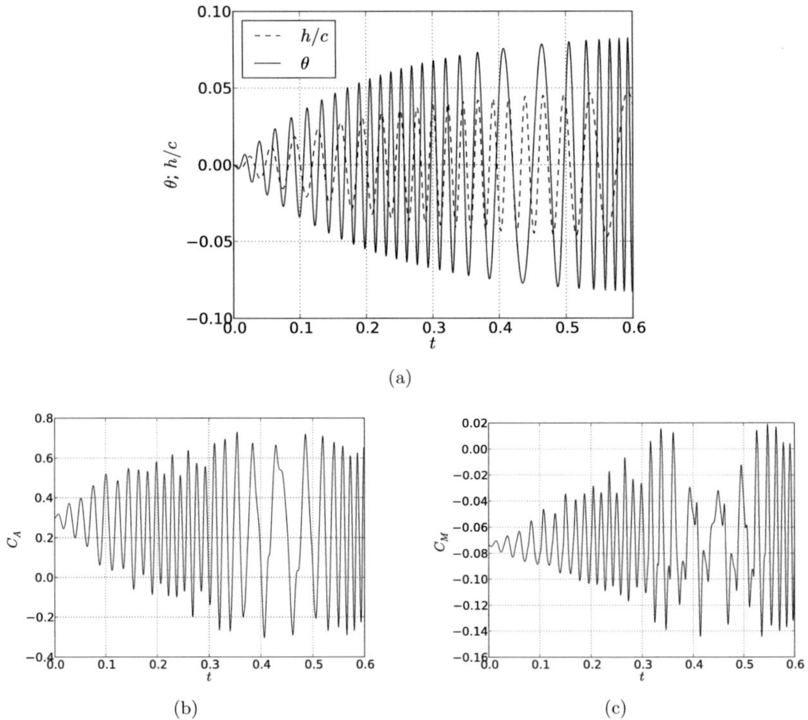

Abbildung 4.4.: Analyse III des NLR7301-Profils: (a) Trainingssignal; (b) Globaler Auftriebsbeiwert C_A; (c) Globaler Momentenbeiwert C_M

Die Frequenzmodulation dient ebenfalls der Abdeckung eines breiteren Frequenzspektrums neben den jeweiligen Eigenfrequenzen. Voruntersuchungen haben gezeigt, dass

Analyse	h_0/c	h_{max}/c	$\alpha/°$	$\theta_{max}/°$
I	0,0	0,0167	0,0	1,0
II	0,0	0,0333	0,0	3,0
III	0,0	0,0500	0,0	5,0

Tabelle 4.2.: Parameter der verwendeten Trainingssignale

Analyse	Kerne	CPU Zeit (h:min:sec)
I	4 × AMD Opteron 6320, 2.8 GHz	349:55:36
II	4 × AMD Opteron 6320, 2.8 GHz	377:47:43
III	4 × AMD Opteron 6320, 2.8 GHz	297:01:12

Tabelle 4.3.: Erforderliche Rechenzeiten der Trainingsanalysen des NLR7301-Profils

Ersatzmodelle, welche ausschließlich mit einer konstanten Frequenz identifiziert werden, signifikante Sensitivitäten bezüglich der Frequenz und damit tendenziell instabiles Verhalten aufweisen können. Dieser Problematik kann mit Hilfe der Frequenzmodulation begegnet werden. Die Frequenz wird um ±10% um die jeweilige Eigenfrequenz variiert. Die Modulationsfrequenz wiederum ist ein Bruchteil der Eigenfrequenz, wie aus Gleichung 4.2 hervorgeht. Der empirische Quotient wird fallspezifisch so gewählt, dass unter Berücksichtigung der verwendeten Zeitschrittweite und der Anzahl an Zeitschritten das Trainingssignal eine hinreichende Frequenzvariation aufweist. Die Anregung der Bewegungsfreiheitsgrade mit der jeweiligen Eigenfrequenz führt zu einer ständig variierenden Phasenverschiebung zwischen der Hub- und der Rotations-Oszillation, was wiederum zu einer größeren Vielfalt an Systemzuständen führt.

Für die folgende Betrachtung werden bei den in Abschnitt 4.2 genannten Strömungsbedingungen drei geführte CFD-Analysen mit je 3000 Zeitschritten bei einer Zeitschrittweite von $\Delta t = 0,0002\ s$ und den in Tabelle 4.2 gegebenen Parametern durchgeführt.
In Abbildung 4.4(a) ist exemplarisch die geführte Strukturbewegung bestehend aus dem normierten Hub h/c und der elastischen Rotation θ für die Analyse III gezeigt. Sowohl das Amplitudenwachstum als auch die Frequenzmodulation sowie die Phasenverschiebung zwischen den beiden Bewegungsfreiheitsgraden ist deutlich erkennbar. Die globalen aerodynamischen Beiwerte der Analyse III sind in Abbildung 4.4(b) und 4.4(c) dargestellt.
Die erforderliche CPU Zeiten der Trainingsanalysen sind in Tabelle 4.3 aufgeführt, wobei die auffälligen Unterschiede zwischen den Analysen auf unterschiedliche Auslastung des Rechenknotens während der Analysen zurückzuführen sind.

4.3.2. Parameterdefinition

Zur Erstellung eines Ersatzmodells sind mehrere Parameter zu definieren. Wie aus der in Abschnitt 3.4 beschriebenen Vorgehensweise hervorgeht, sind dies neben der Anzahl an POD-Moden M_{inp} bzw. M_{out} die Parameter der Markovkette $l_{\dot{u}}$ und f_sp, sowie die Parameter des RBF-NN k und λ_s.
Für M_{inp}, M_{out}, $l_{\dot{u}}$ und f_sp lassen sich in der Regel Erfahrungswerte nehmen, auf welche im Folgenden eingegangen wird. Die Parameter des RBF-NN werden innerhalb einer Parameterstudie ermittelt, welche im Anschluss diskutiert wird.

Die Zahl der POD-Moden werden mittels des in Gleichung 3.12 definierten Abschneidekriteriums bestimmt. Der Grenzwert wird sowohl für die Eingangs- als auch für die Ausgangs-POD-Basis auf $v_{red} = 0,99$ gesetzt, welches erfahrungsgemäß ein geeigneter Grenzwert für viele Reduktionsanwendungen ist.

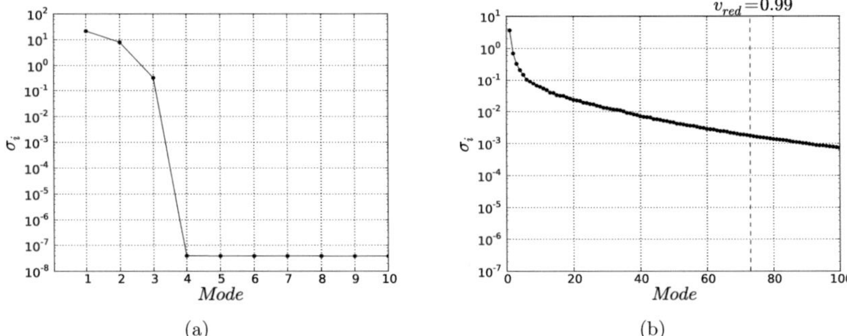

Abbildung 4.5.: Singulärwerte der POD-Basen: (a) Eingangs-POD; (b) Ausgangs-POD

Abbildung 4.5(a) zeigt die Singulärwerte σ_i der ersten zehn Eingangs-POD-Moden. Es ist ein deutlicher Abfall der Singulärwerte nach dem dritten Mode zu erkennen, weshalb die Eingangs-POD-Basis auf $M_{inp} = 3$ Moden reduziert wird. Hinsichtlich der zwei Bewegungsfreiheitsgrade, welche der strukturellen Anregung zugrunde liegen, wären zunächst lediglich zwei Moden zu erwarten gewesen. Der dritte Mode ist mit der nichtlinearen Deformation aufgrund des Rotationsfreiheitsgrades zu erklären. Es werden folglich zwei Moden benötigt, um die Rotation von $\theta = \pm 5°$ hinreichend genau abzubilden. Dies zeigt auch die Fähigkeit der POD, in begrenztem Maße nichtlineares Systemverhalten über zusätzliche Moden in den reduzierten Raum abzubilden.
Demgegenüber zeigen die Singulärwerte der Ausgangs-POD keinen derartigen abrupten Abfall, sondern ein eher asymptotisches Verhalten, wie aus der Darstellung der ersten 100 POD-Moden in Abbildung 4.5(b) hervorgeht. Dies ist ein typischer Verlauf der Singulärwerte bei nichtlinearen Systemen. Aufgrund des Reduktionskriteriums von $v_{red} = 0,99$ wird die Ausgangs-POD-Basis auf $M_{out} = 73$ Moden reduziert, womit die Partizipationssumme $v = 0,99012$ beträgt.

Die Größe des Zeitfensters der Markov-Kette wird nach den in Abschnitt 3.2.3 beschriebenen Erfahrungswerten gewählt. Die halbe Periodendauer der niedrigsten Eigenfrequenz $f_h = 32,68\ Hz$ des NLR7301 beträgt $\frac{T_h}{2} = 0,0153\ s$, womit sich mit der Zeitschrittweite von $\Delta t = 0,0002\ s$ ein Zeitfenster von $l_{\dot{u}} = 76$ ergibt, welches aufgrund der besseren Teilbarkeit bezüglich f_{sp} auf $l_{\dot{u}} = 75$ gesetzt wird.
In Referenz [38] wird unter anderem der Einfluss des Sparse-Faktors untersucht. Daraus geht hervor, dass ein großer Sparse-Faktor von $f_{sp} = 25$ die Vorhersagegenauigkeit der

Ersatzmodelle wenig beeinflusst, jedoch sowohl die Identifikationszeit als auch die benötigte Zeit für eine Vorhersage in der Anwendung erheblich verkürzt. Ein weiterer interessanter Aspekt größerer Sparse-Faktoren ist, dass die inverse Kovarianzmatrix als Formmatrix $\underline{\underline{S}} = \underline{\underline{\Sigma}}^{-1}$ verwendet werden kann, da die in Abschnitt 3.3.2 erwähnte destabilisierende Wirkung der inversen Kovarianzmatrix bei großen Sparse-Faktoren verschwindet.

Damit sind die Parameter der POD-Reduktion und der Markov-Kette definiert und es folgt die Parameterstudie bezüglich der Konfiguration des RBF-NN. Hierfür werden der Glättungsfaktor sowie die Funktionsformen variiert, um einen minimalen Wert für den Qualitätsindex Q aus Gleichung 3.63 zu erreichen. Durch die in Abschnitt 3.4 beschriebene Aufteilung der Trainingsdaten in Identifikations- und Evaluierungspunkte ergeben sich aufgrund der drei Analysen à 3000 Zeitschritte folglich 4500 Identifikationspunkte. Um die Anzahl an verwendeten Basisfunktionen zu begrenzen und damit das Modell sowohl in der Identifikation als auch in der Anwendung effizienter zu gestalten, wird das in Gleichung 3.36 beschriebene Abstandskriterium auf $\mathcal{D}_{limit} = 0,1$ gesetzt. Dies führt zu 1450 Neuronen. Voruntersuchungen haben gezeigt, dass eine erhöhte Neuronenzahl zu keinen besseren Ergebnissen führen.

Bei der Parameterstudie wird der Glättungsfaktor λ_s und die Funktionsform variiert um den Qualitätsindex Q zu minimieren, welcher in Abschnitt 3.4 definiert wird. Bei der Funktionsform wird sowohl die radiale Form als auch die ellipsoide Form betrachtet, wobei die ellipsoide Form zum einen mittels der inversen Kovarianzmatrix (IK) und zum anderen mittels des Durchschnittsabstands mit unterschiedlichen Exponenten k (vgl. Abschnitt 3.3.2) bestimmt wird.

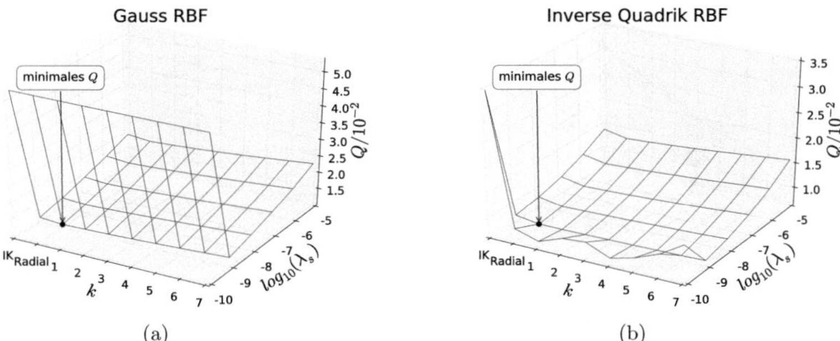

Abbildung 4.6.: Werte des Qualitätsindexes Q für unterschiedliche Glättungsfaktoren λ_s und Funktionsformen: (a) Gauss-RBF; (b) IQ-RBF

In den Diagrammen 4.6(a) und 4.6(b) der Parameterstudie sind die Qualitätsindizes Q für unterschiedliche Funktionsformen und Werte für λ_s dargestellt. Bei beiden Studien führen die radialen Funktionsformen mit $\lambda_s = 10^{-9}$ zu den minimalen Werten für Q, wobei die IQ-Funktionen durchweg bessere Qualitätsindizes aufweisen als die Gauss-Funktionen, weshalb diese Modelle im folgenden betrachtet werden.
Da die Modelle bei $\lambda_s = 10^{-9}$ relativ hohe Wichtungsquotienten Q_W aufweisen, werden die Modelle mit $\lambda_s = 10^{-8}$ untersucht. Des Weiteren sind die Differenzen der Qualitätsindizes

zwischen den unterschiedlichen Funktionsformen sehr gering, weshalb sowohl die Modelle mit radialen, als auch mit ellipsoiden Funktionsformen auf Basis der inversen Kovarianzmatrix untersucht werden. Die Modelle mit radialen Funktionsformen werden als *ROM (rad.)* und die Modelle mit Verwendung der inversen Kovarianzmatrix als *ROM (IK)* bezeichnet.
Zusätzlich werden im Folgenden die Ergebnisse des ROM_{25}, welche in Referenz [38] veröffentlicht sind, vergleichend herangezogen. Dieses Ersatzmodell ist mit den gleichen Trainingsdaten, den selben Markov-Parametern und auch mit radialen Funktionsformen erstellt worden. Es wurde jedoch nicht die in Abschnitt 3.3 beschriebene Normierung des Eingangsraums vorgenommen und zudem wurde eine radiale Basisfunktion in jedem Identifikationspunkt positioniert. Außerdem wurden Gauss-Funktionen verwendet.
Die erforderlich Rechenzeit zur Identifikation eines Ersatzmodells beträgt durchschnittlich 380 Sekunden, wobei die im Vorfeld identifizierten POD-Basen lediglich eingelesen werden.

4.4. Stationäre Analyse

Obwohl das Ersatzmodell ausschließlich mit transienten Daten erstellt wird, kann es innerhalb von stationären Analysen verwendet werden. Hierbei wird lediglich die stationäre Strukturdeformation dem Modell übergeben, welche den stationären Teil in Gleichung 3.19 bildet. Der transiente Teil in Gleichung 3.19 wird auf null gesetzt.

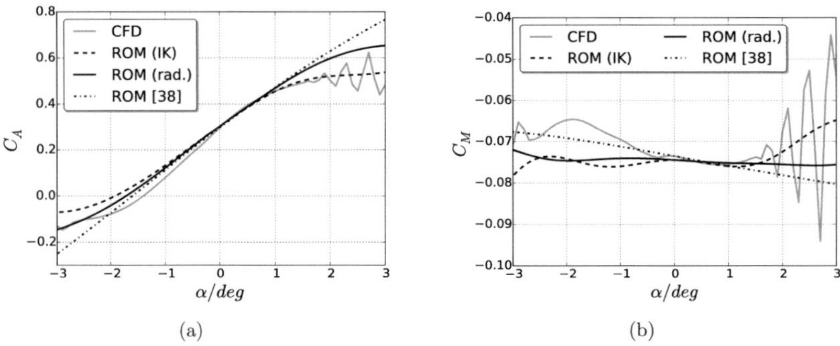

Abbildung 4.7.: Vergleich der stationären Kurven des NLR7301-Profils bei $Ma = 0,753$: (a) Auftriebskurve; (b) Momentenkurve

Im Folgenden werden die Kurven des Auftriebs- und Momentenbeiwerts des Ersatzmodells mit der CFD bei den in Abschnitt 4.2 definierten Strömungsparametern verglichen. Bei diesen Strömungsparametern treten bei Anstellwinkeln $\alpha < -2,2°$ und $\alpha > 1,7°$ instationäre aerodynamische Effekte in Form von Buffeting auf. Deshalb kann dort mit einer stationären CFD-Analyse keine konvergente Lösung erreicht werden. Solche Effekte werden auch von Wang et al. [71] für das NLR7301 für $Ma > 0,7$ beschrieben.

In Abbildung 4.7 werden die von den Ersatzmodellen vorhergesagten Auftriebs- und Momentenkurven mit denen der CFD verglichen. Beide Kurven stimmen im Bereich

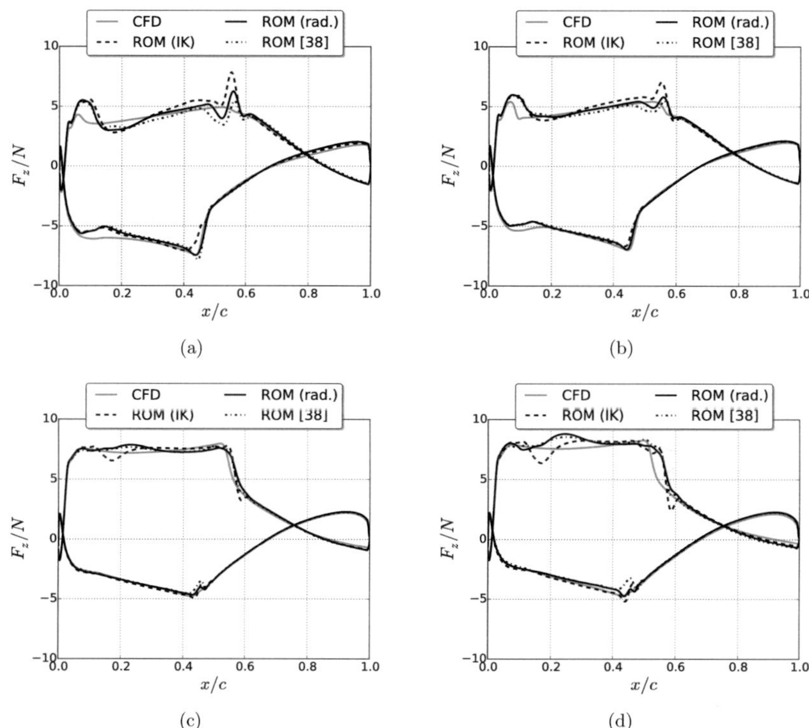

Abbildung 4.8.: Vergleich der diskreten Oberflächenkräfte F_z bei verschiedenen stationären Anstellwinkeln: (a) $\alpha = -1,5°$; (b) $\alpha = -1,0°$; (c) $\alpha = 1,0°$; (d) $\alpha = 1,5°$

$-0,5° < \alpha < 1,7°$ in hinreichendem Maße mit denen der CFD überein. Im Anstellwinkelbereich $-2,2° < \alpha < -0,5°$ sind größere Differenzen - vor allem in der Momentenkurve - erkennbar. Im Vergleich zu dem nahezu linearen Kurvenverlauf des Ersatzmodells aus Referenz [38] zeigen beide Ersatzmodelle stärker nichtlineare Kurven, welche zwar den Abfall des Auftriebs besser abbilden, jedoch größere Differenzen im Momentenbeiwert aufweisen.

Ein Vergleich der diskreten aerodynamischen Oberflächenkräfte in Abbildung 4.8 zeigt, dass die Abweichungen vor allem in der Nähe der Verdichtungsstöße und im Überschallgebiet auftreten. Dennoch bilden beide Ersatzmodelle generell das Auftreten bzw. Verschwinden der Verdichtungsstöße bei negativen bzw. positiven Anstellwinkeln in akzeptablen Maße ab, wie aus dem Vergleich der Kräfte bei negativen Anstellwinkeln in Abbildung 4.8(a) und 4.8(b) mit denen bei positiven Anstellwinkel in Abbildung 4.8(c) und 4.8(d) hervorgeht. Bei $\alpha = 1,5°$ zeigt sich eine deutliche Ungenauigkeit bezüglich der Stoßposition in den Kraftverteilungen aller Ersatzmodelle. Dies kann in Hinblick auf das bei $\alpha = 1,7°$ einsetzende Buffeting mit unzureichend abgedeckten nichtlinearen Effekten durch den stationären Teil der Markov-Kette erklärt werden. Die vorhergesagten Kräfte aus Lindhorst et al. [38] zeigen vergleichbare Abweichungen wie die Kräfte des Ersatzmodells mit radialen Funktionsformen.

Das Ersatzmodell aus Referenz [38] hat aufgrund der nicht vorgenommenen Skalierung sehr viel breitere Basisfunktionen, welche die nahezu linearen Kurvenverläufe erzeugen. Diese breiteren Funktionen führen jedoch zu geringeren Fehlern im Momentenbeiwert im negativen Anstellwinkelbereich. Daraus lässt sich schließen, dass die Abweichungen bei größeren negativen bzw. positiven Anstellwinkeln mit dem erhöhten Abstand dieser stationären Zustände zu den bekannten instationären Zuständen aus den Trainingsdaten zu erklären sind.
Trotz der Abweichungen kann anhand dieses Beispiels demonstriert werden, dass der entwickelte Ansatz der Ersatzmodellierung in der Lage ist, das stationäre und transiente aerodynamische Verhalten in einem hinreichendem Maße zu trennen. Des Weiteren ist zu beachten, dass im Trainingssignal stets beide Bewegungsfreiheitsgrade simultan angeregt werden, in der stationären Analyse jedoch lediglich der Anstellwinkel variiert wird. Folglich wird der Zusammenhang zwischen Anstellwinkel und aerodynamischen Kräften in akzeptabler Weise durch das Ersatzmodell aus den instationären Daten extrahiert.

4.5. Instationäre Analyse: Limit Cycle Oscillations

Ziel der instationären Analyse ist die Vorhersage des LCO-Verhaltens des frei schwingenden Profils mittels des Ersatzmodells. Die initiale Strukturdeformation, -geschwindigkeit und -beschleunigung werden hierbei auf null gesetzt. Folglich ist das Profil zu Beginn der Analyse in Ruhe, wobei der Anstellwinkel bezüglich der Anströmrichtung aufgrund der in Abschnitt 4.2 beschriebenen Winkeldifferenz $\alpha_{M=0} = 0,6°$ beträgt. Es werden 10000 Zeitschritte mit einer Zeitschrittweite von $\Delta t = 0,0002\ s$ berechnet, wobei durchschnittlich pro Zeitschritt drei FSI-Iterationen durchgeführt werden.

In den Abbildungen 4.9 und 4.10 wird die Hub- und Nickbewegung der ROM-CSM-Analysen mit der CFD-CSM-Analyse verglichen. Bei beiden Bewegungsfreiheitsgraden ist das typische LCO-Verhalten erkennbar, also zunächst ein instabiles Amplitudenwachstum, welches ab einer bestimmten Amplitude in eine indifferente Grenzzyklusschwingung mündet (vgl. Kap. 1). Das LCO-Verhalten wird von beiden Ersatzmodellen ebenfalls vorhergesagt, wobei die Bewegungsamplituden bei der Analyse mit dem Modell mit radialen Funktionsformen deutlich größere Abweichungen im instabilen Bereich zwischen $0,0\ s < t < 1,5\ s$ zeigen (vgl. Abb. 4.9(b) bzw. Abb. 4.10(b)). Demgegenüber stimmen die Bewegungsamplituden bei dem Modell mit ellipsoiden Funktionsformen gut mit der CFD-CSM-Analyse überein.

Betrachtet man die finalen Grenzzyklusschwingungen, welche in Abbildung 4.11 für beide Bewegungsfreiheitsgrade gezeigt sind, ist ebenfalls eine gute Übereinstimmung der Amplitude und Frequenz der ROM-CSM-Analyse mit ellipsoiden Formfunktionen und der CFD-CSM-Analyse festzustellen. In Tabelle 4.4 sind die LCO-Amplituden des Hubs A_h und der Rotation A_θ sowie die LCO-Frequenz der ROM-CSM-Analysen und der CFD-CSM-Analyse aufgeführt. Des Weiteren sind die Referenzwerte der LCO-Analysen von Weber et al. [72, 73] und Tang et al. [66] aufgeführt. Da von Weber in [72] keine Hubamplitude A_h gegeben wird, fehlt dieser Eintrag in der Tabelle.

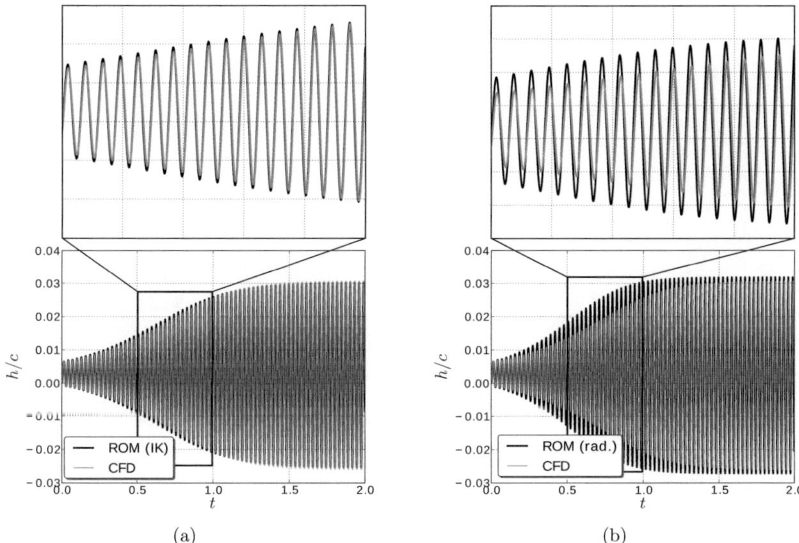

Abbildung 4.9.: Vergleich der Hubbewegung h der ROM-CSM- mit der CFD-CSM-Analyse: (a) Ersatzmodell mit ellipsoiden Funktionen; (b) Ersatzmodell mit radialen Funktionen

Zunächst ist festzustellen, dass bereits zwischen den Referenzwerten von Weber und Tang erhebliche Unterschiede bestehen, wobei die Ergebnisse der in dieser Arbeit durchgeführten CFD-CSM-Analyse mit den Ergebnissen von Tang hinreichend übereinstimmen. Diese Beobachtung deckt sich mit dem in Abbildung 4.3(a) vorgenommenen Vergleich der stationären Druckverteilungen, bei welchem bereits eine hinreichende Übereinstimmung mit den Ergebnissen von Tang festzustellen ist, wohingegen die Ergebnisse von Weber stärker abweichen.

Die Fehler der Amplituden und Frequenz des Modells mit ellipsoiden Funktionsformen liegen mit $e_{A_h} = 1,76\%$, $e_{A_\theta} = 0,69\%$ und $e_{f_{LCO}} = 0,03\%$ bezüglich der CFD-CSM-Analyse im akzeptablen Bereich. Vergleichbare Fehler treten auch bei der Analyse aus Referenz [38] auf. Demgegenüber sind die Amplituden-Fehler des Modells mit radialen Funktionsformen mit $e_{A_h} = 4,23\%$ und $e_{A_\theta} = 6,57\%$ größer als 2% und werden daher als nicht mehr akzeptabel bewertet. Dennoch wird das LCO-Verhalten auch durch dieses Modell vorhergesagt, weshalb auch dieses Modell die dominierenden nichtlinearen Effekte abbildet.
In Hinblick auf die leichten Differenzen zwischen den vorhergesagten LCO-Frequenzen und der mittels CFD-CSM-Analyse berechneten LCO-Frequenz sind auch die in Abbildung 4.11 erkennbaren Phasenverschiebungen zu erklären. Aufgrund der etwas zu hoch vorhergesagten LCO-Frequenzen laufen die Hub- und Anstellwinkelschwingungen der ROM-CSM-Analysen denen der CFD-CSM-Analyse voraus.

In Abbildung 4.12 sind die Hystereseschleifen der globalen aerodynamischen Beiwerte im LCO-Zustand der ROM-CSM-Analysen und der CFD-CSM-Analyse sowie der Ergebnisse

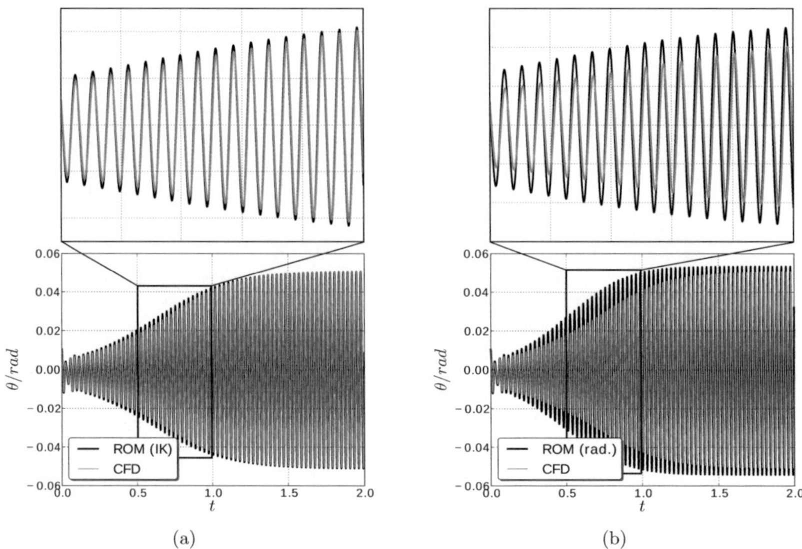

Abbildung 4.10.: Vergleich der Nickbewegung θ der ROM-CSM- mit der CFD-CSM-Analyse: (a) Ersatzmodell mit ellipsoiden Funktionen; (b) Ersatzmodell mit radialen Funktionen

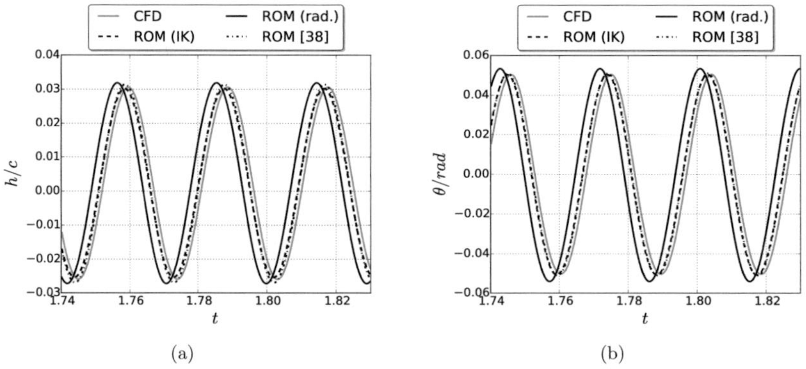

Abbildung 4.11.: Vergleich der Limit Cycle Oscillations der ROM-CSM- mit der CFD-CSM-Analyse: (a) Hubbewegung; (b) Nickbewegung

von Weber [73] dargestellt. Die Schleifen der CFD-CSM-Analyse ähneln zwar qualitativ den Ergebnissen von Weber et al. jedoch nicht quantitativ. Dies ist auf die Abweichungen

	A_h/c	A_θ	f_{LCO}
Weber et al.[72]	-	$3,20°$	$33,20\ Hz$
Weber et al.[73]	0,0370	$3,78°$	$32,30\ Hz$
Tang et al.[66]	0,0296	$3,17°$	$34,67\ Hz$
CFD	0,0284	$2,89°$	$34.36\ Hz$
ROM (IK)	0,0279	$2,91°$	$34,37\ Hz$
ROM (rad.)	0,0296	$3,08°$	$34,41\ Hz$
ROM_{25} [38]	0,0292	$2.92°$	$34,37\ Hz$

Tabelle 4.4.: Vergleich der LCO Amplituden und Frequenzen der ROM-CSM- und CFD-CSM-Analyse mit den Werten von Weber et al. [72, 73] und Tang et al.[66]

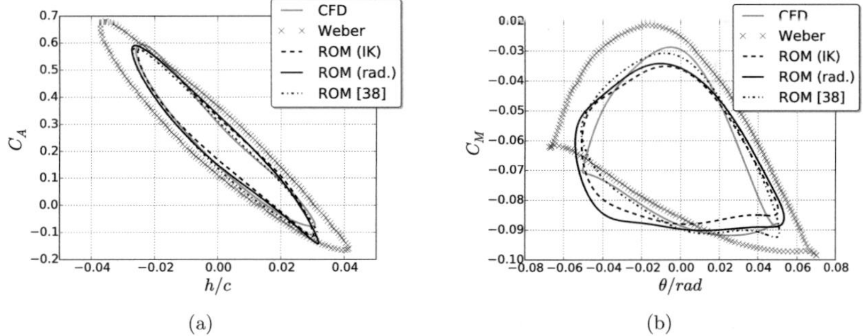

(a) (b)

Abbildung 4.12.: Vergleich der LCO-Hystereseschleifen des Auftriebs- und des Momentenbeiwerts der Ersatzmodelle mit der CFD und den Ergebnissen von Weber [73]

in den LCO-Amplituden und -Frequenzen zurückzuführen, welche bereits aus Tabelle 4.4 hervorgehen.
Die Hystereseschleifen des Auftriebsbeiwerts der ROM-CSM-Analysen decken sich in akzeptablen Maße mit denen der CFD-CSM-Analyse. Demgegenüber zeigen sich beim Momentenbeiwert stärkere Abweichungen, wobei vor allem im Bereich $\theta < 0$ deutlichere Differenzen auftreten. Dies deckt sich mit der stationären Analyse, bei welcher stärkere Abweichungen des Momentenbeiwerts bei negativen Anstellwinkeln auftreten (vgl. 4.7(b)). Das Ersatzmodell aus Referenz [38] zeigt in diesem Bereich sehr viel kleinere Abweichungen. Aus den Hystereseschleifen ist auch das stark nichtlineare aerodynamische Verhalten des NLR7301-Profils ersichtlich, da bei linearen Systemen derartige Hystereseschleifen elliptische Formen annehmen. Besonders die Schleife des Momentenbeiwerts zeigt in den Scheitelpunkten des Torsionswinkels θ ein deutlich nichtlineares Verhalten.

Diese Untersuchung zeigt, dass die Ersatzmodelle trotz der beobachteten Abweichungen die dominierenden nichtlinearen Phänomene soweit abdecken, dass das LCO-Verhalten in einem akzeptablen Maße vorhergesagt werden kann. Des Weiteren zeigt dieser Fall, dass der Qualitätsindex Q nicht zwangsläufig das beste Ersatzmodell der Parameterstudie identifiziert, da der Qualitätsindex lediglich mit Daten des Trainingsdatensatzes bestimmt wird. Im Anwendungsfall hat das Modell mit ellipsoiden Funktionsformen bessere Ergebnisse geliefert als jenes Ersatzmodell mit radialen Funktionsformen, welches als besser bewertetet wird.

Analyse	Kerne	CPU Zeit (h:min:sec)
CFD-CSM	4 × AMD Opteron 6128, 2.0 GHz	1342:48:30
ROM-CSM (IK)	1 × Intel i7, 2.6 GHz	0000:41:11
ROM-CSM (rad.)	1 × Intel i7, 2.6 GHz	0000:42:07

Tabelle 4.5.: Erforderliche Rechenzeiten der transienten LCO-Analyse

In Tabelle 4.5 sind die erforderlichen Rechenzeiten der durchgeführten LCO-Analysen aufgeführt. Da bei der CFD-CSM-Analyse der TAU Code parallelisiert ausgeführt wird, stellt die angegebene CPU-Zeit die Summe der Rechenzeiten aller vier Kerne dar. Für die 10000 Zeitschritte mit jeweils durchschnittlich drei FSI-Iterationen benötigt die ROM-CSM-Kopplung in etwa 40 Minuten, wobei die benötigte Zeit für eine Vorhersage der aerodynamischen Kräfte bei $t_{ROM} \approx 0,1s$ liegt.
In Hinblick auf die erforderliche Rechenzeit der Trainingsdaten in Tabelle 4.3 zeigt sich, dass die implizit gekoppelte CFD-CSM-Analyse mehr Rechenzeit beansprucht, als die Summe aus den Rechenzeiten der Trainingsanalysen und der Modellerstellung.

4.6. Variation der Strömungsparameter

Der Ersatzmodellansatz beinhaltet die Annahme, dass durch die Normierung der aerodynamischen Kräfte und der Gittergeschwindigkeiten mit U_∞ bzw. ρ_∞, eine Variation der Strömungsparameter bei einer fixen Mach- und Reynoldszahl möglich ist. Diese Annahme wird in diesem Abschnitt anhand einer Untersuchung von Thomas et al. [67] geprüft, welche den LCO-Fall des NLR7301-Profils bei verschiedenen Strömungsbedingungen analysieren.

Bei dieser Betrachtung wird die Temperatur der freien Anströmung T_∞ bei $Ma = 0,753$ und $Re = 1,727 \cdot 10^6$ variiert und über das Sutherland-Modell (vgl. Abschnitt A.4) die übrigen Strömungsparameter berechnet. Mit diesen veränderten Strömungsparametern wird die LCO-Analyse aus Abschnitt 4.5 wiederholt und anschließend die sich einstellenden Amplituden des Hubs A_h, des Anstellwinkels A_θ und die reduzierte LCO-Frequenz $\overline{\omega}$ betrachtet. Die Definition der dimensionslosen, reduzierten LCO-Frequenz $\overline{\omega}$ wird in Gleichung 4.3 gegeben. Die Ergebnisse der LCO-Analysen sind Thomas et al. folgend über dem dimensionslosen Geschwindigkeitsindex V^* aufgetragen, wobei seine Definition von V^* in Gleichung 4.4 aufgeführt ist.

$$\overline{\omega} = \frac{2\pi c f_{LCO}}{U_\infty} \tag{4.3}$$

$$V^* = \frac{U_\infty}{\omega_\theta^* \frac{c}{2}\sqrt{\mu}} \tag{4.4}$$

Hier ist μ die dimensionslose Masse, welche von Thomas et al. mit $\mu = 172$ bei einer Fluiddichte von $\rho_\infty = 0,383\ \frac{kg}{m^3}$ und einer entkoppelten Rotationseigenfrequenz des Strukturmodells von $\omega_\theta^* = 278,7\ \frac{1}{s}$ (vgl. Abschnitt 4.1) angegeben wird.

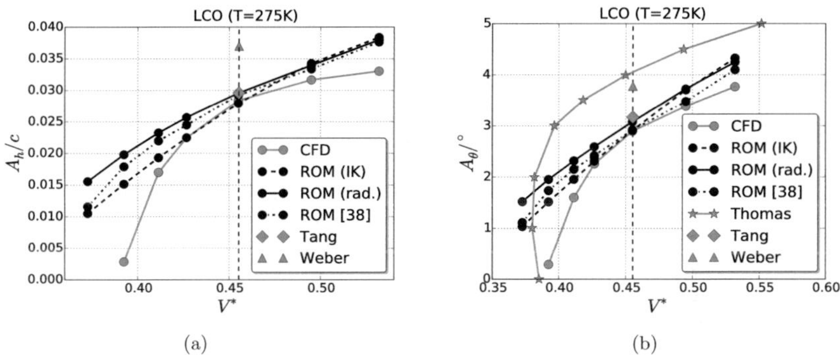

Abbildung 4.13.: Vergleich der LCO-Amplituden bei verschiedenen Geschwindigkeitsindizes V^* der gekoppelten Analysen mit Weber [73], Tang [66] und Thomas [67]: (a) Hubamplitude A_h; (b) Nickwinkelamplitude A_θ

In Abbildung 4.13 sind die LCO-Amplituden des Hubs und des Nickwinkels über V^* dargestellt. Die Strömungsbedingungen der LCO-Analyse aus Abschnitt 4.5 sind durch die gestrichelte schwarze Linie markiert. Zusätzlich sind bei diesen Strömungsbedingungen die Ergebnisse von Tang et al. [66] und Weber et al. [73] aus Tabelle 4.4 aufgeführt.
Die LCO-Amplituden der CFD-CSM-Analysen zeigen einen deutlich nichtlinearen Verlauf, welcher sich jedoch quantitativ signifikant von dem Verlauf von Thomas [67] unterscheidet. Hierbei ist jedoch anzumerken, dass die von Thomas berechnete LCO-Amplitude des Nickwinkels deutlich über denen von Tang und Weber liegen. Für die Hubamplitude A_h gibt Thomas keine Ergebnisse an.
Demgegenüber zeigen die Verläufe beider ROM-CSM-Analysen einen nahezu linearen Anstieg der LCO-Amplituden über V^*, wobei die Verläufe nahezu tangential im Identifikationspunkt am CFD-CSM-Verlauf anliegen. Das Modell mit ellipsoiden Funktionsformen weist auch in dieser Untersuchung geringere Abweichungen zu der CFD-CSM-Analyse auf.
Aus diesen Beobachtungen lässt sich schließen, dass die vorgenommene Normierung prinzipiell eine Variation der Strömungsgrößen zulässt, wobei das Variationsspektrum auf einen engen Bereich um die Strömungsparameter der Trainingsdaten begrenzt ist.

Betrachtet man die reduzierten LCO-Frequenzen, welche in Abbildung 4.14 dargestellt sind, zeigt sich eine gute Übereinstimmung beider ROM-CSM-Analysen mit den Ergebnissen der CFD-CSM-Analyse sowie den Ergebnissen von Thomas. Der Einfluss der Strömungsbedingungen auf die LCO-Frequenz wird folglich hinreichend abgedeckt.

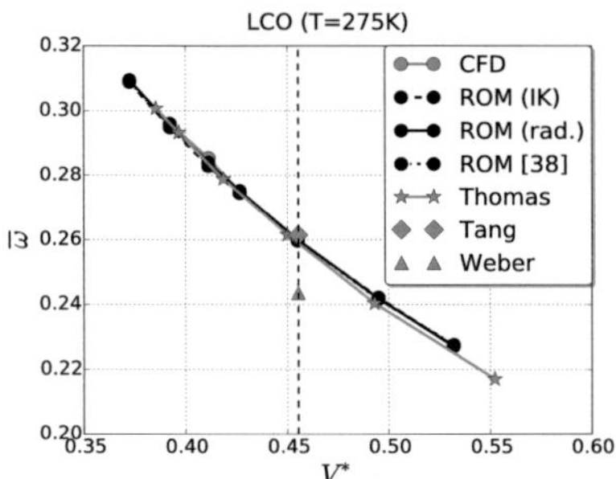

Abbildung 4.14.: Vergleich der reduzierten LCO-Frequenzen $\overline{\omega}$ bei verschiedenen Geschwindigkeitsindizes V^* der gekoppelten Analysen mit Weber [73], Tang [66] und Thomas [67]

4.7. Zusammenfassung

Die in diesem Kapitel durchgeführten Untersuchungen zeigen, dass mit dem entwickelten Ersatzmodellansatz die diskreten aerodynamischen Oberflächenkräfte auf einem zweidimensionalen Flügelprofil aus den Gitterdeformationen vorhergesagt werden können. Hierbei sind sowohl stationäre als auch instationäre Analysen möglich. Die bei diesem Testfall sehr starken nichtlinearen Effekte, wie Stoßentstehung und -wanderung, werden abgedeckt, obgleich in diesen Bereichen deutliche Abweichungen in den vorhergesagten Kräften zu erkennen sind. Dennoch reicht die Abbildung der nichtlinearen Effekte aus, um LCO-Verhalten hinreichend genau vorherzusagen. Außerdem sind auch größere Differenzen zwischen den Ergebnissen der LCO-Analysen aus den verschiedenen Literaturquellen festzustellen. Dies ist ein weiteres Indiz für das herausfordernde nichtlineare aerodynamische Verhalten des NLR7301-Profils. Die Bewertung der Modellgüte mittels des Qualitätsindexes Q bei der Parameterstudie zeigt in diesem Fall Defizite, da ein als schlechter klassifiziertes Ersatzmodell im LCO-Fall zu besseren Vorhersagen kommt. Daraus ist der Schluss zu ziehen, dass bei besonders starken Nichtlinearitäten, wie sie beim NLR7301 vorliegen, auch Modelle mit schlechterem Qualitätsindex berücksichtigt werden sollten. Zudem ist es empfehlenswert, bei unzureichender Vorhersagegüte zusätzlich den Wichtungsquotient Q_W zu betrachten.

5. Anwendung auf einen einfachen 3D-Fall: AGARD445.6

Der AGARD445.6-Flügel ist ein sehr bekannter dreidimensionaler Testfall für aeroelastische Untersuchungen. Es handelt sich um einen Einfachtrapezflügel mit einem dünnen symmetrischen Profil und einer Pfeilung von $\varphi = 45°$, welcher von Yates [81] experimentell untersucht wurde. Yates hat in seinen Experimenten mehrere Windkanalmodelle mit unterschiedlicher Steifigkeit untersucht. In diesem Abschnitt wird auf die Ergebnisse des dritten Modells der Flügelserie mit reduzierter Steifigkeit (englisch: *weakened structure*) Bezug genommen.

Der AGARD445.6-Flügel zeigt in den Untersuchungen von Yates einen Transonic Dip, welcher auch von sehr vielen Publikationen nachgerechnet wird, zum Beispiel von Won [79], Unger [68], Prananta [53] oder Chwalowski [14]. Aufgrund des vielfach untersuchten Transonic Dip ist der AGARD445.6-Flügel für die Untersuchung mit Ersatzmodellen interessant, da anhand dieses Falls die Bestimmung der Flattergrenze eines dreidimensionalen Flügels im transsonischen Bereich mit einem Ersatzmodell gezeigt werden kann.
Im Vergleich zu der stark nichtlinearen Aerodynamik des NLR7301-Profils zeigt das aerodynamische Verhalten des AGARD445.6-Flügels eher schwache Nichtlinearitäten. Das Phänomen des Transonic Dip wird jedoch durch nichtlineare aerodynamische Effekte verursacht.

5.1. Strukturmodell

Die Struktur wird durch ein FEM-Modell repräsentiert, welches mit einem kommerziellen FEM-Löser (ANSYS ®) nutzbar ist. In Abbildung 5.1 ist das Strukturmodell mit der verwendeten FEM-Diskretisierung dargestellt. Das Modell besteht komplett aus *Solid45*-Elementen mit orthotropen Materialeigenschaften, wobei die Materialparameter in Tabelle 5.1 aufgeführt sind. Die Eigenfrequenzen des FEM-Modells werden in Tabelle 5.2 mit den Referenzwerten von Unger [68] und den experimentellen Werten von Yates [81] verglichen, wobei die Werte mit beiden Referenzen hinreichend genau übereinstimmen. Die zu den Eigenfrequenzen korrespondierenden Eigenformen sind in Abbildung 5.2 dargestellt.

Parameter	Wert	Parameter	Wert	Parameter	Wert
m_{AGARD}	$1,9026\ kg$	ρ_{AGARD}	$421,0\ \frac{kg}{m^3}$	E_x, E_z	$3,5455 \cdot 10^9\ \frac{N}{m^2}$
V_{ref}	$0,1303\ m^3$	s_{AGARD}	$0,762\ m$	E_y	$4,1622 \cdot 10^8\ \frac{N}{m^2}$
c_{Wurzel}	$0,5586\ m$	c_{Tip}	$0,368\ m$	G	$4,1193 \cdot 10^8\ \frac{N}{m^2}$

Tabelle 5.1.: Parameter des Strukturmodells nach Yates [81] und Unger [68]

In Gleichung 5.1 ist das dimensionslose Massenverhältnis definiert, welches bei den folgenden Flatteruntersuchungen als Bezugsgröße verwendet wird. Das Referenzvolumen V_{ref} ist in

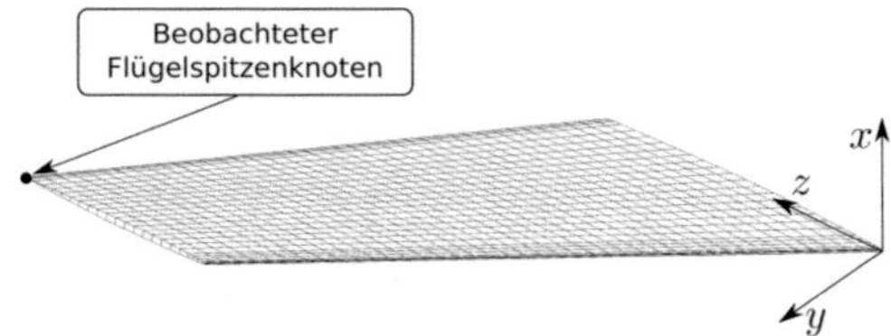

Abbildung 5.1.: Verwendetes Strukturgitter

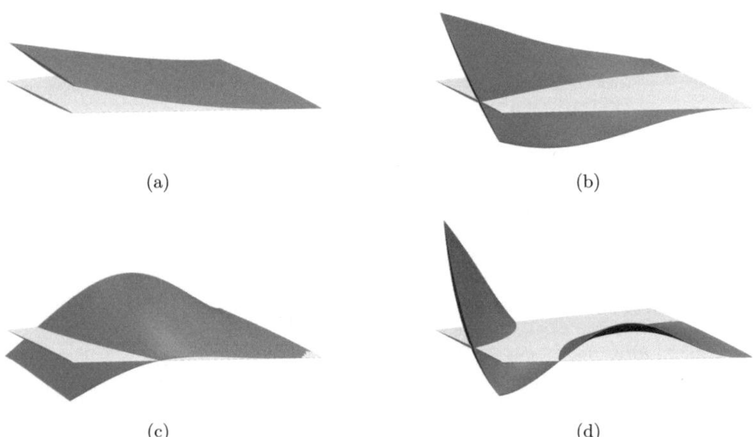

Abbildung 5.2.: Die ersten vier Eigenformen des AGARD445.6-Flügels: (a) erster Biegemode; (b) erster Torsionsmode; (c) zweiter Biegemode; (d) zweiter Torsionsmode

Tabelle 5.1 gegeben, welches nach der Definition von Yates dem Volumen eines Kegelstumpfes entspricht dessen unterer Durchmesser der Wurzelprofiltiefe c_{Wurzel}, dessen oberer Durchmesser der Profiltiefe an der Flügelspitze c_{Tip} und dessen Höhe der Spannweite s_{AGARD} entspricht. Des Weiteren wird die Dichte der Strömung als Normierungsgröße verwendet, weshalb sich das Massenverhältnis in Abhängigkeit der Strömungsgrößen ändert.

$$\mu = \frac{m}{\rho_\infty V_{ref}} \tag{5.1}$$

Mode	f_s/Hz	$f_{s,Unger}/Hz$	$f_{s,Yates}/Hz$
1	$9,813$	$9,813$	$9,60$
2	$38,795$	$38,800$	$38,10$
3	$50,514$	-	$50,70$
4	$94,119$	-	$98,50$

Tabelle 5.2.: Vergleich der Eigenfrequenzen des verwendeten Strukturmodells mit den Referenzwerten $f_{s,Unger}$ von Unger [68] und den gemessenen Werten von Yates [81] (Modell 3, reduzierte Steifigkeit)

5.2. Fluidmodell

Im Gegensatz zu den Untersuchungen am NLR7301-Profil in Kapitel 4 und am HIRENASD in Kapitel 6 wird die Strömung beim AGARD445.6 in Übereinstimmung mit den Literaturquellen nicht durch Lösen der Navier-Stokes-Gleichung sondern der Euler-Gleichung berechnet. Bei der Euler-Gleichung wird die Viskosität der Strömung vernachlässigt. Dementsprechend entfallen die viskosen Flüsse $\underline{F}_v$ in der Navier-Stokes-Gleichung 2.11 und man erhält die Euler-Gleichung. Folglich erfasst diese Theorie keine aerodynamischen Effekte aufgrund der Reibung, wie beispielsweise Turbulenz oder Strömungsablösung. Die Euler-Gleichung ist mit geringerem numerischen Aufwand lösbar und zudem ist keine feine Diskretisierung im Bereich der Grenzschicht erforderlich, wodurch die Rechengitter weniger Knoten und Zellen benötigen.

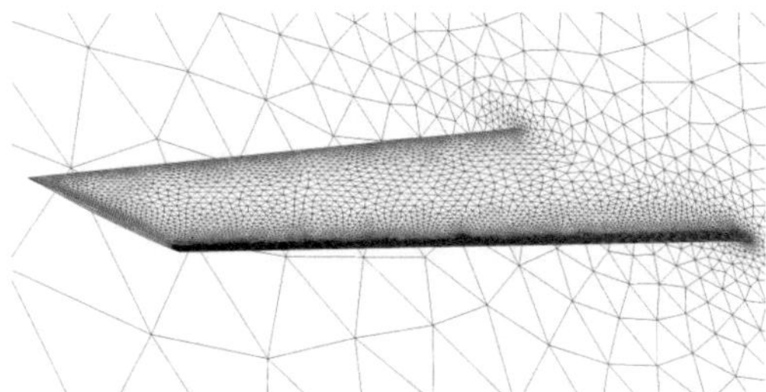

Abbildung 5.3.: Verwendetes unstrukturiertes Fluidgitter des AGARD445.6-Flügels

Die Kopplungsoberfläche des verwendeten Rechengitters ist in Abbildung 5.3 dargestellt. Die Oberfläche des Fluidgitters besteht aus 15380 Oberflächenknoten, womit die diskreten Oberflächenkräfte 46140 Kraftkomponenten besitzen. Die aerodynamische Kontur des AGARD445.6-Flügels wird über das symmetrische NACA 65A004-Profil beschrieben. Dadurch erzeugt der Flügel bei einem Anstellwinkel von $\alpha = 0°$ keinen Auftrieb. Alle folgenden Untersuchungen werden bei diesem Anstellwinkel durchgeführt. Aus diesem Grund ist eine Untersuchung der stationären Aeroelastik nicht sinnvoll, da bei $\alpha = 0°$ das stationäre Gleichgewicht dem undeformierten Flügel entspricht.

Die Bezugsfläche des AGARD445.6-Flügels zur Berechnung der aerodynamischen Beiwerte beträgt $A_{Ref} = 0,353m^2$. Der Bezugspunkt des Momentenbeiwerts C_M liegt im Ursprung des globalen aerodynamischen Koordinatensystems $p_{ref} = (0,0\ 0,0\ 0,0)$, welches in der Profilnase der Flügelwurzel positioniert ist.

5.3. Bestimmung der Flattergrenze bei Ma=0,901

Zunächst wird der Einsatz des ROM-Ansatzes zur Vorhersage des Flatterverhaltens des AGARD445.6-Flügels bei einer festgelegten Machzahl von $Ma = 0,901$ untersucht. Bei dieser Machzahl existieren sowohl experimentelle Werte von Yates [81] als auch numerische Ergebnisse von Unger [68].

5.3.1. Modellidentifikation

Die Trainingsdaten zur Identifikation des Ersatzmodells werden in Analogie zu der Vorgehensweise beim NLR7301-Profil berechnet. Die geführte Strukturbewegung des Trainingssignals ist eine Überlagerung der ersten drei Eigenformen, wie es in Gleichung 5.2 dargestellt ist. Die geführten generalisierten Koordinaten q_s der jeweiligen Eigenformen werden über Gleichung 5.3 bestimmt, welche in Analogie zu Gleichung 4.2 definiert ist.

$$\underline{u}^f(t) = \sum_{s=1}^{3} q_s(t)\underline{\Phi}_s \tag{5.2}$$

$$q_s(t) = q_{s,max} \underbrace{(1 - e^{-k_{Amp}t})}_{\text{exp. Amplitudenwachstum}} \sin(\omega_s t(1 \underbrace{-0,1\sin\left(\frac{\omega_s}{k_\omega}t\right)}_{\text{Frequenzmodulation}})) \tag{5.3}$$

Analyse	$q_{1,max}$	$q_{2,max}$	$q_{3,max}$
I	0,01	0,0025	0,002
II	0,02	0,005	0,004
III	0,04	0,01	0,008

Tabelle 5.3.: Maximalwerte der generalisierten Koordinaten der geführten Bewegung

Die Frequenz der Modulation wird mittels des Modulationsfaktors k_ω aus der Eigenfrequenz bestimmt, wobei bei dem AGARD445.6-Flügel der Faktor auf den empirischen Wert von $k_\omega = 25$ festgelegt wird. Der Modulationsfaktor ist in Abhängigkeit der jeweiligen Eigenfrequenzen so zu wählen, dass eine hinreichende Frequenzmodulation im Trainingssignal enthalten ist. Genauso wird mit dem Amplitudenfaktor k_{Amp} verfahren, welcher die Geschwindigkeit des exponentiellen Amplitudenwachstums steuert. Hier wird der Amplitudenfaktor auf einen empirischen Wert von $k_{Amp} = 5$ gesetzt.
Für die Identifikation werden drei geführte transiente CFD-Analysen mit jeweils 1000 Zeitschritten durchgeführt, wobei die Zeitschrittweite in Übereinstimmung mit Unger [68] auf $\Delta t = 0,001\ s$ gesetzt wird. Die Maximalwerte der generalisierten Koordinaten sind in Tabelle 5.3 gegeben. In Voruntersuchungen hat es sich als praktikabel erwiesen, die generalisierten Koordinaten der höheren Moden aus dem Quotienten der generalisierten Koordinate des ersten Modes und der jeweiligen Eigenfrequenz zu bestimmen, wie es in Gleichung 5.4 gezeigt wird.

$$q_{s,max} = \frac{q_{1,max}}{f_s} \quad \text{für} \quad s > 1 \tag{5.4}$$

Für die Strömungsbedingungen der Trainingsanalysen werden die Standardparameter des TAU Codes verwendet, welche in Tabelle 5.4 für $Ma = 0,901$ aufgeführt sind. Diese Standardparameter entsprechen der Normatmosphäre bei einer Höhe von $H = 0\ m$ und einer Lufttemperatur von $T_{Luft} = 273,15K$. Die erforderlichen Rechenzeiten der Trainingsanalysen sind in Tabelle 5.5 aufgeführt.

Parameter	Wert	Parameter	Wert
Ma	$0,901$	ρ_∞	$1,29251\ \frac{kg}{m^3}$
p_∞	$101325,0\ Pa$	U_∞	$298,49\ \frac{m}{s}$
T_∞	$273,15\ K$	α	$0°$

Tabelle 5.4.: Strömungsbedingungen der Trainingsanalyse

Analyse	Kerne	CPU Zeit (h:min:sec)
I	2 × AMD Opteron 6128, 2.0 GHz	24:43:36
II	2 × AMD Opteron 6128, 2.0 GHz	24:57:42
III	2 × AMD Opteron 6128, 2.0 GHz	29:13:28

Tabelle 5.5.: Erforderliche Rechenzeiten der Trainingsanalysen des AGARD445.6-Flügels bei $Ma = 0,901$

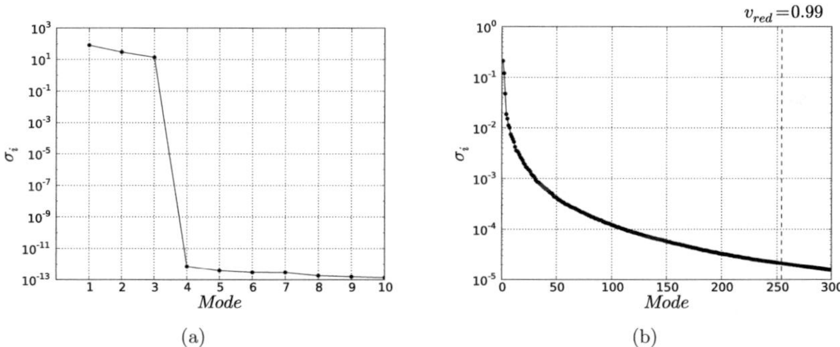

Abbildung 5.4.: Singulärwerte der POD-Basen: (a) Eingangs-POD; (b) Ausgangs-POD

Die Identifikation wird in Analogie zu Abschnitt 4.3.2 durchgeführt, weshalb der Prozess an dieser Stelle verkürzt beschrieben wird. Die Konstruktion der Eingangs- und Ausgangs-POD-Basis erfolgt mit einem Reduktionskriterium von $v_{red} = 0,99$. Dies führt bei der Eingangs-POD-Basis zu drei Basisvektoren, entsprechend der Anzahl der angeregten Eigenformen. Die Ausgangs-POD-Basis wird durch das Kriterium $v_{red} = 0,99$ auf 254 Basisvektoren reduziert. In Abbildung 5.4 sind die Singulärwerte beider Basen dargestellt.

Das Zeitfenster der Markov-Kette wird wie beim NLR7301-Profil anhand der halben Periodendauer $\frac{T_1}{2} = 0,051\ s$ der ersten Eigenfrequenz festgelegt. Aufgrund der Zeitschrittweite von $\Delta t = 0,001\ s$ wird das Zeitfenster auf $l_{\dot{u}} = 50$ Zeitschritte mit einem Sparse-Faktor von $f_{sp} = 5$ gesetzt.

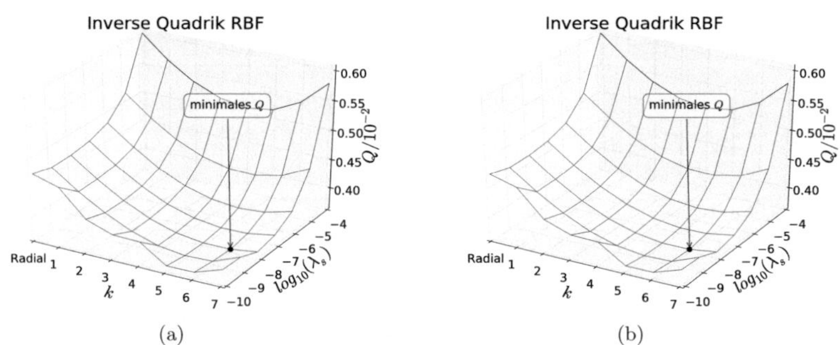

Abbildung 5.5.: Qualitätsindex Q der Parameterstudie des RBF-NN: (a) Gauss-RBF; (b) IQ-RBF

In Abbildung 5.5 sind die Qualitätsindizes Q der Parameterstudie des RBF-NN gezeigt. Die erforderliche Rechenzeit zur Erstellung eines Ersatzmodells beträgt durchschnittlich etwa 148 Sekunden. Aufgrund der Parameterstudie wird das RBF-NN mit IQ-Funktionen, $\lambda_s = 10^{-8}$ und $k = 6$ für die folgenden Analysen verwendet. Die Verwendung der inversen Kovarianzmatrix für ellipsoide Funktionsformen führt zu sehr schlechten Ergebnissen, weshalb diese nicht in der Parameterstudie aufgeführt sind.

5.3.2. Flatteruntersuchung

Ziel der Flatteranalyse ist die Bestimmung der Flattergrenze, welche den stabilen vom instabilen Flatterbereich trennt (vgl. Abb. 1.2(a)). Bei Yates [81] wird die Flattergrenze über den dimensionslosen Geschwindigkeitsindex V^* angegeben, welcher sich aufgrund der Bezugslänge von der Definition nach Thomas [67] in Gleichung 4.4 unterscheidet. Die Definition von Yates ist in Gleichung 5.5 gegeben.

$$V^* = \frac{U_\infty}{\pi f_2 c_{Wurzel} \sqrt{\mu}} \tag{5.5}$$

Hier ist f_2 die Eigenfrequenz der zweiten Eigenform, welche gleichzeitig die erste Torsionseigenform ist, μ ist die dimensionslose Masse (vgl. Gl. 5.1) und c_{Wurzel} ist die Wurzelprofiltiefe (vgl. Tab. 5.1). Für die Flatteruntersuchung wird die Fluiddichte $\rho_\infty = 0,099477\ \frac{kg}{m^3}$ des Experiments von Yates [81] übernommen. Es werden drei Analysen bei unterschiedlichen Staudrücken p_{dyn} durchgeführt, welche in Tabelle 5.6 gegeben sind.

Analyse	p_{dyn}	U_∞	p_∞	T_∞
I	$3265\ Pa$	$256,209\ \frac{m}{s}$	$5745,602\ Pa$	$201,247\ K$
II	$4476\ Pa$	$299,984\ \frac{m}{s}$	$7876,666\ Pa$	$275,891\ K$
III	$5000\ Pa$	$317,058\ \frac{m}{s}$	$8798,778\ Pa$	$308,189\ K$

Tabelle 5.6.: Strömungsparameter der Flatteruntersuchung bei $Ma = 0,901$ nach Unger[68]

Die Staudrücke der Analyse I und II werden in Übereinstimmung mit Unger [68] gewählt, wobei die Analyse II in dem von Unger berechneten Flatterpunkt liegt. Ferner wird in Übereinstimmung mit Unger eine Initialstörung in Form der Auslenkung des ersten Eigenmodes (vgl. Abb. 5.2) auf den Flügel aufgeprägt. Die Skalierung dieser Initialdeformation wird dabei so gewählt, dass die Verrückung des beobachteten Flügelspitzenknotens $u_{z,Tip}^{init} = 0,01\ m$ beträgt.

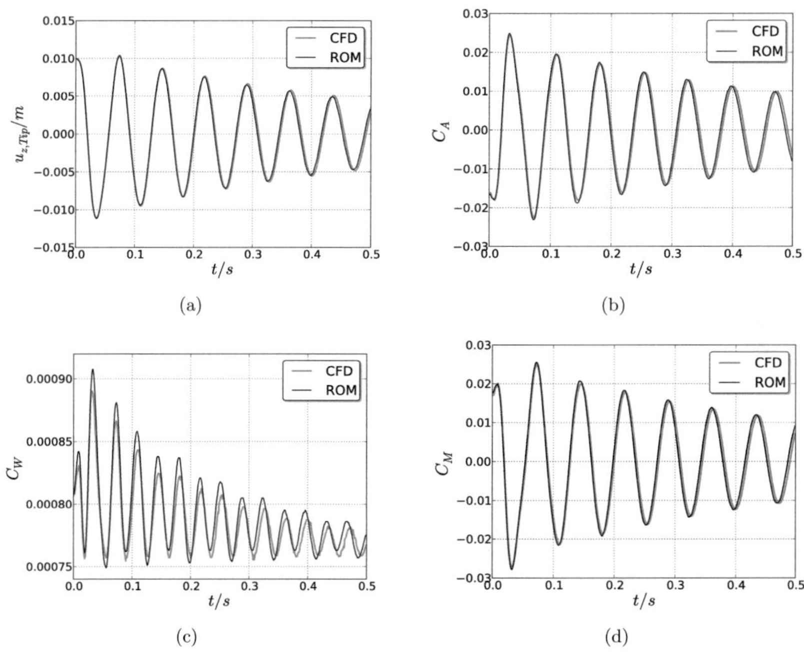

Abbildung 5.6.: Vergleich der Ergebnisse der ROM-CSM- mit der CFD-CSM-Kopplung im stabilen Fall (Analyse I)

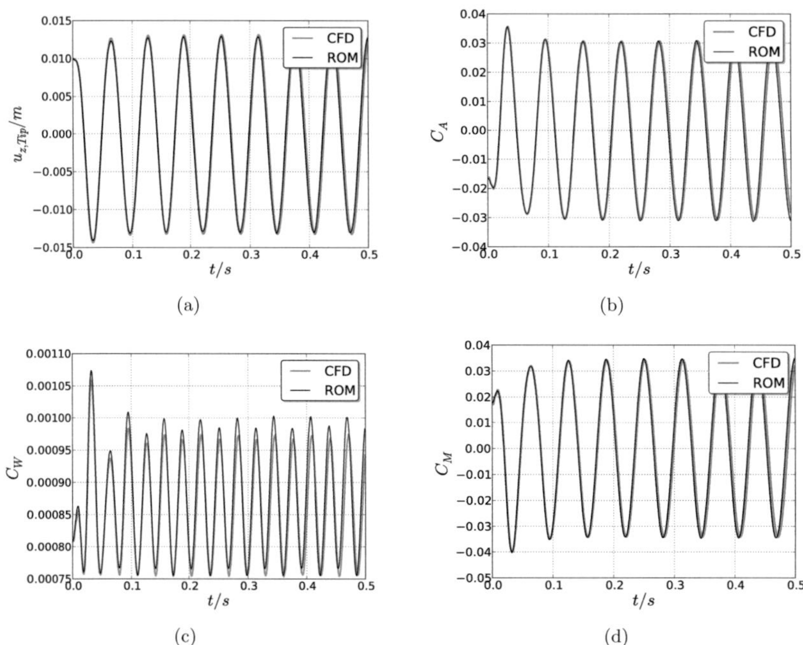

Abbildung 5.7.: Vergleich der Ergebnisse der ROM-CSM- mit der CFD-CSM-Kopplung im neutralen Fall (Analyse II)

In Abbildung 5.6 sind die globalen aerodynamischen Beiwerte C_A, C_W und C_M sowie die Verrückung des Flügelspitzenknotens $u_{z,Tip}$ (vgl. Abb. 5.1) der Analyse I der ROM-CSM- und der CFD-CSM-Kopplung dargestellt. Wie aus den Diagrammen hervorgeht, werden die aerodynamischen Beiwerte und folglich auch die Flügelspitzenverrückung hinreichend genau in Amplitude und Frequenz von der ROM-CSM-Kopplung vorhergesagt. Hierbei ist zu beachten, dass die initialen aerodynamischen Beiwerte beider Analysen bereits eine gute Übereinstimmung zeigen. Folglich wird die oben erwähnte stationäre Initialdeformation des Flügels hinreichend durch das Ersatzmodell abgedeckt. Bei den Widerstandsbeiwerten C_W sind etwas größere Abweichungen zu erkennen. Dies ist mit dem POD-Projektionsfehler aufgrund der unterschiedlichen Größenordnungen der aerodynamischen Kräfte in z- und x-Richtung zu erklären. Da die Kraftkomponenten $\underline{F}_z$ sehr viel größer sind als $\underline{F}_x$, die Bedingung zur Konstruktion der POD-Basis jedoch die Minimierung des absoluten Projektionsfehlers vorsieht (vgl. Gl. 3.4), sind die relativen Fehler der Kraftkomponenten $\underline{F}_x$ größer. Da sich der Widerstand aus der Summe der Komponenten $\underline{F}_x$ berechnet, sind dort die Abweichungen größer.

Die Parameter der freien Anströmung weichen bei dieser Analyse deutlich von den Parametern der Trainingsdaten ab (vgl. Tab. 5.4 und Tab. 5.6). Die Variation der Strömungsgrößen wird in diesem Fall folglich hinreichend durch die Normierung der aerodynamischen Kräfte und strukturellen Geschwindigkeiten abgedeckt.

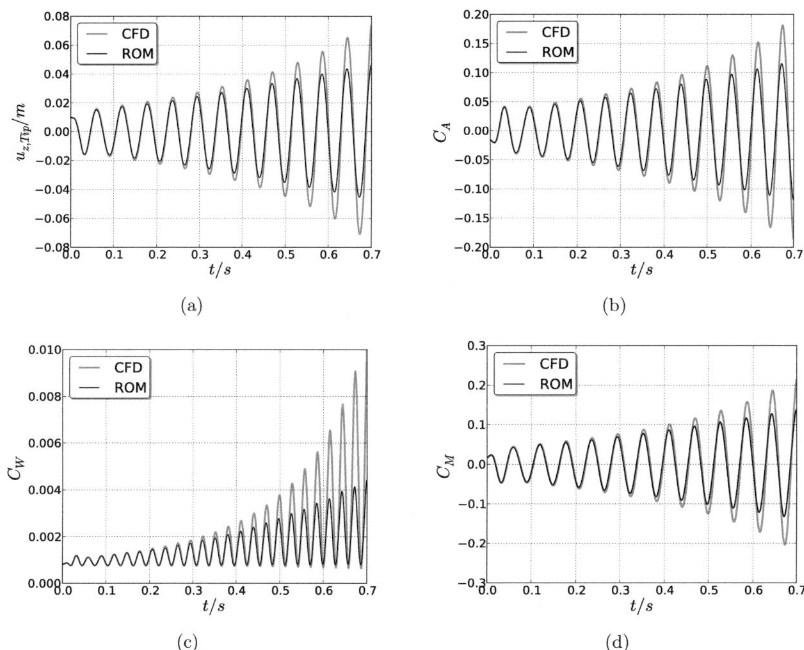

Abbildung 5.8.: Vergleich der Ergebnisse der ROM-CSM- mit der CFD-CSM-Kopplung im instabilen Fall (Analyse III)

Die Ergebnisse der Analyse II sind in Abbildung 5.7 gezeigt. Sowohl die ROM-CSM- als auch die CFD-CSM-Analyse weist ein indifferentes Flatterverhalten auf, welches in Übereinstimmung mit den Ergebnissen von Unger den Flatterpunkt charakterisiert. Sowohl die Flatteramplitude als auch -frequenz wird in zufriedenstellendem Maße durch die ROM-CSM-Analyse vorhergesagt.

Abschließend werden in Abbildung 5.8 die Ergebnisse der Analyse III betrachtet, bei welcher die Strömungsparameter oberhalb der Flattergrenze liegen. Sowohl die ROM-CSM- als auch die CFD-CSM-Analyse zeigt instabiles Flatterverhalten, jedoch treten nach anfänglich guter Übereinstimmung ab etwa $t = 0,3\ s$ größere Abweichungen in den Amplituden aller dargestellten Größen auf. Das Extrapolationskriterium wird während dieser Analyse nicht überschritten, weshalb die Differenzen nicht auf eine unzulässige Extrapolation zurückzuführen sind. Diese Abweichungen sind mit dem instabilen Flatterverhalten zu erklären, bei welchem sich auch die Abweichungen instabil verhalten: Eine kleine Abweichung zu Beginn verursacht durch Rückkopplungseffekte größere Abweichungen in allen folgenden Analyseschritten. Diese Fehlerfortpflanzung summiert sich schließlich zu sehr deutlichen Differenzen auf. Daraus lässt sich folgern, dass derartige Differenzen zwischen der ROM-CSM-

und CFD-CSM-Kopplung im instabilen Flatterbereich grundsätzlich zu erwarten sind und je nach Ersatzmodellgüte lediglich früher oder später auftreten. Diesbezüglich ist jedoch auch anzumerken, dass mit Ausnahme von LCO-Untersuchungen die exakte Vorhersage des instabilen Flatterverhaltens über einen längeren Zeitraum nicht von besonderem Intersse ist. Prinzipiell ist eine Aussage darüber, dass instabiles Flatterverhalten vorliegt, für den Entwurfs- bzw. Nachweisprozess maßgebend, da dieser Zustand unbedingt zu vermeiden ist.

In Tabelle 5.7 sind die Rechenzeiten der gekoppelten Analysen aufgeführt. Auch hier stellt die angegebene CPU-Zeit der CFD-CSM-Analyse die Summe der Rechenzeiten der verwendeten zwei Kerne dar. Die Rechenzeiten der CFD-CSM-Analysen schwanken je nach betrachtetem Fall aufgrund des erhöhten Lösungsaufwands bei großen Bewegungsamplituden, weshalb in Tabelle 5.7 die benötigten Rechenzeiten der drei Analysen gegeben wird. Da die Analysezeiten der ROM-CSM-Kopplung hingegen nur Schwankungen von wenigen Sekunden aufweisen, wird lediglich eine repräsentative Analysezeit aufgeführt. Die Zeiten werden bei allen Analysen für jeweils 500 Zeitschritte mit $\Delta t = 0,001\ s$ angegeben, auch für die instabile Analyse III. Diese wird in Abbildung 5.8 nur aus Gründen der deutlicheren Darstellung der Differenzen mit 700 Schritten gezeigt.
Ein Vergleich der Rechenzeiten der Trainingsanalysen aus Tabelle 5.5 mit denen der Flatteranalyse zeigt, dass eine einzige Flatterrechnung in etwa die doppelte Rechenzeit einer Trainingsanalyse benötigt. Folglich ist in diesem Fall ab zwei erforderlichen Flatterrechnungen eine Zeitersparnis durch die Erstellung eines Ersatzmodells möglich.

Analyse	Kerne	CPU Zeit (h:min:sec)
CFD-CSM (stabil)	2 × AMD Opteron 6234, 2.4 GHz	45:47:42
CFD-CSM (neutral)	2 × AMD Opteron 6234, 2.4 GHz	49:47:06
CFD-CSM (instabil)	2 × AMD Opteron 6234, 2.4 GHz	50:12:12
ROM-CSM	1 × Intel i7, 2.6 GHz	00:11:19

Tabelle 5.7.: Erforderliche Rechenzeiten der jeweiligen gekoppelten Flatteranalyse

5.4. Einbinden zusätzlicher Parameter: Machzahl

Die Ergebnisse aus Abschnitt 5.3 zeigen, dass das Ersatzmodell die Variation der Strömungsparameter in hinreichender Form abdeckt. Hierbei ist das Ersatzmodell jedoch lediglich auf die Machzahl der Trainingsdaten von $Ma = 0,901$ begrenzt. Durch Definition der Machzahl als Metaparameter (vgl. Abschnitt 3.5) ist es möglich, ein Ersatzmodell für einen Bereich von Machzahlen zu erstellen.

Für die Erstellung eines machzahlabhängigen Ersatzmodells werden Trainingsdaten bei unterschiedlichen Machzahlen benötigt. Bei den Experimenten von Yates [81] werden die Flatterpunkte bei sechs verschiedenen Machzahlen in einem Bereich von $0,499 < Ma < 1,141$ bestimmt. Bei diesen Machzahlen wird auch von Unger [68] die Flattergrenze numerisch bestimmt. Beide Referenzen weisen einen Transonic Dip bei $Ma = 0,954$ auf, also sehr dicht an der Schallgeschwindigkeit bei $Ma = 1$. Bezüglich der Schallgeschwindigkeit ist zu beachten, dass sich dort grundlegende aerodynamische Mechanismen ändern. Beispielsweise beeinflusst bei einer Unterschallströmung eine Störung das gesamte

Strömungsfeld, wohingegen im supersonischen Bereich eine Störung lediglich Einfluss auf den Bereich innerhalb des Machschen Kegels nehmen kann. Eine mathematische Entsprechung dieses Effekts findet sich in der Navier-Stokes-Gleichung dadurch, dass sie sich nach Blazek [7] bei subsonischer Strömung als ein elliptisches und bei supersonischer Strömung als ein hyperbolisches Differentialgleichungssystem charakterisiern lässt.
Dennoch wird in der folgenden Untersuchung ein Ersatzmodell über die Schallgrenze hinweg identifiziert, um den gesamten betrachteten Bereich des Transonic Dip abzudecken und um die grundsätzliche Machbarkeit zu demonstrieren.

5.4.1. Modellidentifikation

Es werden, analog zu den in Abschnitt 5.3.1 beschriebenen Trainingssignalen, geführte Analysen bei verschiedenen Machzahlen durchgeführt, welche der Tabelle 5.8 entnommen werden können. Zudem sind in Tabelle 5.8 die Strömungsgeschwindigkeiten und die zugehörigen Geschwindigkeitsindizes V^* der Trainingsanalysen aufgeführt. Für die Strömungsparameter werden wiederrum die Standardeinstellungen von TAU verwendet, weshalb die Werte der Dichte, des Drucks und der Temperatur denen aus Tabelle 5.4 gleichen.

Ma	U_∞	V^*
$0,7$	$256,209\ \frac{m}{s}$	$1,013296$
$0,8$	$299,984\ \frac{m}{s}$	$1,158052$
$0,901$	$298,490\ \frac{m}{s}$	$1,304255$
$0,95$	$314,724\ \frac{m}{s}$	$1,375190$
$1,141$	$377,999\ \frac{m}{s}$	$1,651673$

Tabelle 5.8.: Strömungsparameter der Trainingsdaten bei verschiedenen Machzahlen im transsonischen Bereich

Die Identifikation des Ersatzmodells wird ebenfalls in Analogie zu Abschnitt 5.3.1 durchgeführt, weshalb dies an dieser Stelle nicht näher thematisiert wird. Die Details der Identifikation werden in Abschnitt B.1 des Anhangs beschrieben.

5.4.2. Bestimmung der Flattergrenze im transsonischen und unteren supersonischen Bereich

Die Bestimmung der Flattergrenze erfolgt durch Variation der Strömungsparameter bei einer fixen Machzahl, wie es bereits in Abschnitt 5.3.2 bei $Ma = 0,901$ gezeigt wird. Es werden die Dichte ρ_∞ und der dynamische Druck p_{dyn} vorgegeben und die übrigen Strömungsgrößen über die in Abschnitt A.3 beschriebenen Gesetzmäßigkeiten bestimmt. Die Bestimmung des Flatterpunkts erfolgt mit einer iterativen Prozedur auf Basis des logarithmischen Dekrements, welche in Abschnitt A.5 im Anhang erläutert wird.

Die Flattergrenze wird mit Hilfe des Ersatzmodells im Machzahlbereich $0,678 < Ma < 1,141$ ermittelt. In Abbildung 5.9(a) sind die Geschwindigkeitsindizes V^* der Flattergrenze der ROM-CSM- und der CFD-CSM-Analyse sowie der Literaturreferenzen über der Machzahl dargestellt. Die Machzahlen der Trainingsdaten aus Tabelle 5.8 sind durch die vertikalen gestrichelten Linien angedeutet. Wie darüber hinaus aus Tabelle 5.8

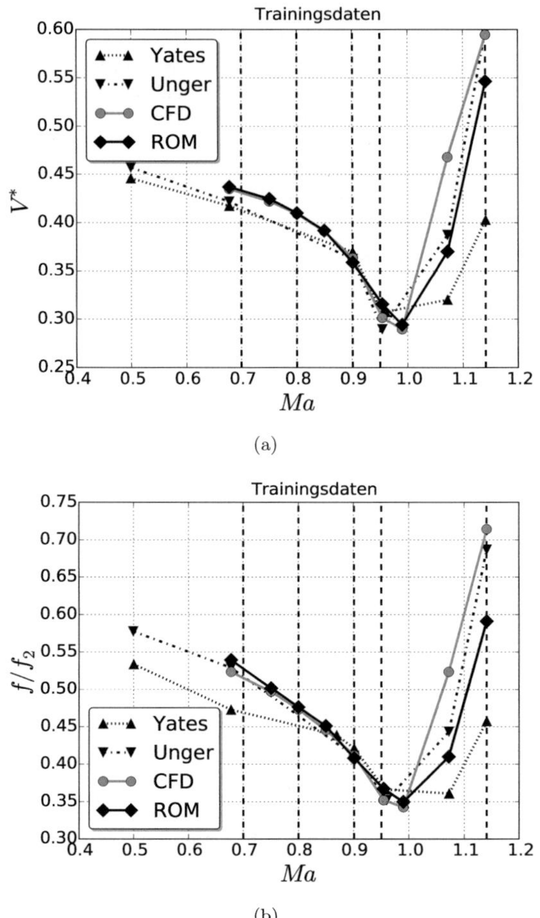

Abbildung 5.9.: Vergleich der Flatteruntersuchung der ROM-CSM- und CFD-CSM-Kopplung mit den Ergebnissen von Unger [68] und dem Experiment von Yates [81]: (a) Flattergrenze; (b) Flatterfrequenzen normiert mit der zweiten Eigenfrequenz f_2

hervorgeht, liegen die Geschwindigkeitsindizes der Trainingsdaten aufgrund der Verwendung der TAU-Standardparameter für ρ_∞, p_∞ und T_∞ deutlich über den Geschwindigkeitsindizes der Flattergrenze. Dies dient der Demonstration, dass die Trainingsdaten ohne Vorkenntnisse über die Strömungsparameter der Flattergrenze mit Standardeinstellungen erstellt werden können. Die zugehörigen Flatterfrequenzen sind in Abbildung 5.9(b) über der Machzahl

aufgetragen, welche Yates folgend mit der zweiten Eigenfrequenz $f_2 = 38,795\ Hz$ normiert werden.
Wie aus den Diagrammen hervorgeht, zeigen im transsonsichen Bereich die Flattergrenze und -frequenzen der ROM-CSM-Kopplung eine gute Übereinstimmung mit den Ergebnissen der CFD-CSM-Kopplung. Auch bei den interpolierten Machzahlen $Ma = 0,75$ und $Ma = 0,85$ sowie bei der leicht extrapolierten Machzahl $Ma = 0,678$ werden die Flatterpunkte hinreichend genau vorhergesagt, wobei bei $Ma = 0,678$ die Flatterfrequenz eine deutlichere Abweichung aufweist. Bei $Ma = 0,954$ und $Ma = 0,99$ zeigen sich größere Abweichungen. Hierbei ist zu beachten, dass in diesem Machzahlbereich die Einflüsse nichtlinearer Effekte aufgrund der lokalen Überschallgebiete steigen. Dies ist auch daran zu erkennen, dass in diesem Machzahlbereich das Minimum des Transonic Dip liegt, welcher durch eben solche nichtlinearen Phänomene verursacht wird. Im supersonischen Bereich bei $Ma = 1,072$ und $Ma = 1,141$ treten signifikante Abweichungen auf, wobei vor allem bei der interpolierten Machzahl $Ma = 1,072$ deutliche Fehler festzustellen sind. Dies ist mit dem vergleichsweise großen Abstand zu den nächsten Machzahlen in den Trainingsdaten bei $Ma = 0,95$ und $Ma = 1,141$ erklärbar. Zudem zeigen sich auch bei der in den Trainingsdaten enthaltenen Machzahl $Ma = 1,141$ deutliche Abweichungen im Flatterpunkt. Hierbei sei auch darauf hingewiesen, dass der betrachtete Machzahlbereich von $0,678 < Ma < 1,141$ sehr groß und für eine realistische Anwendung des Ersatzmodellansatzes als nicht praktikabel zu sehen ist. Die Betrachtung bis in den supersonischen Bereich dient an dieser Stelle lediglich der Demonstration der Machbarkeit und die Untersuchungen bei den interpolierten Machzahlen der Demonstration der Robustheit des Ersatzmodells.

Ma	V^* (CFD)	V^* (ROM)	Fehler /%	f/f_2 (CFD)	f/f_2 (ROM)	Fehler /%
0,678	0,4349	0,4370	0,481	0,5236	0,5394	3,023
0,750	0,4220	0,4247	0,633	0,4968	0,5017	0,973
0,800	0,4092	0,4100	0,188	0,4729	0,4762	0,693
0,850	0,3913	0,3920	0,186	0,4455	0,4510	1,250
0,901	0,3637	0,3590	1,271	0,4117	0,4082	0,860
0,954	0,3014	0,3156	4,685	0,3521	0,3673	4,323
0,990	0,2896	0,2942	1,601	0,3427	0,3499	2,081
1,072	0,4678	0,3702	20,858	0,5236	0,4100	21,692
1,141	0,5947	0,5465	8,095	0,7143	0,5911	17,240

Tabelle 5.9.: Vergleich der Flattergrenze und -frequenz der ROM-CSM- und CFD-CSM-Analyse

Aus den relativen Fehlern der Flattergrenze und -frequenz in Tabelle 5.9 geht hervor, dass die Abweichungen der Geschwindigkeitsindizes der Flatterpunkte im Machzahlbereich $0,678 < Ma < 0,901$ unter 2% liegen und damit als hinreichend genau einzustufen sind. Bei den Flatterfrequenzen fällt auf, dass bei den interpolierten Machzahlen größere Abweichungen festzustellen sind. Vor allem bei der extrapolierten Machzahl $Ma = 0,678$ tritt ein Fehler von über 2% auf. Da bei einer Voruntersuchungen mit einem Ersatzmodell, welches ausschließlich im transsonischen Bereich $0,7 < Ma < 0,95$ trainiert wurde, eine bessere Vorhersage der Frequenz bei $Ma = 0,678$ erreicht wird, ist die größere Abweichung mit einer

schlechteren Extrapolationsgenauigkeit aufgrund der zusätzlichen supersonischen Trainingsdaten zu erklären.
Die Fehler bei $Ma = 0,99$ können gerade noch als akzeptabel bewertet werden, wohingegen die Abweichungen bei $Ma = 0,954$ über 2% liegen und damit nicht mehr akzeptabel sind. An dieser Stelle ist jedoch anzumerken, dass bei der iterativen Berechnung der Flattergrenze mittels der CFD-CSM-Kopplung bereits eine Abschätzung des Flatterpunkts mit dieser Genauigkeit hilfreich ist und den Analyseprozess erheblich verkürzen kann. Dementsprechend wäre eine ersatzmodellbasierte Abschätzung der Flattergrenze mit anschließender Verifikation mittels CFD-CSM-Analyse ein mögliches Einsatzszenario des Ersatzmodellansatzes. Zudem wäre es bei dieser Vorgehensweise vorstellbar, die zur Verifikation durchgeführten CFD-Rechnungen direkt zur Verbesserung des Ersatzmodells zu verwenden und eine erneute Abschätzung mit Hilfe des Ersatzmodells durchzuführen.
Da die Flattergrenze signifikant durch das Strukturmodell beeinflusst wird, kann der Einsatz des Ersatzmodells bei variierenden Strukturmodellen von Interesse sein. Aus diesem Grund wird in Abschnitt B.2 die Flatteruntersuchung mit einem Strukturmodell mit reduzierter Steifigkeit wiederholt. Dort zeigt sich, dass die Flattergrenze auch bei 20% reduzierter struktureller Steifigkeit mit annähernd gleicher Genauigkeit vorhergesagt wird, wie in der Untersuchung dieses Abschnitts.

5.5. Zusammenfassung

Die Untersuchungen dieses Kapitels stellen eine erster Machbarkeitsstudie der ersatzmodellbasierten Vorhersage der Flattergrenze in einem größeren Machzahlbereich dar. Es wird anhand des dreidimensionalen AGARD445.6-Flügels demonstriert, dass aus Trainingsanalysen mit den TAU-Standardparametern für Dichte, Druck und Temperatur die Strömungsparameter der Flatterpunkte auch bei interpolierten Machzahlen bestimmt werden können. Es zeigt sich, dass auch das Phänomen des Transonic Dip durch das Ersatzmodell abgebildet werden kann, wobei in diesem Bereich größere Abweichungen der Flattergrenze und -frequenz zu beobachten sind.
Demgegenüber sind auch die Einschränkungen der durchgeführten Untersuchung zu betonen: Zum einen werden bei diesen Untersuchungen keine Viskositätsphänomene und daraus resultierende Effekte wie Grenzschichtaufdickung oder Strömungsablösung berücksichtigt. Außerdem handelt es sich bei dem untersuchten AGARD445.6-Modell um einen recht dünnen Tragflügel, weshalb beispielsweise lokale Überschallgebiete in der stationären CFD-Rechnung des undeformierten Flügels erst bei Machzahlen zwischen $Ma = 0,9$ bis $Ma = 0,925$ auftreten. Folglich sind auch die nichtlinearen Effekte diesbezüglich schwächer ausgeprägt, als beispielsweise bei dem relativ dicken NLR7301-Profil. Zudem ist die recht grobe Verteilung der Stützstellen über die Machzahl nicht auf anspruchsvollere aerodynamische Modelle übertragbar.
Im Hinblick auf die Untersuchungen am NLR7301-Profil in Abschnitt 4.6 muss auch darauf hingewiesen werden, dass in Anwesenheit ausgeprägter nichtlinearer Effekte die Variation der Strömungsparameter durch das Ersatzmodell nicht in der Breite abgedeckt wird, wie sie in diesem Kapitel am AGARD445.6-Flügel gezeigt wird.
Dennoch kann eine Abschätzung der Flattergrenze vor allem im Bereich des Transionic Dip eine hilfreiche Ergänzung zur Beschleunigung der iterativen Prozedur der CFD-basierten nichtlinearen Flatteranalyse im Zeitbereich, gerade in Hinblick auf strukturelle Variationen, darstellen.

6. Anwendung auf einen realitätsnahen 3D-Fall: HIRENASD

Die HIRENASD-Konfiguration ist innerhalb verschiedener Teilprojekte des DFG-geförderten SFB401 definiert und untersucht worden und steht als Teil des internationalen *Aeroelastic Prediction Workshop (AePW)* [28, 14] öffentlich zur Verfügung. Der Fall ist für diese Arbeit von Interesse, da das aerodynamische Design des HIRENASD an einem modernen Verkehrsflugzeugflügel orientiert ist. Daher wird anhand dieses Falls die Anwendbarkeit des Ersatzmodellansatzes auf Modelle mit erhöhter aerodynamischer Komplexität und näherungsweise industrieller Größenordnung demonstriert.
Die räumlichen Dimensionen der numerischen Modelle sind auf Basis des Windkanalmodells gewählt, wobei eine detaillierte Beschreibung des Windkanalmodells von Braun [8] gegeben wird.

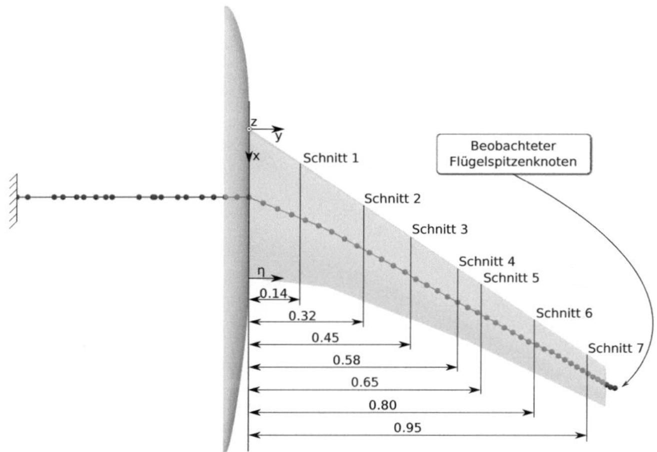

Abbildung 6.1.: Darstellung des FEM-Balkenmodells und der aerodynamischen Oberfläche sowie der Schnittpositionen für den Kräftevergleich

6.1. Strukturmodell

Die Flügelstruktur wird durch ein einfaches FEM-Balkenmodell entlang der elastischen Achse des Flügels repräsentiert, welches nach Braun [8] eine ausreichend genaue Strukturmodellierung erlaubt und damit für aeroelastische Untersuchungen zulässig ist. Das

im Folgenden verwendete Balkenmodell wird im Rahmen des *Aeroelastic Prediction Workshops* von Boucke [75] zur Verfügung gestellt. Das Modell ist in Verbindung mit einem kommerziellen FEM-Löser (MSC-NASTRAN ®) nutzbar. Da von einem linear-elastischen Strukturverhalten ausgegangen wird, werden die Massenmatrix $\underline{\underline{M}}$ und die Steifigkeitsmatrix $\underline{\underline{K}}$ von dem NASTRAN-Modell exportiert und die Bewegungsdifferentialgleichung mittels des Newmark-Verfahrens (vgl. Abschnitt 2.2.2) näherungsweise gelöst. Das Balkenmodell verläuft entlang der elastischen Achse, wobei die räumliche Differenz zur Schwereachse über die Drehträgheit in der Massenmatrix berücksichtigt wird. Die homogenen Randbedingungen, welche sich in diesem Fall auf eine feste Einspannung des Balkens beschränkt, werden mittels der in Abschnitt 2.2.3 beschrieben Vorgehensweise eingebracht.
In Abbildung 6.1 ist das Balkenmodell zusammen mit der aerodynamischen Kopplungsoberfläche dargestellt. Wie aus der Abbildung hervorgeht, liegt die feste Einspannung nicht direkt in der Flügelwurzel, sondern aufgrund der Waagengeometrie (vgl. Versuchsbeschreibung von Braun [8]) des Windkanalmodells bei $y = -0,84\ m$. Braun weist darauf hin, dass durch die Windkanalwaage eine zusätzliche Elastizität in das Struktursystem eingebracht wird, welche nicht vernachlässigbar ist. Aus diesem Grund besitzt das Strukturmodell die dargestellte, um die Waage erweiterte, Geometrie. Des Weiteren ist laut Braun bei dem Windkanalmodell zwischen dem Flügel und der Rumpfschale eine berührungslose Labyrinthdichtung realisiert, wodurch Kontaktfreiheit zwischen Flügel und Rumpf herrscht. Diese Kontaktfreiheit wird in der Modellierung in dieser Arbeit durch ein Entkoppeln des Struktur- und Fluidmodells im Bereich der Rumpfschale umgesetzt, d.h. bei allen CFD-Knoten mit einer y-Position kleiner als 0 findet weder ein Transfer der aerodynamischen Kräfte, noch ein Rücktransfer der strukturellen Verformung statt.

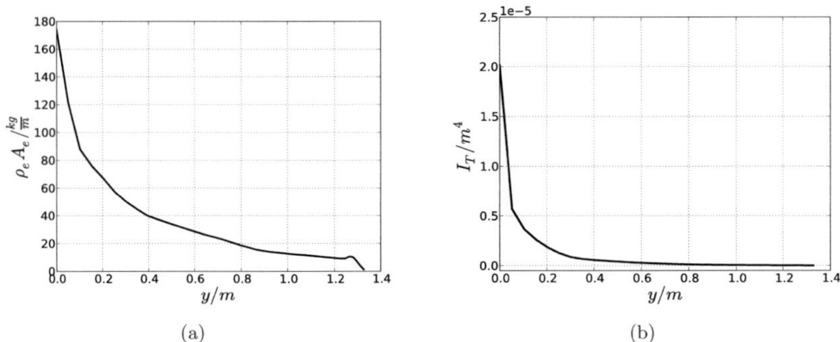

Abbildung 6.2.: (a) Verteilung der längenbezogenen Masse $\rho_e A_e$ über der Spannweite; (b) Torsionsmoment I_T über der Spannweite

Das Strukturmodell besitzt ein Gewicht von $m_{HIRENASD} = 342,628\ kg$, einen Elastizitätsmodul von $E = 1,8611 \cdot 10^{11}\ \frac{N}{m^2}$ und eine Spannweite von $y_{Tip} = 1,327\ m$. Sowohl die Elementdichte ρ_e und -querschnitt A_e als auch das Torsionsmoment I_T variieren von Element zu Element. In Abbildung 6.2 ist die längenbezogene Strukturmasse $\rho_e A_e$, sowie das Torsionsmoment I_T über der Flügelspannweite aufgetragen. Wie aus Abbildung 6.1 ersichtlich ist, weist das Strukturmodell einen Überhang an der Flügelspitze auf. Dieser

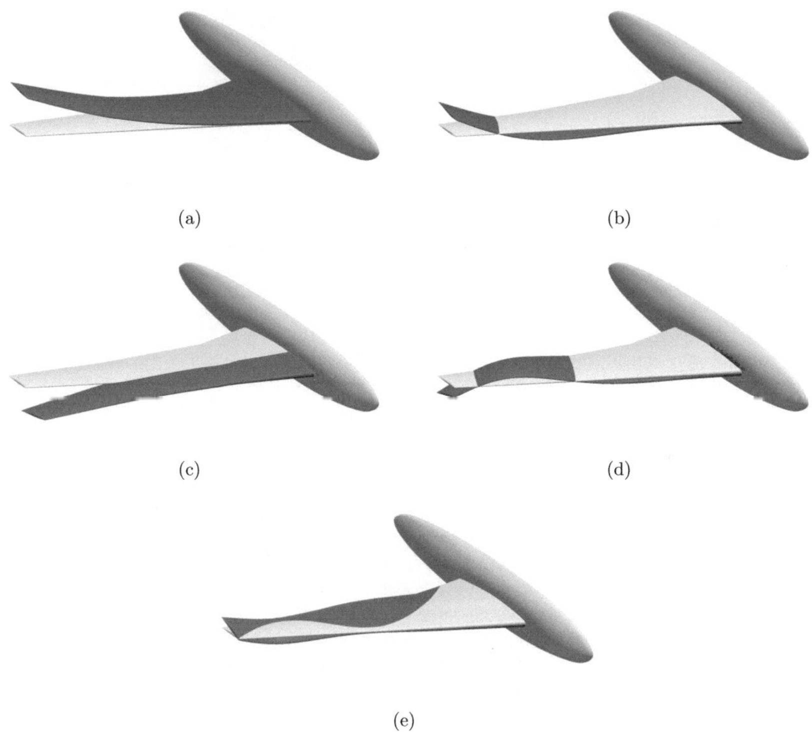

(a) (b) (c) (d) (e)

Abbildung 6.3.: Die ersten fünf auf die aerodynamische Oberfläche interpolierten Eigenformen des HIRENASD (vgl. Lindhorst et al. [39]): (a) erste Biegeform; (b) zweite Biegeform; (c) erste Schwenkbiegeform; (d) dritte Biegeform; (e) erste Torsionsform

Überhang wird nicht abgeschnitten, da die strukturdynamischen Eigenschaften des originalen Balkenmodells, also die Eigenfrequenzen und -formen, erhalten bleiben sollen. Auf den Vergleich des Ersatzmodellansatzes mit der CFD hat der Überhang keine negativen Auswirkungen.

In Tabelle 6.1 sind die ersten fünf Eigenfrequenzen des Strukturmodells gegeben, welche aus der Massenmatrix $\underline{\underline{M}}$ und der Steifigkeitsmatrix $\underline{\underline{K}}$ mittels der Modalanalyse aus Abschnitt 2.2.2 bestimmt werden. Die Eigenfrequenzen stimmen hinreichend genau mit den für das NASTRAN-Modell auf der AePW-Homepage von Boucke [76] angegebenen Frequenzen überein. Die angegebenen Frequenzen von Ritter [58] liegen etwas unterhalb, die von Braun [8] etwas oberhalb der ermittelten Eigenfrequenzen. Des Weiteren sind die experimentell ermittelten Frequenzen $f_{s,Exp}$ gegeben, welche ebenfalls aus der Arbeit von Braun [8] entnommen sind.

Mode	f_s/Hz	$f_{s,AePW}/Hz$	$f_{s,Ritter}/Hz$	$f_{s,Braun}/Hz$	$f_{s,Exp}/Hz$
1	$25,978$	$25,951$	$25,600$	$26,46$	$25,75$
2	$82,523$	$82,340$	$80,200$	$85,64$	$71,11$
3	$117,987$	$117,386$	$106,200$	$129,50$	k.A.
4	$169,215$	$168,104$	$160,300$	$180,08$	k.A.
5	$261,482$	$260,543$	$242,000$	$267,47$	$263,15$

Tabelle 6.1.: Vergleich der Eigenfrequenzen des verwendeten Strukturmodells mit den Referenzwerten $f_{s,AePW}$ der AePW-Homepage [76], $f_{s,Ritter}$ aus Ritter [58], $f_{s,Braun}$ aus Braun [8] und den experimentellen Ergebnissen [8]

Die zugehörigen Eigenformen sind in Abbildung 6.3 dargestellt, wobei zur besseren Darstellung die strukturellen Deformationen des Balkens auf die aerodynamische Oberfläche interpoliert werden. Die ersten vier Moden sind Biegeformen, wobei der dritte Eigenmode (vgl. Abb. 6.3(c)) der ersten Schwenkbiegeform entspricht. Der fünfte Eigenmode (vgl. Abb. 6.3(e)) ist die erste Torsionsform.

Die Massen- und Steifigkeitsmatrizen werden laut NASTRAN-Handbuch [47] nach der schubweichen Theorie von Timoshenko aufgebaut. Nach Britten und Ballmann [10] bietet die Timoshenko-Balkentheorie gegenüber der häufig verwendeten Euler-Bernoulli-Theorie den Vorteil, dass durch die zusätzlichen Freiheitsgrade bezüglich der Schubdeformation keine Kopplung zwischen Biegung und Verrückung herrscht. Die Kopplung zwischen Biegung und Verrückung führt nach Britten und Ballmann zu anomalen Deformationsverteilungen, wohingegen die Timoshenko-Balkentheorie physikalisch angemesse Ergebnisse der instationären Deformationen liefert. Die Timoshenko-Theorie erlaubt Formfunktionen mit C^0-Stetigkeit, im Gegensatz zur Bernoulli-Theorie, welche Formfunktionen mit C^1-Stetigkeit verlangen. Aus diesem Grund ist es zulässig, für die Kraft- und Deformationsinterpolation zwischen den FEM-Knoten lineare Formfunktionen zu verwenden. Diese sind sehr einfach zu implementieren und es ist gleichzeitig eine konservative Verteilung der Kräfte und Momente auf die FEM-Knoten gewährleistet.

6.2. Fluidmodell

Für die Berechnung der Strömung werden ebenfalls über die AePW-Homepage Modelle von Ritter zur Verfügung gestellt, wobei ein grobes [55], mittleres [57] und feines [56] Gitter bereit gestellt werden. Die geometrischen Parameter der aerodynamischen Oberfläche sind in Tabelle 6.2 aufgeführt. Wie bereits erwähnt, liegt die Spannweite des Fluidmodells $s_{HIRENASD}$ leicht unter der des Strukturmodells $y_{Tip} = 1,327\ m$. A_{Ref} ist die Bezugsfläche der aerodynamischen Beiwerte und L_{Re} die Bezugslänge der Reynoldszahl. Ferner sind die Profiltiefen c_{Wurzel} an der Flügelwurzel, c_{Tip} an der Flügelspitze und c_{Kink1} bzw. c_{Kink2} an den Übergängen der Trapezsegmente sowie der Pfeilungswinkel der Vorderkante φ gegeben.

Die HIRENASD-Konfiguration wurde im Europäischen Transonischen Windkanal (ETW) unter kryogenen Bedingungen untersucht, weshalb für das Sutherland-Modell die Parameter aus Tabelle 6.3 anstelle der Standard-Parameter aus Abschnitt A.4 verwendet werden.

Parameter	Wert	Parameter	Wert	Parameter	Wert
A_{Ref}	$0,3926\ m^2$	L_{Re}	$0,3445\ m$	$s_{HIRENASD}$	$1,2857\ m$
c_{Wurzel}	$0,5494\ m$	c_{Kink1}	$0,3894\ m$	c_{Kink2}	$0,2441\ m$
c_{Tip}	$0,1493\ m$	φ	$34°$		

Tabelle 6.2.: Geometrische Parameter der aerodynamischen Oberfläche des HIRENASD

Für die Turbulenzmodellierung wird in Übereinstimmung mit Chwalowski [14] das Spalart-Allmaras-Turbulenzmodell verwendet. Es wird von einem vollturbulenten Strömungszustand ausgegangen, wodurch eine aufwändige Transitionsmodellierung entfällt. In Tabelle 6.3 sind die übrigen verwendeten Strömungsgrößen gegeben, welche an den Parametern des Testfalls 132 orientiert sind [14].

Parameter	Wert	Parameter	Wert	Parameter	Wert
R	$296,8\ \frac{J}{kg \cdot K}$	Ma	$0,8$	Re	$7 \cdot 10^6$
C	$111,0\ K$	T_∞	$246,9\ K$	ρ_∞	$1,19825\ \frac{kg}{m^3}$
T_0	$300,6\ K$	p_∞	$87807,9897\ Pa$	U_∞	$256,4\ \frac{m}{s}$
ν_0	$1,766 \cdot 10^{-5}\ \frac{kg}{m \cdot s}$				

Tabelle 6.3.: Verwendete Sutherland- und Strömungsparameter des Testfalls 132 nach Chwalowski [14]

In Abbildung 6.4 sind die Auftriebs- und Momentenkurven des groben, mittleren und feinen Gitters des starren Flügels für die gegebenen Strömungsbedingungen dargestellt. Bei den Beiwerten der dargestellten Kurven werden alle aerodynamischen Kräfte berücksichtigt, auch jene auf der Rumpfschale. Der Bezugspunkt des Momentenbeiwerts liegt in der Flügelwurzel bei $p_{ref} = (0,252\ 0,0\ 0,0)$. In beiden Kurven ist ein Abknicken des Verlaufs für Anstellwinkel $\alpha > 3°$ zu erkennen, was auf den Einfluss von nichtlinearen Effekten zurück zu führen ist. Eine detaillierte Betrachtung der Strömungsverhältnisse bei $\alpha = 4°$ wird in Abschnitt 6.5 vorgenommen. In den Kurven sind Differenzen in den aerodynamischen

Gitter	Knoten	Zellen	h_{rep}	C_A	C_W	C_M
1 (fein)	7.206.319	13.169.980	0,1896	0,6515	0,0402	-0,14801
2 (mittel)	2.448.805	4.003.409	0,2819	0,6473	0,0404	-0,14681
3 (grob)	1.034.003	1.530.645	0,3878	0,6594	0,0423	-0,14996

Tabelle 6.4.: Anzahl der Knoten, Zellen, repräsentative Zellenhöhe h_{rep} und die aerodynamischen Beiwerte bei $\alpha = 4°$ des groben, mittleren und feinen Gitters

Beiwerten hinsichtlich der unterschiedlichen Gitterfeinheiten erkennbar. Aus diesem Grund wird eine Bewertung der Gitterdiskretisierung mit Hilfe des Gitterkonvergenzindexes (englisch: *Grid Convergence Index, GCI*) nach Roache [59] vorgenommen. Zur Bestimmung

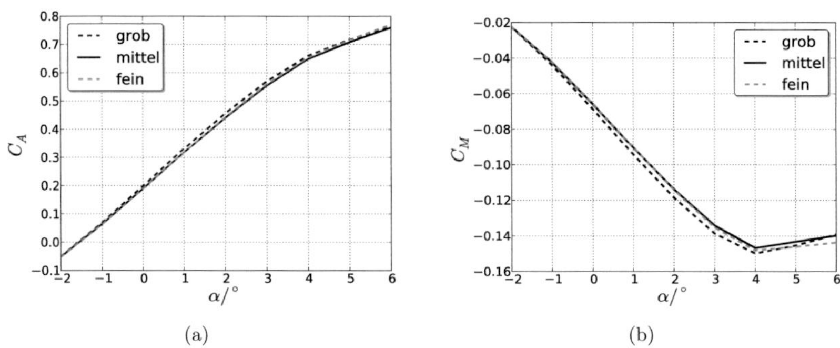

Abbildung 6.4.: Kurven der HIRENASD-Konfiguration bei $Ma = 0,8$ und $Re = 7\cdot 10^6$: (a) Auftriebskurve; (b) Momentenkurve;

des GCI wird zunächst für jedes der drei Gitter mit Gleichung 6.1 die repräsentative Zellenhöhe h_{rep} bestimmt. In Tabelle 6.4 ist h_{rep}, sowie die Anzahl der Knoten und Zellen der drei Gitter gegeben. Der GCI wird anhand der drei globalen aerodynamischen Beiwerte C_A, C_W und C_M bei einem Anstellwinkel von $\alpha = 4°$ ermittelt, wobei α bereits in Hinblick auf die in Abschnitt 6.5 durchgeführten Untersuchungen gewählt wird. Die aerodynamischen Beiwerte sind ebenfalls in Tabelle 6.4 aufgeführt.

$$h_{rep} = \left[\frac{1}{N_{Zellen}} \sum_{i=1}^{N_{Zellen}} (V_i) \right]^{\frac{1}{3}} \tag{6.1}$$

Für die detaillierte Berechnung des GCI sei an dieser Stelle auf die Ausführungen von Roache [59] verwiesen. Zudem empfiehlt Roache einen multiplikativen Sicherheitsfaktor von $F_{GCI} = 3$ für eine konservative Betrachtung, welcher folglich übernommen wird. In Tabelle 6.5 sind die Gitterkonvergenzindizes für den Vergleich des groben mit dem mittleren

	C_A	C_W	C_M
GCI_{12}	0,495 %	0,004 %	0,173 %
GCI_{23}	1,736 %	0,068 %	0,532 %

Tabelle 6.5.: Gitterkonvergenzindex des Vergleichs fein-mittel (GCI_{12}) und mittel-grob (GCI_{23})

Gitter (GCI_{23}) und des mittleren mit dem feinen Gitter (GCI_{12}) aufgeführt. Aus den Indizes geht hervor, dass für den Auftriebsbeiwert der Wert mit $GCI_{23} > 1\%$ recht hoch liegt, weshalb das grobe Gitter im Verhältnis zum mittleren Gitter als zu ungenau eingestuft wird. Demgegenüber zeigt der Vergleich des mittleren mit dem feinen Gitter akzeptable Werte ($GCI_{12} < 0,5\%$), weshalb das mittlere Gitter als hinreichend genau bewertet wird und folglich für die Untersuchungen in dieser Arbeit verwendet wird. Dieses Gitter besitzt 47657 Oberflächenknoten, weshalb das Ersatzmodell eine Abbildung von 142971 Eingangsgrößen auf die gleiche Zahl an Ausgangsgrößen herstellt. In Abbildung 6.5 ist die Oberflächendiskretisierung des verwendeten Fluidgitters dargestellt.

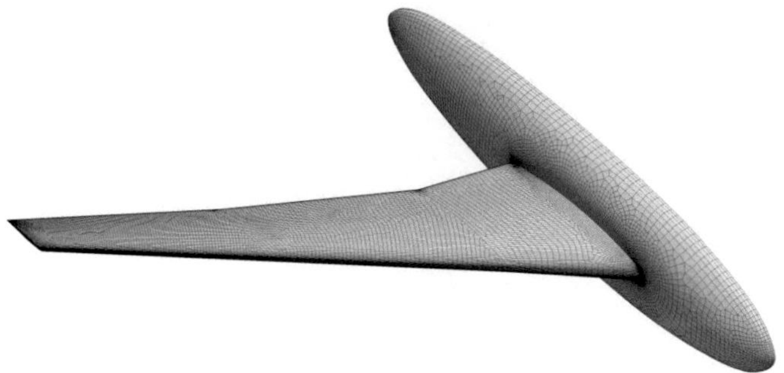

Abbildung 6.5.: Oberflächendiskretisierung des verwendeten mittleren Aerodynamikgitters

6.3. Balkeninterpolation

Da das Balkenmodell im Gegensatz zum Fluidmodell keine explizite Kopplungsoberfläche besitzt, wird für den Transfer der Lasten und Verschiebungen zwischen dem FEM-Balken und der Kopplungsoberfläche des Fluidgitters ein spezielles Interpolationsverfahren verwendet, welches bereits von Braun [8] beschrieben und deshalb an dieser Stelle in verkürzter Form dargestellt wird. Bei der Balkeninterpolation wird von der Grundannahme ausgegangen, dass sich die Flügelquerschnitte außerhalb von Klaffungs- und Überschneidungszonen orthogonal zu den FEM-Balkenelementen nicht verformen. Dies lässt sich von der Modellvorstellung einer imaginären starren Rippe ableiten, welche orthogonal mit dem FEM-Balken verbunden ist. Auf die erwähnten Klaffungs- und Überschneidungszonen wird in Abschnitt 6.3.1 näher eingegangen.

Für den Transfer der aerodynamischen Lasten eines beliebigen CFD-Knotens auf die Knoten des FEM-Modells wird zunächst jenes Element ermittelt, welches einen orthogonalen Hebelarm $\underline{h}_L$ zum betrachteten CFD-Knoten aufweist, wie es in Abbildung 6.6 dargestellt ist. Mit diesem Element ist die imaginäre starre Rippe im Lotpunkt L verbunden. Anschließend wird die aerodynamische Kraft $\underline{F}_f$ in den Lotpunkt auf dem Balkenelement verschoben, wodurch ein äquivalentes Kraft-Momentenpaar $\underline{F}_L = \underline{F}_f$ und $\underline{M}_L = \underline{h}_L \times \underline{F}_f$ im Lotpunkt vorliegt. Das Verschieben der Kraft in den Lotpunkt wird mittels einer Kopplungsmatrix $\underline{\underline{H}}$ durchgeführt, welche in Gleichung 6.2 definiert ist.

$$\begin{pmatrix} \underline{F}_L \\ \underline{M}_L \end{pmatrix} = \underline{\underline{H}}\,\underline{F}_f \quad \text{mit} \quad \underline{\underline{H}} = \begin{pmatrix} 1 & 0 & 0 \\ 0 & 1 & 0 \\ 0 & 0 & 1 \\ 0 & -h_{L,z} & h_{L,y} \\ h_{L,z} & 0 & -h_{L,x} \\ -h_{L,y} & h_{L,x} & 0 \end{pmatrix} \tag{6.2}$$

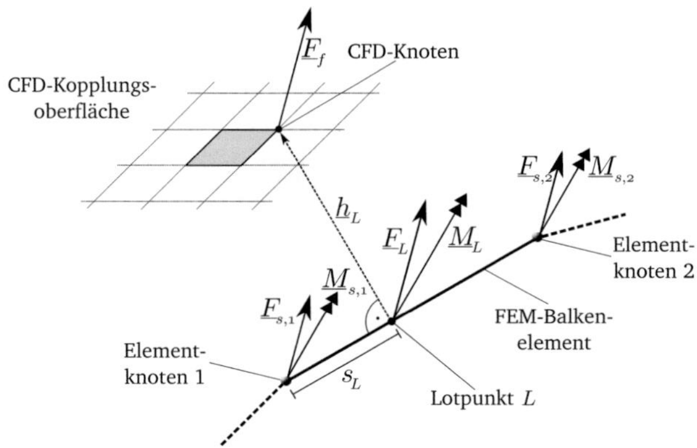

Abbildung 6.6.: Lasttransfer zwischen der Kopplungsoberfläche des Fluidgitters und dem FEM-Balken

Das Kraft-Momentenpaar aus dem Lotpunkt wird mit Hilfe der Element-Formfunktionen $\underline{\underline{N}}$ auf die Elementknoten verteilt und dort mit den Beiträgen der übrigen CFD-Knoten zu den Knotenlasten aufsummiert.

Der Transfer der Deformationen von den FEM-Knoten zu den CFD-Knoten funktioniert analog zum Lasttransfer in umgekehrter Reihenfolge. Zunächst werden die Verrückungen und Rotationen der FEM-Knoten mit Hilfe der Element-Formfunktionen $\underline{\underline{N}}$ im Lotpunkt $\underline{u}_L$ berechnet. Anschließend lässt sich mit der transponierten Kopplungsmatrix $\underline{\underline{H}}^T$ die Verrückung im CFD-Knoten bestimmen. Hierbei sei angemerkt, dass bei diesem Vorgehen die Überführung der strukturellen Rotationen $\underline{\varphi}_L$ im Lotpunkt in translatorische Verrückungen der CFD-Knoten mit der Linearisierung $\varphi \approx \sin(\varphi)$ vorgenommen wird. Dementsprechend ist diese Vorgehensweise lediglich für kleine Rotationen gültig.

$$\underline{u}_f = \underline{\underline{H}}^T \begin{pmatrix} \underline{u}_L \\ \underline{\varphi}_L \end{pmatrix} \tag{6.3}$$

6.3.1. Überschneidungs- und Klaffungszonen bei Knicken im Balkenverlauf

Bei Knicken im FEM-Balken ergibt sich das Problem, dass sowohl Überschneidungszonen auftreten, in welchen die CFD-Knoten auf mehrere Balkenelemente gelotet werden können, aber auch Klaffungszonen existieren, in denen die CFD-Knoten auf kein Balkenelement gelotet werden können. In Abbildung 6.7 sind beide Arten von Zonen dargestellt.

In den Klaffungszonen ist das Vorgehen trivial: Es werden die Deformationen und Rotationen des FEM-Knoten im Scheitelpunkt der Klaffungszone auf den CFD-Knoten übertragen. Der FEM-Knoten im Scheitelpunkt ist zudem bezüglich des CFD-Knotens der nächstgelegenen FEM-Knoten, weshalb die Identifikation dieses Knotens recht einfach

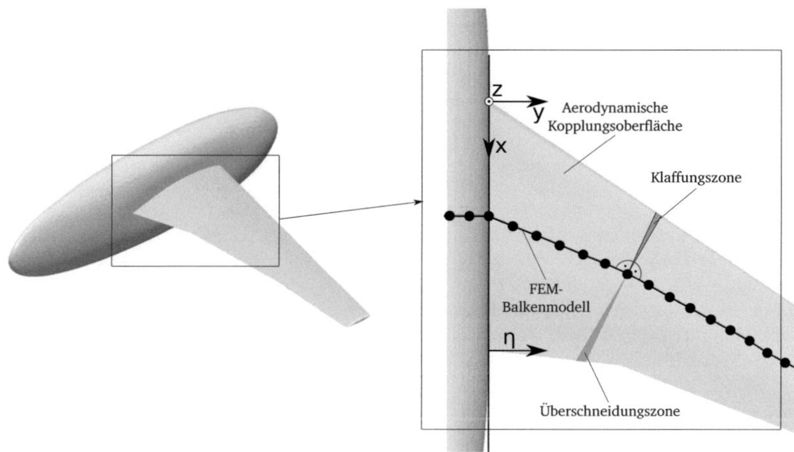

Abbildung 6.7.: Beispiel der Überschneidungs- und Klaffungszone bei einem Knick im FEM-Balken

ist. Sobald also ein CFD-Knoten auf kein Balkenelement gelotet werden kann, wird der nächstgelegene FEM-Knoten als Lotpunkt verwendet.

In der Überschneidungszone hingegen liegen Deformationen und Rotationen von mindestens drei FEM-Knoten vor, welche in Übereinstimmung gebracht werden müssen, ohne dass es zu Diskontinuitäten in der aerodynamischen Oberfläche kommt. Hierfür wird die von Braun [8] beschriebene Vorgehensweise einer Überlagerung mittels einer Wichtungsfunktion $w_d(x_i)$ übernommen.

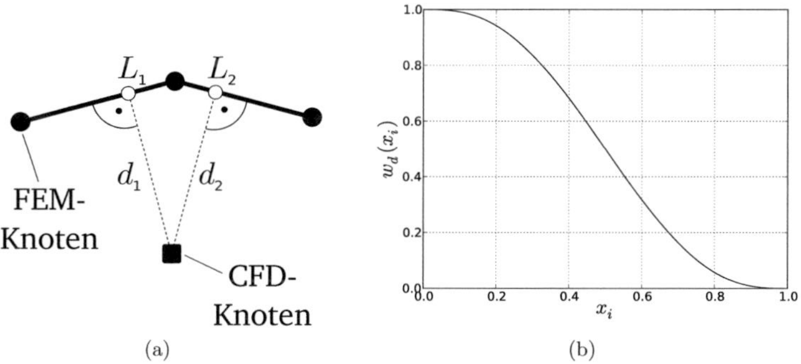

Abbildung 6.8.: (a) Detaillierte Ansicht der Überschneidungszone; (b) Graphische Darstellung der polynomiale Wichtungsfuntion 6.5 nach Braun [8]

Zunächst werden die orthogonalen Abstände d_i des CFD-Knotens zu den Lotpunkten L_i auf den Balkenelementen ermittelt, wie in Abbildung 6.8(a) dargestellt ist. Anschließend wird der kleinste der gefundenen Abstände d_i als d_{min} definiert und für jeden Abstand die Koordinate der Glättungs-Wichtungsfunktion x_i mit Gleichung 6.4 bestimmt.

$$x_i = \frac{\frac{d_i}{d_{min}} - 1}{d_{limit} - 1} \quad \text{mit} \quad d_{limit} > 1 \tag{6.4}$$

Hierbei ist d_{limit} ein nutzerdefinierter Parameter, welcher eine Grenze für den Abstand d_i bezüglich des minimalen Abstands d_{min} festlegt, ab welcher die Verrückung des Lotpunktes nicht mehr berücksichtigt wird. In dieser Arbeit wird der von Braun [8] empfohlene Wert von $d_{limit} = 1,2$ übernommen. Mit der Koordinate x_i wird anschließend für jeden Lotpunkt L_i ein Wichtungsfaktor $w_{d,i}$ mit Hilfe der Funktion aus Gleichung 6.5 berechnet, welche in Abbildung 6.8(b) graphisch dargestellt ist.

$$\begin{aligned} w_{d,i}(x_i) &= 1 - 10x_i^3 + 15x_i^4 - 6x_i^5 \qquad && 0 \leq x_i \leq 1 \\ w_{d,i}(x_i) &= 0 && x_i > 1 \end{aligned} \tag{6.5}$$

Diese Wichtungsfunktion weist eine C^5-Stetigkeit auf, wobei die Funktion an den Rändern bei $x_i = 0$ und $x_i = 1$ die in Gleichung 6.6 definierten Randbedingungen für die erste und zweite Ableitung erfüllt. Dadurch wird eine Funktionssteigung und -krümmung von null an den Rändern gewährleistet, womit ein glatter Übergang zwischen dem gewichteten Bereich der Überschneidungszone und den angrenzenden Bereichen erreicht wird.

$$\begin{aligned} w'_{d,i}(x_i = 0) = w'_{d,i}(x_i = 1) = 0 \\ w''_{d,i}(x_i = 0) = w''_{d,i}(x_i = 1) = 0 \end{aligned} \tag{6.6}$$

Jeder der so ermittelten Wichtungsfaktoren wird mit der Summe der Wichtungsfaktoren normiert (vgl. Gl. 6.7), so dass $\sum_i w_{G,i} = 1$ gilt.

$$w_{G,i} = \frac{w_{d,i}}{\sum_j w_{d,j}} \tag{6.7}$$

Mit diesen Wichtungsfaktoren werden die Verrückungen $\underline{u}_{f,i}$, welche durch Gleichung 6.3 von jedem Lotpunkt L_i für den CFD-Knoten berechnet werden, zu einer Gesamtverrückung $\underline{u}_f$ des CFD-Knotens aufsummiert, wie in Gleichung 6.8 dargestellt.

$$\underline{u}_f = \sum_i w_{G,i} \underline{u}_{f,i} \tag{6.8}$$

Diese Wichtung glättet erfolgreich die geometrischen Diskontinuitäten in der aerodynamischen Oberfläche, welche ohne Wichtung auftreten, wie es in Abbildung 6.9 exemplarisch für eine geometrische Diskontinuität an der Hinterkante dargestellt ist.

Für den Lasttransfer werden ebenfalls die normierten Wichtungsfaktoren $w_{G,i}$ verwendet, damit die Konservativität garantiert ist [8]. Dementsprechend wird die um den Wichtungsfaktor $w_{G,i}$ reduzierte Last $\underline{F}_{f,i}$ in den Lotpunkt L_i übertragen, wie in Gleichung 6.9 dargestellt.

$$\underline{F}_{f,i} = w_{G,i} \underline{F}_f \tag{6.9}$$

Es sei darauf hingewiesen, dass Braun neben der abstandsbezogenen Glättung auch eine winkelbezogene Glättung beschreibt. Da die abstandsbezogene Glättung bei dem in dieser

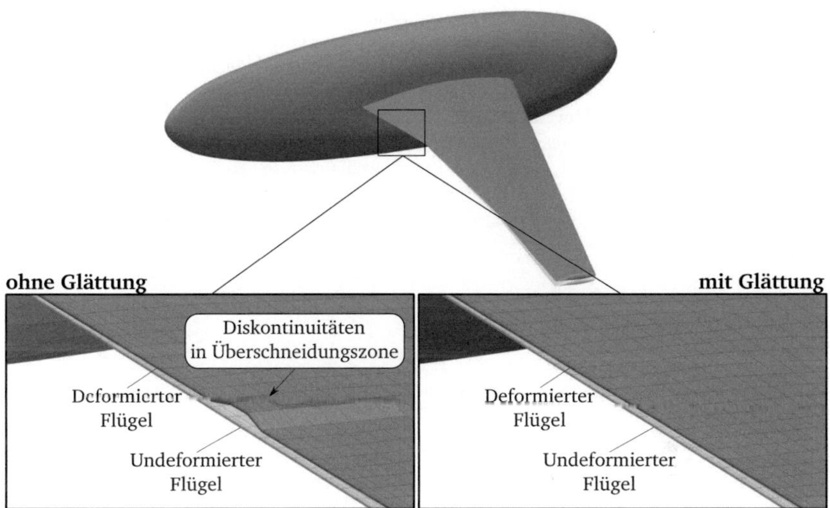

Abbildung 6.9.: Interpolation mit und ohne Glättung der Deformationen in den Überschneidungszonen

Arbeit verwendeten einfachen Balkenmodell bereits die gewünschte Wirkung erzielt, wird auf die Implementierung der winkelbezogenen Glättung verzichtet.

6.4. Validation des aeroelastischen Modells anhand des Testfalls 132

In diesem Abschnitt wird ein Vergleich der stationären Ergebnisse mit den numerischen Untersuchungen des Testfalls 132 von Chwalowski [14] durchgeführt. Der Testfall 132 beinhaltet stationäre Untersuchungen bei den in Tabelle 6.3 angegebenen Strömungsbedingungen. Chwalowski berücksichtigt bei seinen Beiwerten lediglich die Kräfte auf dem Flügel und vernachlässigt die Kräfte auf der Rumpfschale. Zudem liegt bei ihm der Bezugspunkt für das aerodynamische Moment bei $p_{ref} = (0,0\ 0,0\ 0,0)$, also im Ursprung des aerodynamischen Koordinatensystems, welches in der Vorderkante der Flügelwurzel liegt (vgl. Abb. 6.1). Aus diesen Gründen weichen die in diesem Abschnitt gezeigten aerodynamsichen Beiwerte von den Kurven in Abbildung 6.4 ab. Chwalowski untersucht in seiner Arbeit drei Gitter, welche er als Gitter A, B und C bezeichnet. Da für Gitter C nur Daten für den Anstellwinkel $\alpha = 1,5°$ vorliegen, wird dieses Gitter in den folgenden Untersuchungen nicht berücksichtigt. Die Auftriebs-, Widerstands- und Momentenkurve des undeformierten mittleren Gitters werden in Abbildung C.1 im Anhang mit den Ergebnissen von Chwalowski [14] verglichen. Aus diesen Diagrammen geht eine gute Übereinstimmung zwischen dem Gitter B und dem in dieser Arbeit verwendeten Gitter hervor. Lediglich in der Momentenkurve C.1(c) zeigen sich bei höheren Anstellwinkeln Abweichungen. Die Ergebnisse stimmen dennoch in zufriedenstellendem Maße mit den Referenzwerten überein. In Abbildung C.2 im Anhang werden die

Verteilungen des Druckbeiwerts c_p des starren Flügels bei einem Anstellwinkel von $\alpha = 1,5°$ mit denen des Gitters B von Chwalowski verglichen. Die Druckverteilungen stimmen ebenfalls in zufriedenstellendem Maße überein, wobei leichte Abweichungen lediglich in Stoßnähe und an der Hinterkante zu erkennen sind.
Die im Anhang gezeigten Kurven beziehen sich auf den undeformierten, starren Flügel. Im Folgenden werden die Ergebnisse des gekoppelten aeroelastischen Modells betrachtet, d.h. bei jedem Anstellwinkel wird durch iteratives Durchlaufen des Kopplungszyklus das aeroelastische Gleichgewicht bestimmt. Da diese Ergebnisse auch die Strukturlösung beinhalten, dient dieser Fall auch der Validierung des Strukturmodells sowie des Last- und Deformationstransfers.

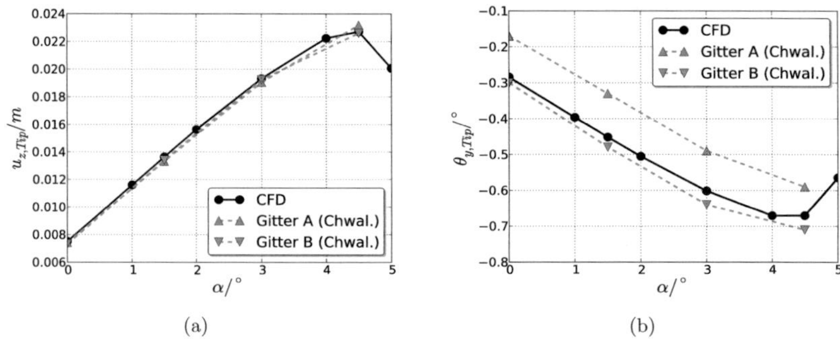

Abbildung 6.10.: Vergleich der Flügelspitzendeformation im aeroelastischen Gleichgewicht mit den Ergebnissen von Chwalowski [14] für verschiedene Anstellwinkel: (a) Flügelspitzenabsenkung $u_{z,Tip}$; (b) Flügelspitzenrotation $\theta_{y,Tip}$

Betrachtet man die strukturelle Verrückung $u_{z,Tip}$ und Rotation $\theta_{y,Tip}$ der Flügelspitze, welche in Abbildung 6.10 für die untersuchten Anstellwinkel dargestellt sind, zeigt sich eine gute Übereinstimmung mit den Ergebnissen des Gitters B. Chwalowski gibt bei der Flügelspitzenverrückung jeweils einen Wert für die Vorder- und Hinterkante an. Für den Vergleich wird der arithmetische Mittelwert beider Verrückungen verwendet, wobei die geometrische Position des Balkenknotens bezüglich der Vorder- und Hinterkante vernachlässigt wird.
Wie aus Abbildung 6.10(b) hervorgeht, nimmt die Rotation der Flügelspitze bei der Erhöhung des Anstellwinkels von $\alpha = 4°$ auf $\alpha = 4,5°$ nicht weiter zu, sondern ganz leicht ab. Bei einer weiteren Erhöhung auf $\alpha = 5°$ fällt sowohl die Flügelspitzenrotation, als auch -verrückung deutlich ab. Dies ist auf nichtlineare aerodynamische Effekte zurückzuführen, welche in Abschnitt 6.5 genauer untersucht werden.
In Hinblick auf die maximale Flügelspitzenverrückungen $u_{z,Tip} = 0,0227\ m$ ist weiterhin festzustellen, dass diese lediglich $1,71\%$ der strukturellen Flügelspannweite von $y_{Tip} = 1,327\ m$ beträgt. Damit ist die Verwendung des linear-elastischen Strukturmodells zulässig, welches nach Wellmer [74] bis zu einer Flügelspitzenverrückungen von etwa 10% bezüglich der Flügelspannweite gültig ist.
In Abbildung 6.11 sind die Kurven der Beiwerte des elastischen Flügels gezeigt. Bei allen Analysen stellt sich ein stabiler Zustand nach fünf Strömungs-Struktur-Iterationen ein. Ähnlich wie beim starren Flügel (vgl. Abb. C.1) zeigen die Auftriebs- und Widerstandskurve eine

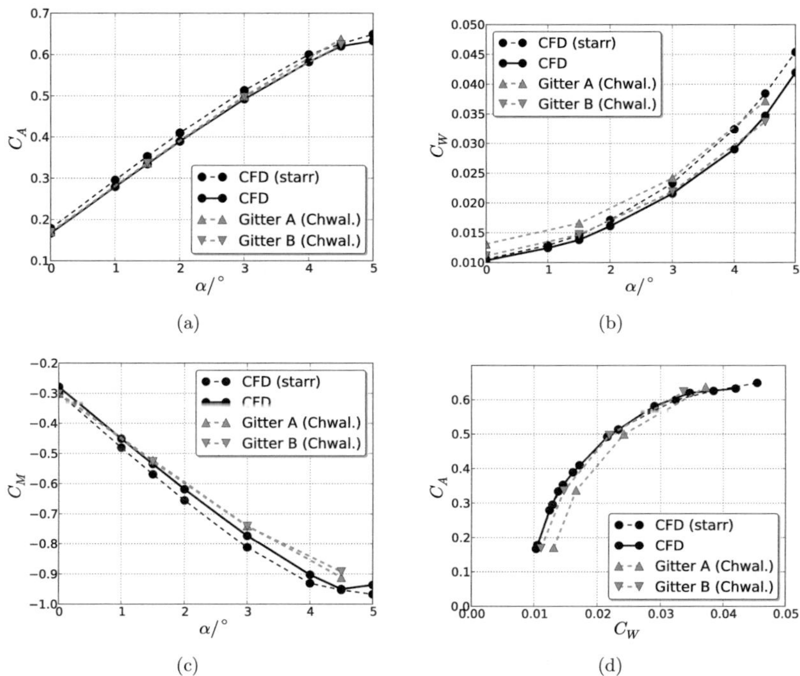

Abbildung 6.11.: Vergleich der Kurven des elastischen Flügels mit den Ergebnissen von Chwalowski [14]: (a) Auftriebskurve; (b) Widerstandskurve; (c) Momentenkurve; (d) Lilienthalpolare

gute Übereinstimmung mit den Ergebnissen des Gitters B von Chwalowski, wohingegen die Momentenkurve bei höheren Anstellwinkeln leicht abweicht.
Ein Vergleich der Druckverteilungen im aeroelastischen Gleichgewicht bei $\alpha = 1,5°$ in Abbildung 6.12 zeigt gute Übereinstimmung mit den numerischen Ergebnissen von Chwalowski [14]. Zudem sind die im Experiment gemessenen Druckbeiwerte des Testfalls 132 dargestellt, welche in zufriedenstellendem Maße durch die Simulationsergebnisse abgebildet werden. Lediglich die Ausprägung der Verdichtungsstöße wird durch die numerischen Ergebnisse nicht korrekt wiedergegeben. Hierbei zeigt sich jedoch auch, dass die in dieser Arbeit durchgeführten numerischen Analysen eine etwas bessere Übereinstimmung mit den experimentellen Daten zeigen.

6.5. Untersuchung bei höheren Anstellwinkeln

Aus den Kurven in Abbildung 6.4 bzw. 6.11 ist deutlich eine Gradientenänderung für Anstellwinkel $\alpha > 3°$ erkennbar, welche auf den Einfluss von nichtlinearen Effekten zurückzuführen ist. Da die Ersatzmodellierung gerade in Bereichen mit stärkeren nichtlinearen

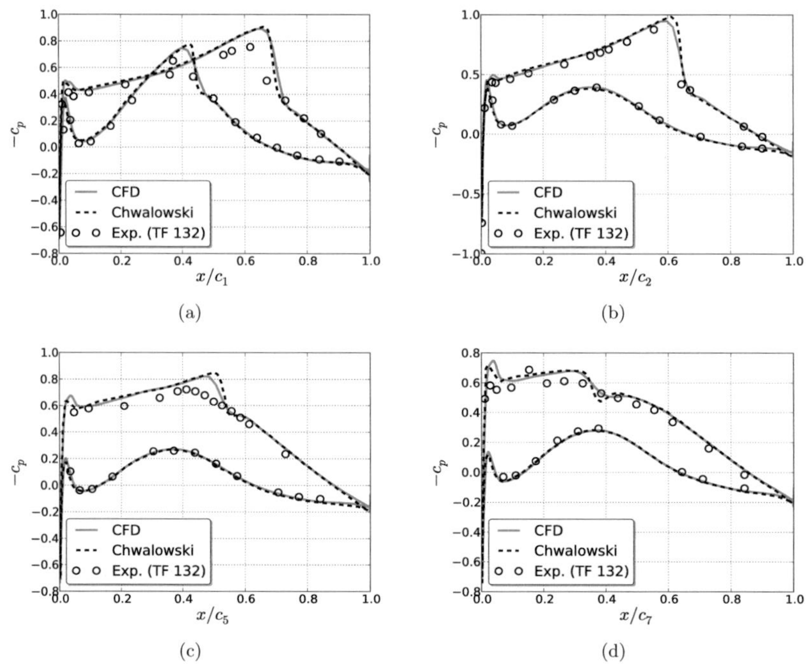

Abbildung 6.12.: Vergleich der Druckverteilungen des elastischen Flügels bei $\alpha = 1,5°$ mit den Ergebnissen von Chwalowski [14]: (a) Schnitt 1; (b) Schnitt 2; (c) Schnitt 5; (d) Schnitt 7

Effekten untersucht werden soll, wird der Anstellwinkel für die folgenden Untersuchungen auf $\alpha = 4°$ festgelegt. Die Untersuchungen dieses Abschnitts wurden zum Teil bereits in Referenz [39] publiziert.

Für einen tieferen Einblick in die aerodynamischen Verhältnisse auf dem Flügel bei $\alpha = 4°$ werden in Abbildung 6.13 die Streichlinien auf der Flügeloberfläche in Verbindung mit dem Oberflächendruckbeiwert c_p betrachtet. Die Streichlinien sind die vektorielle Darstellung der Reibungsbeiwerte c_f auf der Oberfläche. Da auf der Flügeloberfläche aufgrund der Haftbedingung die Strömungsgeschwindigkeit auf null fällt, wird angenommen, dass die vektoriellen Richtungen der Reibungsbeiwerte mit der flügelnahen Strömung übereinstimmen.

In Abbildung 6.13(a) ist der undeformierte Flügel dargestellt. Am Farbverlauf des Oberflächendrucks ist deutlich die Position des Verdichtungsstoßes erkennbar. In dem Überschallgebiet vor dem Stoß liegen die Streichlinien in Strömungsrichtung, was eine anliegende Strömung indiziert. Anhand der Streichlinien direkt hinter dem Verdichtungsstoß

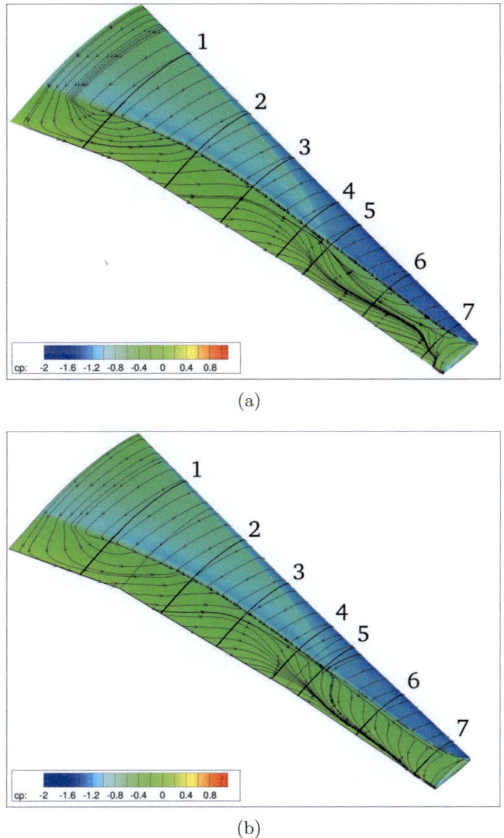

(a)

(b)

Abbildung 6.13.: Darstellung der Streichlinien mit dem Oberflächendruckbeiwert bei $\alpha = 4°$, $Ma = 0,8$ und $Re = 7 \cdot 10^6$: (a) Starrer Flügel; (b) Elastischer Flügel im aeroelastischen Gleichgewicht

ist eine parallel zum Stoß verlaufende Querströmung erkennbar. Diese wird durch eine stoßinduzierte Ablöseblase hervorgerufen. Darüber hinaus zeigen die Streichlinien zwischen Stoß und Hinterkante im Innenflügel (zwischen Schnitt 1 und Schnitt 4) eine Rückströmung und im Außenflügel eine Querströmung an.

In Abbildung 6.13(b) sind zum Vergleich die Streichlinien im aeroelastischen Gleichgewicht dargestellt. Hierbei sind Differenzen zum undeformierten Flügel vor allem im Außenflügelbereich (zwischen Schnitt 4 und Flügelspitze) erkennbar. Zum einen ist anhand der Streichlinien eine Drehung der Querströmung in Richtung der Hinterkante, also stromabwärts, festzustellen und zum anderen sinkt der Unterdruck im Überschallgebiet, was sich durch einen gesteigerten Druckbeiwert c_p bemerkbar macht.

Dieses Phänomen ist mit der Flügeltorsion im aeroelastischen Gleichgewichtszustand erklärbar, welche an der Flügelspitze $\theta_{y,Tip} = -0,671°$ beträgt (vgl. Abb. 6.19(b)). Folglich ist durch die Flügeltorsion der lokale Anstellwinkel im Außenflügel kleiner, weshalb der Unterdruck im Überschallgebiet und damit die Druckdifferenz vor und hinter dem Verdichtungsstoß ebenfalls geringer ist, als beim undeformierten Flügel. Die geringere Ausprägung des Verdichtungsstoßes führt zu einem Abschwächen der stoßinduzierten Ablöseblase.

Für eine deutlichere Darstellung der Ablöseeffekte ist in Abbildung 6.14 das flügelnahe Strömungsfeld in Schnitt 7 des starren und elastischen Flügels gezeigt. Das Nahfeld zeigt die Strömungslinien in Verbindung mit den lokalen Machzahlen. Das Überschallgebiet ist durch die gestrichelte Linie abgegrenzt, welche $Ma = 1$ markiert. Anhand des Farbverlaufs der lokalen Machzahlen ist eine Aufdickung der Grenzschicht auf der Oberseite hinter dem Stoß deutlich zu beobachten, wobei die Grenzschichtaufdickung beim starren Flügel erkennbar ausgeprägter verläuft. Zudem ist anhand der gestrichelten Markierung der Schallgrenze ($Ma = 1$) eine leichte Verkleinerung des Überschallgebiets zu sehen.
Die obere Detaildarstellung zeigt deutlich erkennbar die Ablöseblase direkt hinter dem Stoß, wobei ein Vergleich des starren mit dem elastischen Flügel das Schrumpfen der Blase verdeutlicht. Hierbei ist die stärkere Vergrößerung der Detailansicht im elastischen Fall zu betonen, welche für eine hinreichende Darstellungsgröße der Ablöseblase notwendig ist.
Aus der unteren Detailansicht ist das Aufdicken der Grenzschicht im Bereich der Ablöseblase zu erkennen. Zudem markiert die weiße gestrichelte Linie die Umkehrpunkte, in welchen für die x-Komponente der Strömungsgeschwindigkeit $U_x = 0 \, \frac{m}{s}$ gilt. Laut Simpson [62] markieren die Umkehrpunkte die Grenze zwischen der vorwärtsgerichteten Strömung und der Rückströmung und kann dementsprechend als ein guter Indikator für die Ausdehnung der Strömungsablösung verwendet werden. Sowohl beim starren als auch beim elastischen Flügel ist festzustellen, dass sich die Strömung hinter der Ablöseblase wieder an den Flügel anlegt, wobei der Bereich der Rückströmung beim starren Flügel ausgeprägter ist.

In Abbildung 6.13 ist zudem sowohl beim starren als auch beim elastischen Flügel eine deutliche Rückströmung im Innenbereich zwischen Schnitt 1 und Schnitt 3 zu erkennen. Betrachtet man das flügelnahe Strömungsfeld des starren Flügels in Schnitt 2 und 3, welche in Abbildung 6.15 gezeigt sind, ist Strömungsablösung auf dem letzten Drittel der Flügeloberseite bis zur Hinterkante erkennbar. Da die Strömungsverhältnisse im Innenflügel von der aeroelastischen Deformation kaum beeinflusst werden, wird an dieser Stelle auf die Darstellung des flügelnahen Strömungsfeldes des deformierten Flügels verzichtet.

Zusammenfassend geht aus den Untersuchungen der aerodynamischen Verhältnisse hervor, dass bei einem Anstellwinkel von $\alpha = 4°$ signifikante Strömungsablösungen im Innenflügelbereich auftreten, welche jedoch mit der aeroelastischen Verformung nicht besonders stark interagieren. Des Weiteren treten Ablöseblasen im Außenflügelbereich auf, deren Ausprägung jedoch von der strukturellen Verformung abhängen. Diese Ablöseeffekte verstärken sich bei weiterer Erhöhung des Anstellwinkels und verursachen das in Abschnitt 6.4 beobachtete Absinken der Flügelspitzenverrückung und - rotation bei $\alpha > 4°$.

Dies ist ein anschauliches Beispiel für die Einflüsse von nichtlinearen aerodynamischen Effekten, welche mit hinreichender Genauigkeit durch das Ersatzmodell abzudecken sind. Hierbei ist zu betonen, dass die Ersatzmodelle in dieser Arbeit lediglich die Auswirkungen solcher nichtlinearen Effekte auf die aerodynamischen Oberflächenkräfte abdecken sollen.

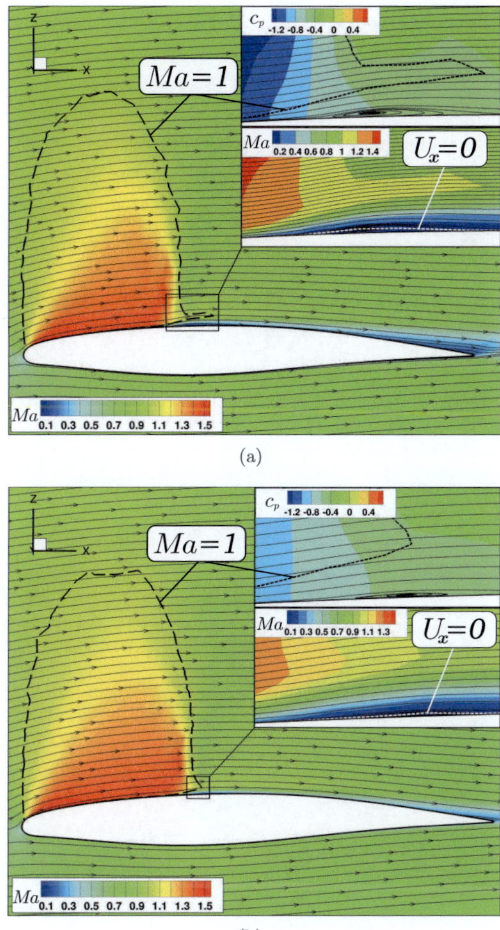

Abbildung 6.14.: Flügelnahes Strömungsfeld in Schnitt 7 bei $\alpha = 4°$, $Ma = 0,8$ und $Re = 7 \cdot 10^6$: (a) Starrer Flügel; (b) Elastischer Flügel im aeroelastischen Gleichgewicht

Eine exakte Vorhersage von Ablösemechanismen im Nahfeld ist nicht Ziel des Ersatzmodells, auch wenn es im Prinzip vorstellbar wäre, die Strömungsgrößen des Nahfelds ebenfalls als Zielgrößen des Ersatzmodells zu definieren.

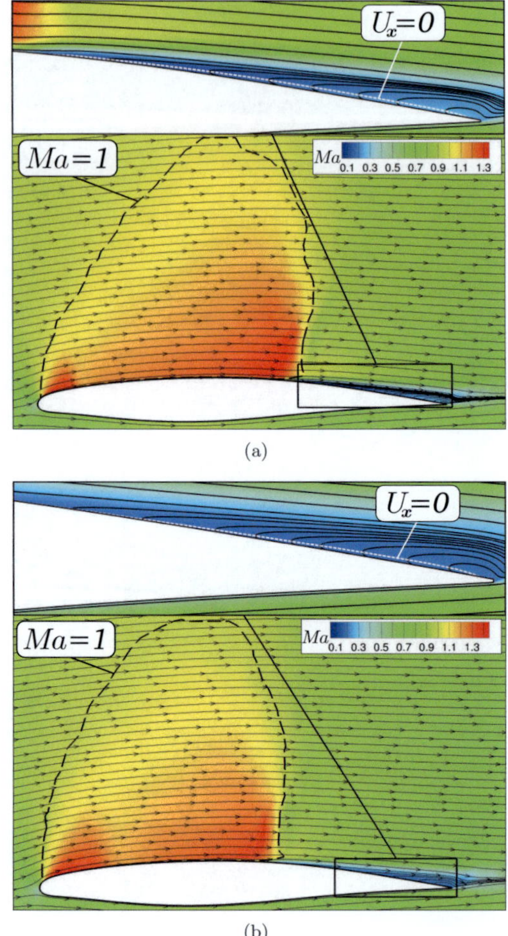

Abbildung 6.15.: Flügelnahes Strömungsfeld des starren Flügels bei $\alpha = 4°$, $Ma = 0,8$ und $Re = 7 \cdot 10^6$: (a) Schnitt 2; (b) Schnitt 3

6.5.1. Identifikation des Ersatzmodells

Die Vorgehensweise zur Berechnung der erforderlichen Trainingsdaten ist analog zu der in Abschnitt 5.3.1 beschriebenen Vorgehensweise beim AGARD445.6 Flügel. Die geführte Strukturbewegung wird durch Überlagerung der ersten fünf Eigenformen bestimmt, wie es in Gleichung 5.2 dargestellt ist. Die modale Anregung erfolgt über Gleichung 5.3, wobei die Maximalwerte der generalisierten Koordinaten $q_{s,max}$ in Tabelle 6.6 definiert sind. Der

Faktor der Modulationsfrequenz wird auf $k_\omega = 15$ und der für das Amplitudenwachstum auf $k_{Amp} = 25$ festgelegt.

Analyse	$q_{1,max}$	$q_{2,max}$	$q_{3,max}$	$q_{4,max}$	$q_{5,max}$
I	0,1	0,050	0,0	0,010	0,010
II	0,2	0,100	0,0	0,020	0,020
III	0,3	0,075	0,0	0,015	0,015

Tabelle 6.6.: Maximalwerte der generalisierten Koordinaten der geführten Bewegung

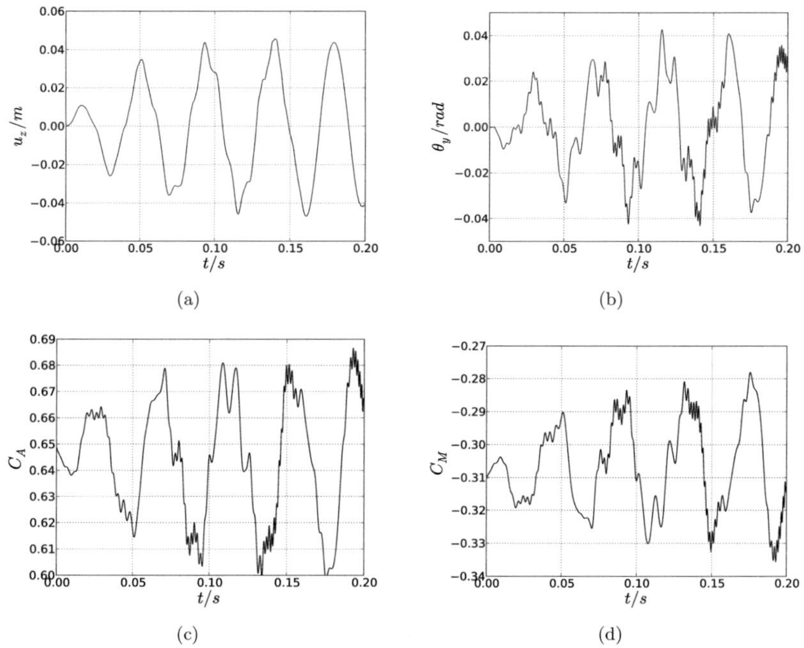

Abbildung 6.16.: Analyse III der HIRENASD-Konfiguration: (a) Flügelspitzenverrückung u_z; (b) Flügelspitzentorsion r_θ; (c) Globaler Auftriebsbeiwert C_A; (d) Globaler Momentenbeiwert C_M

Für die Identifikation werden drei geführte transiente CFD-Rechnungen mit jeweils 1000 Zeitschritten bei einer Zeitschrittweite von $\Delta t = 0,0002\ s$ durchgeführt. Bei der geführten Bewegung zeigt sich, dass die Schwenkbiegedeformation der dritten Eigenform in der x-y-Ebene zu problematischen Rumpfdeformationen in der Flügelwurzel führt (vgl. Abb. 6.3(c)). Diese Eigenform hat nach Ritter [58] beim Testfall 252 einen sehr viel geringen

Anteil an der strukturellen Deformation als die übrigen betrachteten Eigenmoden. Aufgrund dieser Beobachtung wird die Annahme getroffen, dass die dritte Eigenform vernachlässigbar ist, weshalb sie nicht im Trainingssignal angeregt wird. Folglich wird die korrespondierende generalisierte Koordinate $q_3, max = 0$ gesetzt.
Es sei an dieser Stelle angemerkt, dass bei der Anwendung des Ersatzmodells in den gekoppelten Analysen keineswegs die dritte Eigenform vernachlässigt wird, da mit dem vollen FEM-Modell gerechnet wird. Durch die Vernachlässigung im Trainingssignal wird lediglich keine Verbindung zwischen der dritten Eigenform und der aerodynamischen Antwort durch das Ersatzmodell erkannt.
In Abbildung 6.16 sind die Flügelspitzendeformationen und -rotationen sowie die globalen Auftriebs- und Momentenbeiwerte der Trainingsanalyse III dargestellt. In Tabelle 6.7 sind die erforderlichen CPU Zeiten der Trainingsanalysen gegeben.

Analyse	Kerne	CPU Zeit (h:min:sec)
I	16 × AMD Opteron 6128, 2.0 GHz	7927:28:00
II	16 × AMD Opteron 6128, 2.0 GHz	8334:03:12
III	16 × AMD Opteron 6320, 2.8 GHz	7912:43:03

Tabelle 6.7.: Erforderliche Rechenzeiten der Trainingsanalysen des HIRENASD

Mit den Trainingsdaten wird die Identifikationsprozedur aus Abschnitt 3.4 durchgeführt. Sowohl die Eingangs- als auch die Ausgangs-POD-Basis wird mit einem Grenzwert von $v_{red} = 0,99$ konstruiert. Dies führt zu vier Eingangs-POD-Moden und 77 Ausgangs-POD-Moden. In Abbildung 6.17(a) sind die ersten zehn Singulärwerte σ_i der Eingangs-POD-Basis dargestellt, wobei aufgrund der vier angeregten strukturellen Eigenformen ein deutlicher Abfall des fünften Singulärwerts erkennbar ist.
In Abbildung 6.17(b) sind die ersten 100 Singulärwerte der Ausgangs-POD-Basis sowie das Reduktionskriterium $v_{red} = 0,99$ gezeigt. Ähnlich wie bei den vorherigen Untersuchungen (vgl. Abb. 4.5(b) bzw. Abb. 5.4(b)) werden die Singulärwerte asymptotisch kleiner, was wiederum ein Hinweis auf nichtlineares Systemverhalten ist.

Für die Wahl der Zeitfenstergröße wird der in Abschnitt 3.2.3 formulierte empirische Richtwert angewandt. Mit der niedrigsten Eigenfrequenz $f_1 = 25.978\ Hz$ und der Zeitschrittweite von $\Delta t = 0,0002\ s$ ergibt sich ein Zeitfenster von rund 100 Zeitschritten, damit die halbe Periodendauer von f_1 abgedeckt ist. Zudem wird wieder ein recht großer Sparse-Faktor von $f_{sp} = 25$ verwendet.

Bei der Parameterstudie zur Definition der RBF-NN-Parameter werden wie in den vorherigen Kapiteln der Glättungsfaktor λ_s und die Funktionsformen variiert. In Abbildung 6.18 sind die Qualitätsindizes Q der Parameterstudie mit Gauss-RBF und IQ-RBF dargestellt. Wie aus der Studie hervorgeht, führt das RBF-NN mit IQ-Funktionen, einem Glättungsfaktor von $\lambda_s = 10^{-9}$ und einem Ellipsoidexponenten von $k = 7$ zu einem Minimalen Wert für Q. Dementsprechend wird dieses Ersatzmodell für die folgenden Untersuchungen verwendet. Die erforderliche Analysezeit der Identifikation eines Ersatzmodells beträgt durschnittlich etwa 128 Sekunden, wobei die POD-Basen im Vorfeld erstellt und anschließend eingelesen werden.

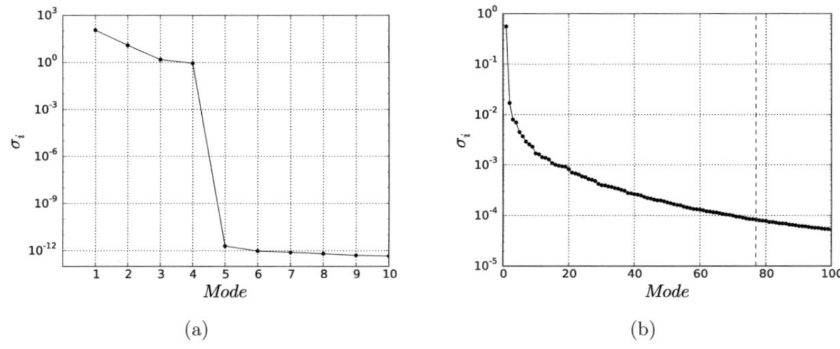

Abbildung 6.17.: Singulärwerte der POD-Basen: (a) Eingangs-POD; (b) Ausgangs-POD

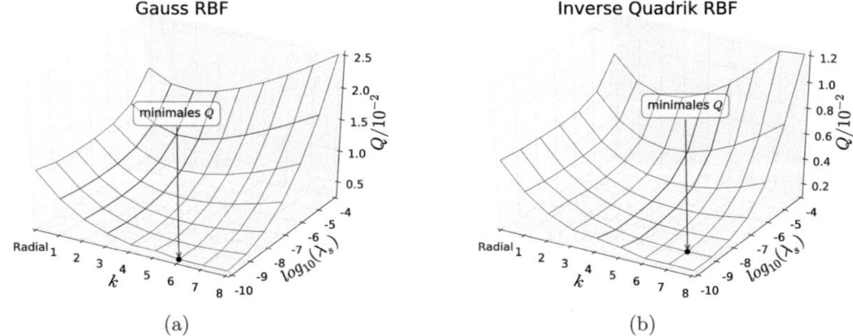

Abbildung 6.18.: Qualitätsindex Q für verschiedene Glättungsfaktoren und Funktionsformen: (a) Gauss-RBF; (b) IQ-RBF

6.5.2. Stationäre Analyse

Wie bereits in Abschnitt 4.4 anhand des NLR7301-Profils gezeigt wird, kann das Ersatzmodell in stationären Analysen verwendet werden. Bei der stationären Aeroelastik ist unter anderem der Gleichgewichtszustand zwischen elastischen und aerodynamischen Kräften von besonderem Interesse (vgl. Kap. 1). Aus diesem Grund wird im Folgenden die Vorhersage des aeroelastischen Gleichgewichtszustand mit Hilfe des Ersatzmodells demonstriert.
Zur Bestimmung des Gleichgewichtszustands werden fünf Strömungs-Struktur-Iterationen durchgeführt, nach welchen sich ein stabiler, konvergenter Zustand einstellt.

In Abbildung 6.19 wird die strukturelle Verrückung u_z und Rotation θ_y des FEM-Balken im aeroelastischen Gleichgewicht der CFD-CSM-Kopplung mit der ROM-CSM-Kopplung verglichen. Wie aus den Diagrammen hervorgeht, stimmen die Strukturdeformationen über die gesamte Spannweite hinweg gut überein. Der relative Fehler an der Flügelspitze beträgt

$e_{u_{z,Tip}} = 0,1267\%$ bzw. $e_{\theta_{y,Tip}} = 0,2295\%$ (vgl. Tab. 6.8). Bezüglich der Profildicke in der Flügelwurzel von $t_{Wurzel} = 0,0824\ m$, welche nach Braun [8] einer relativen Profildicke von 15% entspricht, ist die Flügelspitzenverrückung $u_{z,Tip}$ hinreichend klein, womit die Verwendung der linearen Balkentheorie zulässig ist.

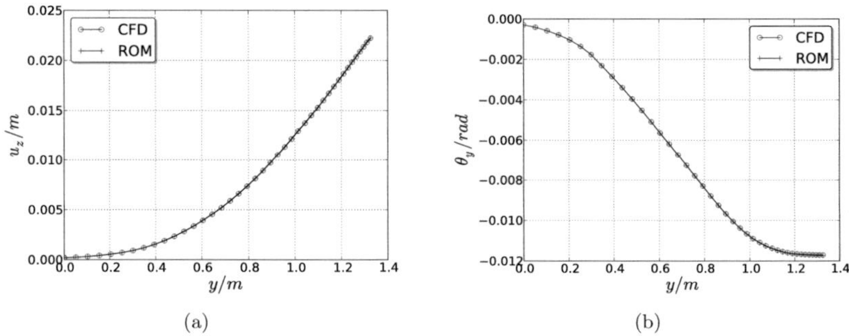

Abbildung 6.19.: Vergleich der Strukturdeformation der CFD-CSM- bzw. ROM-CSM-Kopplung im aeroelastischen Gleichgewicht: (a) Deformation z-Richtung; (b) Rotation um die y-Achse

	CFD-CSM	ROM-CSM	Fehler
$u_{z,Tip}$	$0,022237\ m$	$0,022265\ m$	0,1267 %
$\theta_{y,Tip}$	$-0,011705\ rad$	$-0,011732\ rad$	0,2295 %

Tabelle 6.8.: Vergleich der Flügelspitzenverrückung $u_{z,Tip}$ und -rotation $\theta_{y,Tip}$

In Tabelle 6.9 werden die globalen aerodynamischen Beiwerte beider Analysen mit einander verglichen. Die relativen Fehler des Auftriebs- und Momentenbeiwerts liegen unter 1% Abweichung und sind folglich hinreichend klein. Der Fehler des Widerstandsbeiwerts C_W ist deutlich größer, was sich in ähnlicher Form bereits beim AGARD445.6-Flügel beobachten lässt (vgl. Abschnitt 5.3.2). Dies ist hier ebenfalls mit dem POD-Projektionsfehler aufgrund der unterschiedlichen Größenordnungen der aerodynamischen Kräfte in z- und x-Richtung zu erklären.

Der Fehler des Widerstandsbeiwerts ist zwar kleiner als 2% und damit noch in einem akzeptablen Bereich, jedoch zeigt dies, dass die Ersatzmodellierung in erster Linie zur Analyse und gegebenenfalls Optimierung der Struktur geeignet ist und nicht zur präzisen Vorhersage bzw. Optimierung der Aerodynamik.

In den Abbildungen 6.20 sind die diskreten aerodynamischen Kräfte F_x und F_z des aeroelastischen Gleichgewichts in den Profilschnitten sechs und sieben beider Analysen und zusätzlich des undeformierten Flügels dargestellt. In Abschnitt C.2 des Anhangs sind die übrigen Profilschnitte dargestellt.

Der Vergleich der Kräfte des undeformierten Flügels mit denen des Gleichgewichtszustands zeigt den Einfluss der aeroelastischen Deformation. Das Ersatzmodell deckt diese Einflüsse in einem zufriedenstellenden Maße ab. Vor allem die Kräfte um den Verdichtungsstoß auf

	CFD-CSM	ROM-CSM	Fehler
C_A	$0,62966$	$0,63311$	0,548 %
C_W	$0,03703$	$0,03768$	1,761 %
C_M	$-0,14107$	$-0,14177$	0,496 %

Tabelle 6.9.: Vergleich der aerodynamischen Beiwerte im aeroelastischen Gleichgewicht

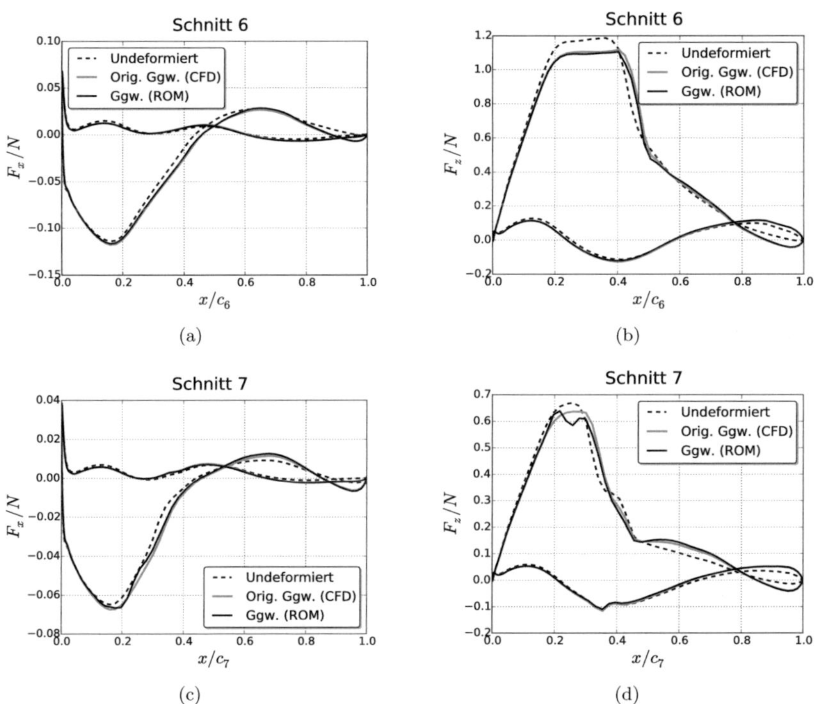

Abbildung 6.20.: Vergleich der diskreten aerodynamischen Kräfte der CFD-CSM- und ROM-CSM-Analyse: (a) F_x in Schnitt 6; (b) F_z in Schnitt 6; (c) F_x in Schnitt 7; (d) F_z in Schnitt 7

der Oberseite werden hinreichend genau vorhergesagt. Es werden folglich die Effekte der veränderten Strömungsablösung im aeroelastischen Gleichgewicht, welche in der Einleitung zu diesem Abschnitt beschrieben werden, auf die aerodynamischen Kräfte durch das Ersatzmodell abgedeckt.

Lediglich im Schnitt 7 sind im Überschallgebiet vor dem Verdichtungsstoß sowohl bei den F_z- als auch bei den F_x-Verläufen deutlichere Abweichungen zu erkennen. Diese sind mit dem verstärkten Auftreten von nichtlinearen Phänomenen, wie beispielsweise der Stoßwanderung in diesem Bereich, zu erklären, da die strukturelle Verrückung und Torsion des Flügels in diesem Bereich am größten ist. Zieht man in Betracht, dass das Ersatzmodell ausschließlich mit transienten Daten erstellt wurde, sind die Abweichungen der vorhergesagten diskreten aerodynamischen Kräfte akzeptabel.

Analyse	Kerne	CPU Zeit (h:min:sec)
CFD-CSM	16 × AMD Opteron 6320, 2.8 GHz	255:47:34
ROM-CSM	1 × Intel i7, 2.6 GHz	000:01:13

Tabelle 6.10.: Erforderliche Rechenzeit des stationären Gleichgewichtszustands

In Tabelle 6.10 sind die benötigten Zeiten der gesamten gekoppelten Analyse aufgeführt. Hierbei muss darauf hingewiesen werden, dass ein großer Teil der Analysezeit der ROM-CSM-Kopplung auf das Aufbauen der Interpolationsmatrizen und das Durchführen der Balkeninterpolation entfällt. Die Vorhersage der aerodynamischen Oberflächenkräfte durch das Ersatzmodell benötigt durchschnittlich $t_{ROM} \approx 1s$.

6.5.3. Instationäre Analyse

Nachdem das Ersatzmodell im vorherigen Abschnitt zur Vorhersage des stationären aeroelastischen Gleichgewichts eingesetzt wird, wird es in diesem Abschnitt zur Vorhersage des instationären aeroelastischen Verhaltens des frei schwingenden Flügels bei $\alpha = 4°$ verwendet. Hierbei wird der undeformierte Flügel bei $t = 0\ s$ aus der Ruhelage losgelassen. Folglich werden keine Initialdeformationen, -geschwindigkeiten und -beschleunigungen aufgeprägt. Die Zeitschrittweite beträgt analog zu den Trainingsanalysen $\Delta t = 0,0002\ s$.

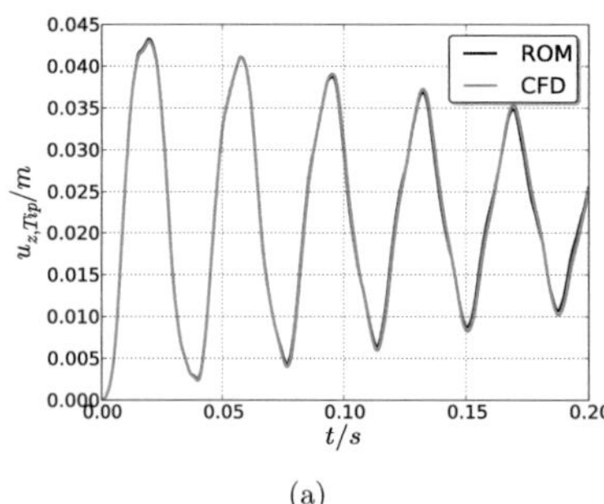

(a)

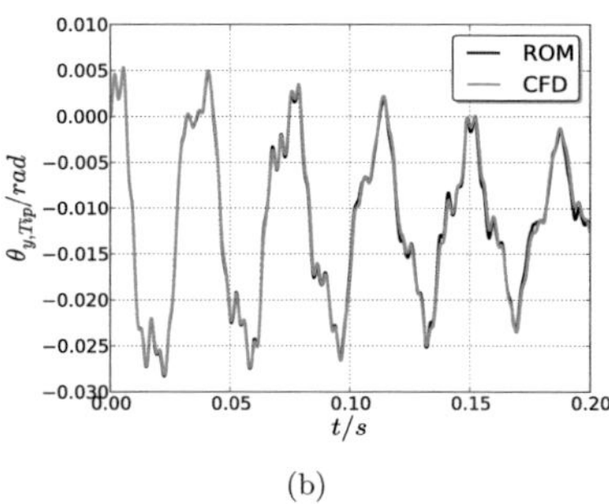

(b)

Abbildung 6.21.: Vergleich der Flügelspitzenbewegung der CFD-CSM- und ROM-CSM-Analyse: (a) Verrückung der Flügelspitze $u_{z,Tip}$; b) Rotation der Flügelspitze $\theta_{y,Tip}$

In Abbildung 6.21 wird die Flügelspitzenverrückung $u_{z,Tip}$ und -rotation $\theta_{y,Tip}$ der instationären ROM-CSM-Analyse mit der CFD-CSM-Analyse verglichen. Die Flügelspitzenbewegung stimmt bei beiden Analysen hinsichtlich der Amplituden und Frequenz in zufriedenstellendem Maße überein.

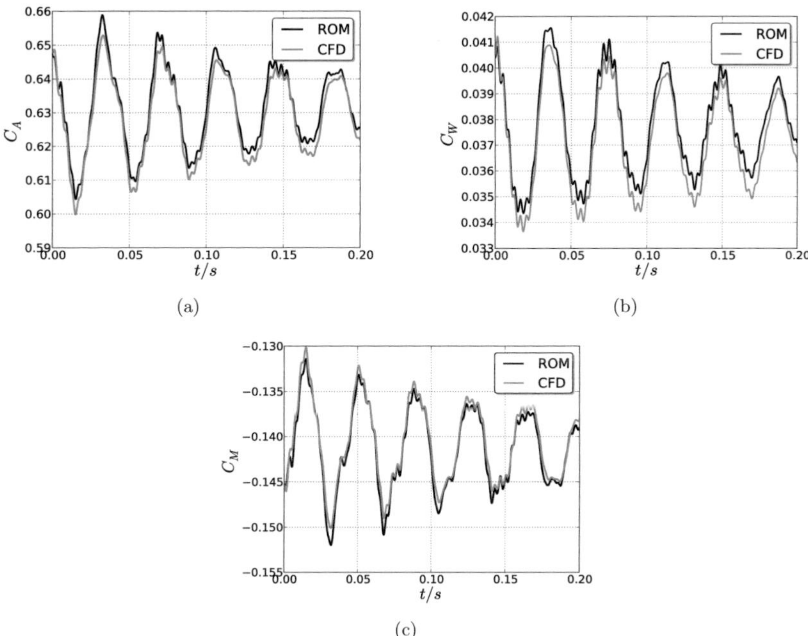

Abbildung 6.22.: Vergleich der globalen aerodynamischen Beiwerte der CFD-CSM- und ROM-CSM-Analyse: (a) globaler Auftriebsbeiwert C_A; b) globaler Widerstandsbeiwert C_W; b) globaler Momentenbeiwert C_M

In Abbildung 6.22 sind die globalen aerodynamischen Beiwerte beider Analysen dargestellt, wobei bei allen drei Beiwerten eine nahezu konstante Differenz zwischen der ROM-CSM- und der CFD-CSM-Analyse sichtbar ist. Die durchschnittlichen relativen Fehler der Beiwerte, welche in Tabelle 6.11 gegeben sind, gleichen denen der stationären Analyse

	C_A	C_W	C_M
e_{max}	0,961 %	2,473 %	1,425 %
$\overline{e}$	0,445 %	1,538 %	0,505 %

Tabelle 6.11.: Maximal auftretender Fehler e_{max} und durchschnittlicher Fehler $\overline{e}$ der aerodynamischen Beiwerte C_A, C_W und C_M

(vgl. Tab. 6.9). Da der Flügel um das aeroelastische Gleichgewicht oszilliert, liegt die Vermutung nahe, dass die konstanten Differenzen auf Approximationsfehler im stationären Teil des Ersatzmodells zurück zu führen ist.

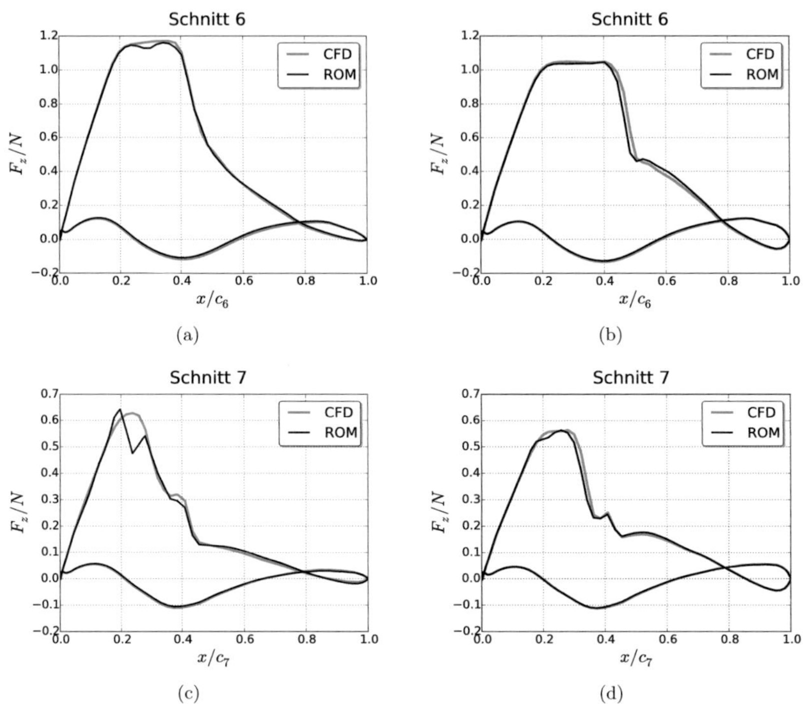

Abbildung 6.23.: Vergleich der instationären Kräfte F_z der ROM-CSM- und CFD-CSM-Analyse: (a) In Schnitt 6 bei $t_1 = 0,04\ s$; (b) In Schnitt 6 bei $t_2 = 0,06\ s$; (c) In Schnitt 7 bei $t_1 = 0,04\ s$; (d) In Schnitt 7 bei $t_2 = 0,06\ s$

Neben den globalen aerodynamischen Beiwerten werden die diskreten instationären aerodynamischen Kräfte F_z in Schnitt 6 und 7 an den Zeitpunkten $t_1 = 0,04\ s$ und $t_2 = 0,06\ s$ in Abbildung 6.23 verglichen. Die Flügelspitzendeformationen zu den betrachteten Zeitpunkten t_1 und t_2 gehen aus Abbildung 6.21 hervor.

Die Kraftverteilungen werden mit zufriedenstellender Genauigkeit vorhergesagt. Besonders die Positionen und Ausprägungen der Verdichtungsstöße werden gut abgebildet, welche sich zudem deutlich sichtbar zwischen den beiden Zeitpunkten verändern. In Schnitt 7 treten im Zeitpunkt t_1 im Überschallgebiet Abweichungen auf, die im Vergleich zum aeroelastischen Gleichgewicht noch ausgeprägter sind. Betrachtet man die strukturelle Verrückung zum Zeitpunkt t_1 (vgl. Abb. 6.21) zeigt sich, dass t_1 im ersten unteren Scheitelpunkt der Flügelspitzenverrückung liegt, wobei die Verrückung im Scheitelpunkt mit $u_{z,Tip}(t_1) = 2,5\ mm$ im positiven Bereich liegt. Da die Anregung der Eigenformen im Trainingssignal symmetrisch

zum undeformierten Flügel erfolgt, ist im Trainingssignal kein unterer Scheitelpunkt im positiven Bereich enthalten (vgl. Abb. 6.16(a)).
Demgegenüber befindet sich t_2 in der Nähe des zweiten oberen Scheitelpunkts. Obere Scheitelpunkte im positiven Bereich sind im Trainingssignal mehrfach bei unterschiedlichen Amplituden enthalten. Die Kraftverteilung in Schnitt 7 zum Zeitpunkt t_2 zeigt im Überschallgebiet nur sehr leichte Abweichungen. Daraus lässt sich schlussfolgern, dass die beobachteten Abweichungen im Überschallgebiet mit der Repräsentanz des aktuellen Zeitpunkts im Trainingssignal erklärt werden kann. Diese Vermutung lässt sich auch anhand eines Vergleichs der Werte des minimalen Funktionsarguments der Basisfunktionen in beiden Zeitpunkten $D^*_{min}(t_1) = 0,323$ und $D^*_{min}(t_2) = 0,164$ bestätigen.

	Kerne	CPU Zeit (h:min:sec)
CFD-CSM	16 × AMD Opteron 6320, 2.8 GHz	6961:16:07
ROM-CSM	1 × Intel i7, 2.6 GHz	0004:19:11

Tabelle 6.12.: Erforderliche Rechenzeiten der transienten Analyse

Die erforderliche CPU Zeiten beider Analysen sind in Tabelle 6.12 aufgeführt. Analog zur stationären Analyse entfällt bei der ROM-CSM-Rechnung der größte Teil der Zeit auf die Interpolation zwischen den Gittern. Da die erforderlichen Rechenoperationen für die Vorhersage der stationären und instationären Kräfte gleich sind, benötigt das Ersatzmodell im instationären Fall ebenfalls durchschnittlich $t_{ROM} \approx 1\ s$ für jede Vorhersage. In Hinblick auf die Rechenzeiten der Trainingsanalysen in Tabelle 6.7 zeigt sich, dass die gekoppelte CFD-CSM-Rechnung etwas weniger Zeit beansprucht, als eine Trainingsanalyse. Folglich ist in diesem Fall ein Zeitgewinn durch die Erstellung eines Ersatzmodells erst dann gegeben, wenn mehrere Analysen mit diesem Ersatzmodell durchzuführen sind, wie beispielsweise bei Variationen des Strukturmodells.

Diese Untersuchung demonstriert die grundsätzliche Anwendbarkeit des Ersatzmodellansatzes auf dreidimensionale Flügelkonfigurationen mit realitätsnaher Geometrie unter Berücksichtigung nichtlinearer Effekte. Sowohl in der stationären als auch in der instationären Analyse reicht die Qualität der Ergebnisse der ROM-CSM-Kopplung an die der CFD-CSM-Kopplung heran, obwohl das Ersatzmodell nur einen Bruchteil der Zeit und Rechner-Ressourcen beansprucht.

6.6. Variation des Strukturmodells

In den bisherigen Analysen wird das in Abschnitt 6.1 beschriebene Strukturmodell verwendet. Ausgehend von der Annahme, dass der Ersatzmodellansatz auch zur Optimierung der Struktur eingesetzt werden kann, wird in diesem Abschnitt die Steifigkeit des Strukturmodells reduziert und die Vorhersagegüte des Ersatzmodells sowohl in der stationären als auch in der instationären Analyse betrachtet.

Die Modifikation des Strukturmodells wird durch eine einfache Multiplikation der Steifigkeitsmatrix $\underline{\underline{K}}$ mit einem Skalierungsfaktor erreicht. Auf diese Weise werden zwei modifizierte Strukturmodelle erstellt, Modell A mit 80% Steifigkeit $\underline{\underline{K}}_{0,8} = 0,8\underline{\underline{K}}$ und Modell B mit 50% Steifigkeit $\underline{\underline{K}}_{0,5} = 0,5\underline{\underline{K}}$.

Mode	f_s/Hz (original)	$f_{s,A}/Hz$ (Modell A)	$f_{s,B}/Hz$ (Modell B)
1	$25,978$	$23,236$	$18,369$
2	$82,523$	$73,811$	$58,353$
3	$117,987$	$105,530$	$83,429$
4	$169,215$	$151,350$	$119,653$
5	$261,482$	$233,877$	$184,896$

Tabelle 6.13.: Vergleich der Eigenfrequenzen des originalen Strukturmodells mit denen der modifizierten Strukturmodelle

Die Reduktion der Steifigkeit beeinflusst die dynamischen Eigenschaften der Struktur, insbesondere die Eigenfrequenzen. In Tabelle 6.13 sind die Eigenfrequenzen beider Modifikationen aufgeführt. Die Eigenfrequenzen des Modells A liegen um $\Delta f_{s,A} = 10,56\%$ und die des Modells B um $\Delta f_{s,B} = 29,29\%$ unter den Eigenfrequenzen des Originalmodells.

6.6.1. Stationäre Analyse

Die Bestimmung des aeroelastischen Gleichgewichts erfolgt analog zu Abschnitt 6.5.2. In Abbildung 6.24 ist die strukturelle Verrückung und Rotation der Balkenmodelle A und B sowie des Originalmodells aus Abbildung 6.19 über der Spannweite dargestellt.
Wie aus den Diagrammen hervorgeht, stimmen die Verrückungen und Rotationen der ROM-CSM-Analyse beim Modell A über die gesamte Spannweite gut mit der CFD-CSM-Analyse überein. Die relativen Fehler an der Flügelspitze, welche in Tabelle 6.14 aufgeführt sind, sind vergleichbar mit denen des Originalmodells (vgl. Tab. 6.8). Betrachtet man die globalen aerodynamischen Beiwerte im aeroelastischen Gleichgewicht beider Modelle in Tabelle 6.15, zeigt sich bei Modell A eine akzeptable Vorhersagegüte des Auftriebs- und Momentenbeiwerts. Die relative Abweichung des Widerstandsbeiwerts C_W liegt jedoch über dem in dieser Arbeit als akzeptabel definierten Fehler von 2%. Für die Diskussion des erhöhten Fehlers in der Widerstandsvorhersage sei auf Abschnitt 6.5.2 verwiesen.

	CFD-CSM	ROM-CSM	Fehler
$u_{z,Tip}$ (Modell A)	$0,02753\ m$	$0,02758\ m$	0,153 %
$\theta_{y,Tip}$ (Modell A)	$-0,01454\ rad$	$-0,01456\ rad$	0,169 %
$u_{z,Tip}$ (Modell B)	$0,04246\ m$	$0,04317\ m$	1,657 %
$\theta_{y,Tip}$ (Modell B)	$-0,02256\ rad$	$-0,02296\ rad$	1,781 %

Tabelle 6.14.: Vergleich der Flügelspitzenverrückung $u_{z,Tip}$ und -rotation $\theta_{y,Tip}$ des aeroelastischen Gleichgewichts der Modelle A und B

Demgegenüber sind bei dem Modell B größere Abweichungen der strukturellen Verrückungen und Rotationen erkennbar. Dementsprechend weisen die relativen Fehler eine deutlich erhöhte Abweichung an der Flügelspitze aus. Hierbei sei darauf hingewiesen, dass die stationäre Flügelspitzenverrückung $u_{z,Tip} = 0,04246\ m$ in der Nähe der maximalen transienten Flügelspitzendeformation im Trainingssignal $u_{z,Tip}^{max} = 0,0457\ m$ liegt und

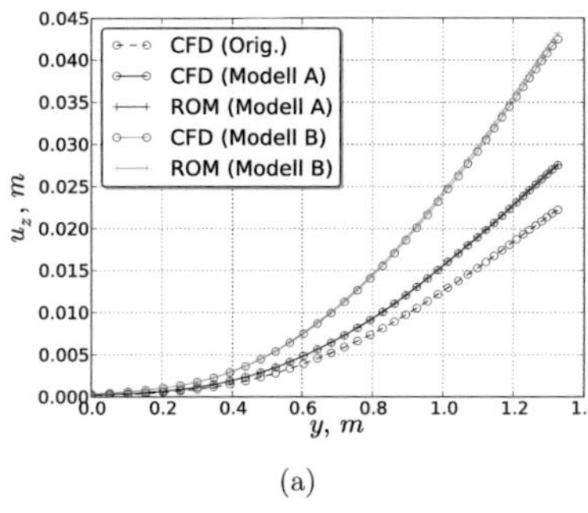

(a)

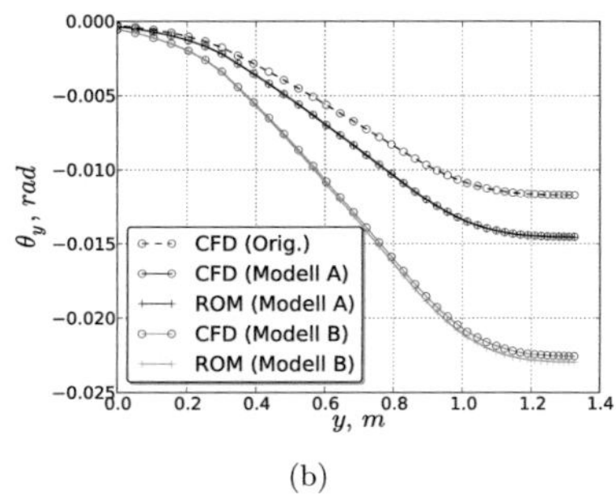

(b)

Abbildung 6.24.: Vergleich der Strukturdeformation der CFD-CSM- bzw. ROM-CSM-Kopplung im aeroelastischen Gleichgewicht der modifizierten Strukturmodelle A und B: (a) Deformation z-Richtung; (b) Rotation um die y-Achse

	CFD-CSM	ROM-CSM	Fehler
C_A(Modell A)	$0,6249$	$0,62958$	0,75 %
C_W(Modell A)	$0,0363$	$0,0372$	2,48 %
C_M(Modell A)	$-0,1398$	$-0,1408$	0,72 %
C_A(Modell B)	$0,6095$	$0,6184$	1,46 %
C_W(Modell B)	$0,0344$	$0,0359$	4,36 %
C_M(Modell B)	$-0,1353$	$-0,1379$	1,92 %

Tabelle 6.15.: Vergleich der aerodynamischen Beiwerte des aeroelastischen Gleichgewichts der Strukturmodelle A und B

daher eine schlechtere Vorhersagequalität in der stationären Analyse vorhersehbar ist. Dementsprechend weisen die globalen aerodynamischen Beiwerte des Modells B ebenfalls größere Abweichungen auf, wie der Tabelle 6.15 entnommen werden kann.

In Abbildung 6.25 sind die diskreten Oberflächenkräfte F_z der ROM-CSM-Analyse mit der CFD-CSM-Analyse in den Schnitten 6 und 7 für beide Strukturmodelle dargestellt. Zusätzlich sind die Kräfte des aeroelastischen Gleichgewichts des Originalmodells dargestellt, um die Änderung der Kräfte beim modifizierten Modell zu ermitteln. Die Kräfte in den Schnitten 2 bis 5 sind in Abschnitt C.3 aufgeführt.
Die Kräfte im aeroelastischen Gleichgewicht des Modells A werden in vergleichbarer Qualität wie beim Originalmodell vorhergesagt. Dabei ist festzustellen, dass die Änderungen der aerodynamischen Kräfte zwischen Modell A und dem Originalmodell recht klein ausfallen.
Im Gegensatz dazu weisen die Kräfte bei Modell B deutlichere Änderungen zum Originalmodell auf, welche durch das Ersatzmodell weitestgehend abgedeckt werden. Vor allem die Änderung des Stoßes in Schnitt 7 wird in hinreichendem Maße abgebildet (vgl. Abb. 6.25(d)). In Schnitt 6 sind deutlichere Abweichungen zwischen der ROM-CSM- und der CFD-CSM-Analyse in Stoßnähe zu beobachten, wobei auch hier das Ersatzmodell die

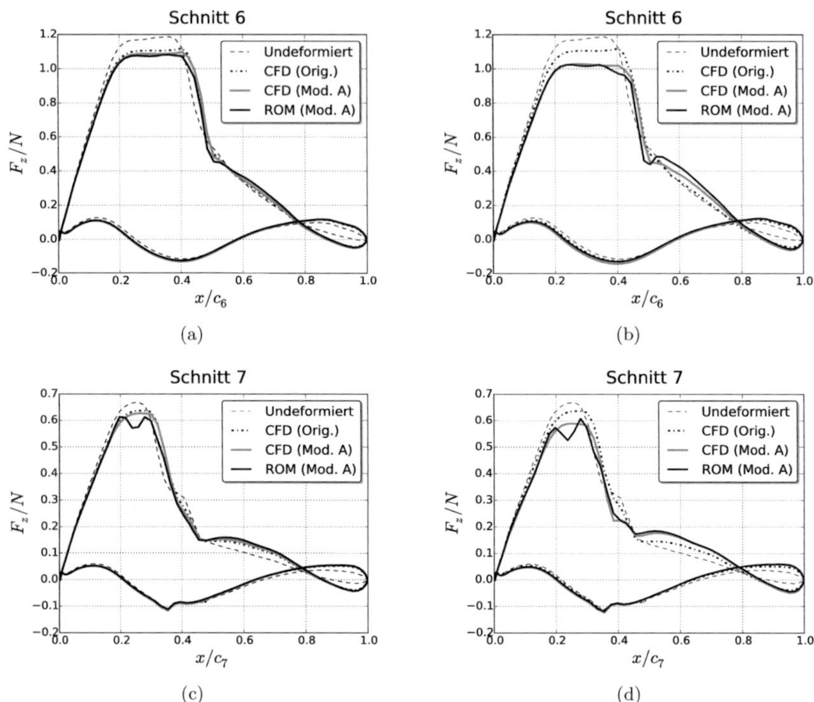

Abbildung 6.25.: Vergleich der diskreten aerodynamischen Kräfte F_z der CFD-CSM- und ROM-CSM-Analyse: (a) Schnitt 6 (Modell A); (b) Schnitt 6 (Modell B); (c) Schnitt 7 (Modell A); (d) Schnitt 7 (Modell B)

Änderung der Kraftverteilung bezüglich des originalen Strukturmodells qualitativ akzeptabel vorhersagt. Auch die diskreten Kräfte in den übrigen Flügelschnitten werden durch das Ersatzmodell in einer akzeptablen Weise abgebildet (vgl. Abb. C.7 und C.8). Es ist folglich festzustellen, dass durch die Halbierung der strukturellen Steifigkeit die Vorhersagequalität des Ersatzmodells zwar deutlich sinkt, die Auswirkungen dieser Modifikation auf die aerodynamischen Kräfte jedoch qualitativ akzeptabel abgebildet werden.

Diese Untersuchung zeigt, dass bei moderaten Änderungen am Strukturmodell das aeroelastische Gleichgewicht durch die ROM-CSM-Analyse in vergleichbarer Qualität vorhergesagt wird, wie beim originalen Strukturmodell. Bei größeren Veränderungen sinkt die Vorhersagequalität, wobei die Zulässigkeit der Abweichungen je nach Einsatzszenario des Ersatzmodells beurteilt werden muss. Des Weiteren ist anzumerken, dass durch die Reduktion der Steifigkeit keine zusätzliche relevante Eigenform aufgetreten ist, was bei anders gearteten Modifikationen durchaus vorstellbar wäre.

6.6.2. Instationäre Analyse

Die instationäre Analyse wird in Analogie zu Abschnitt 6.5.3 für beide Strukturmodelle durchgeführt. In Abbildung 6.26 ist die Flügelspitzenverrückung und -rotation der ROM-CSM- bzw. CFD-CSM-Analyse mit Strukturmodell A gezeigt. Die Strukturbewegung der ROM-CSM-Analyse stimmt hinreichend genau mit der Referenzrechnung überein. Vergleicht man die maximale Flügelspitzenverrückung im ersten Scheitelpunkt $u_{z,max}^{A,ROM} = 0,0527\ m$ mit der maximalen Verrückung des Originalmodells $u_{z,max}^{orig} = 0,0433\ m$, zeigt sich eine Erhöhung von 21,7%, welche aufgrund des linearen Strukturmodells in etwa der Steifigkeitsreduktion von 20% entspricht. Hierbei ist zu beachten, dass die maximale Flügelspitzenverrückung in den Trainingsdaten mit $u_{z,max}^{Train} = 0,0457\ m$ gut 15% unter dem Wert von $u_{z,max}^{A,ROM}$ liegt. Folglich werden die aerodynamischen Kräfte in diesem Bereich durch das Ersatzmodell mittels Extrapolation bestimmt.

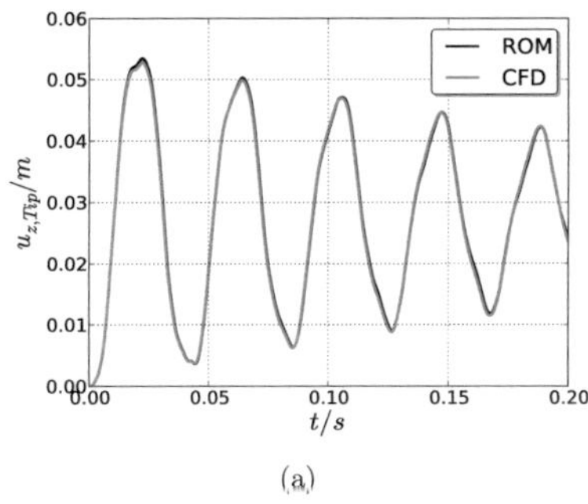

(a)

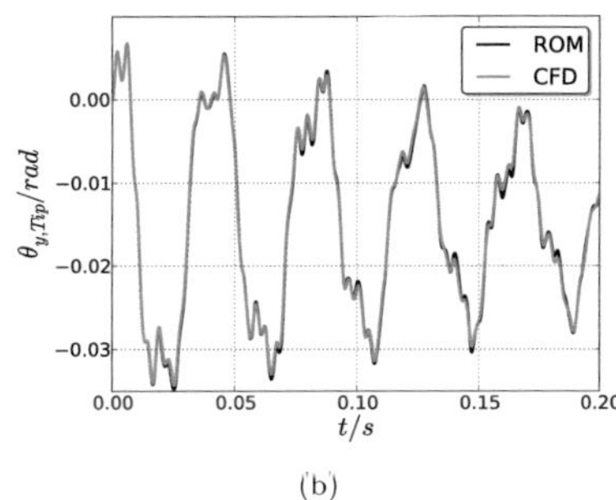

(b)

Abbildung 6.26.: Vergleich der Flügelspitzenbewegung der CFD-CSM- und ROM-CSM-Analyse mit Modell A: (a) Verrückung der Flügelspitze $u_{z,Tip}$; b) Rotation der Flügelspitze $\theta_{y,Tip}$

	C_A	C_W	C_M
e_{max} (Modell A)	1,757 %	4,298 %	2,336 %
$\overline{e}$ (Modell A)	0,727 %	2,164 %	0,940 %

Tabelle 6.16.: Maximal auftretender Fehler e_{max} und durchschnittlicher Fehler $\overline{e}$ der aerodynamischen Beiwerte C_A, C_W und C_M der Analyse mit Modell A

In Abbildung 6.27 sind die globalen aerodynamischen Beiwerte der Analyse mit Modell A dargestellt. Zudem sind in Tabelle 6.16 der Maximal- und der Durchschnittsfehler der Beiwerte aufgeführt. Im Vergleich zu der Analyse mit dem originalen Strukturmodell ist ein leichter Anstieg der Fehler zu beobachten, jedoch kann die Vorhersagequalität als vergleichbar eingestuft werden. Lediglich der Durchschnittsfehler des Widerstandsbeiwerts liegt knapp über der tolerierbaren Grenze von 2%. In Hinblick auf die Steifigkeitsreduktion des Strukturmodells um 20% und der erwähnten leichten Extrapolation der vorhergesagten Kräfte wird diese Abweichung des Widerstandsbeiwerts als noch akzeptabel bewertet.

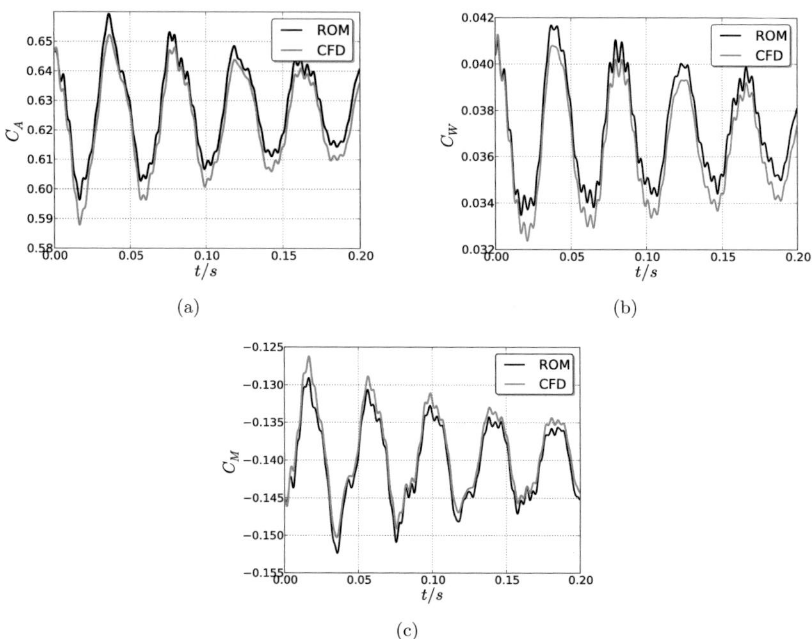

Abbildung 6.27.: Vergleich der globalen aerodynamischen Beiwerte der CFD-CSM- und ROM-CSM-Analyse mit Modell A: (a) globaler Auftriebsbeiwert C_A; b) globaler Widerstandsbeiwert C_W; b) globaler Momentenbeiwert C_M

In Abbildung 6.28 ist die Flügelspitzenverrückung und -rotation der Analyse mit Modell B gezeigt. In dieser Analyse sind deutliche Differenzen in der Strukturbewegung zwischen der ROM-CSM- und CFD-CSM-Analyse erkennbar, wobei sowohl in der Verrückung als auch in der Rotation eine signifikante Phasenverschiebung zwischen beiden Analysen festzustellen ist. Der Grund für diese starken Differenzen kann aus der Betrachtung der globalen aerodynamischen Beiwerte beider Analysen abgeleitet werden, welche in Abbildung 6.29 über der Zeit aufgetragen sind. Aus den Zeitverläufen der aerodynamischen Beiwerte ist ersichtlich, dass große Abweichungen der vorhergesagten aerodynamischen Kräfte in den Bereichen besonders großer Flügelspitzenverrückung auftreten, also in der Nähe der oberen Scheitelpunkte der Flügelspitzenverrückung. Die maximale Flügelspitzenverrückung in der CFD-CSM-Analyse beträgt $u_{z,max}^{A,CFD} = 0,0795\ m$ und liegt damit um 73,96% über $u_{z,max}^{Train}$. Die aerodynamischen Kräfte werden folglich durch das Ersatzmodell extrapoliert, wobei die Extrapolation aufgrund des großen Abstands zu bekannten Trainingspunkten versagt. Die unzulässige Extrapolation wird auch über das in Gleichung 3.47 formulierte Extrapolationskriterium indiziert. Der Wert des minimalen Funktionsarguments liegt im ersten oberen Wendepunkt bei $D_{min}^{*} = 0,823$ und damit signifikant über dem Grenzwert.

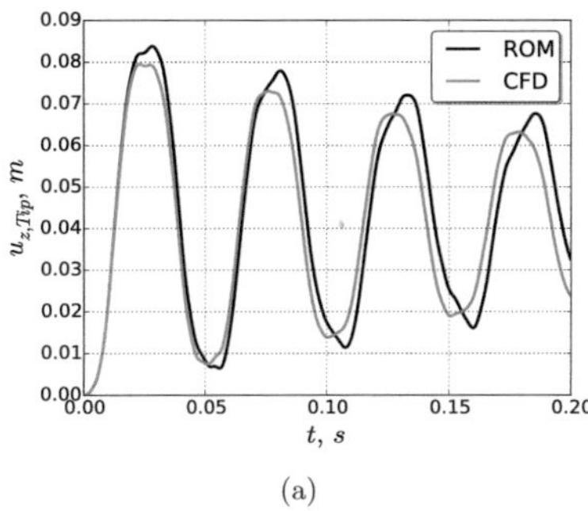

(a)

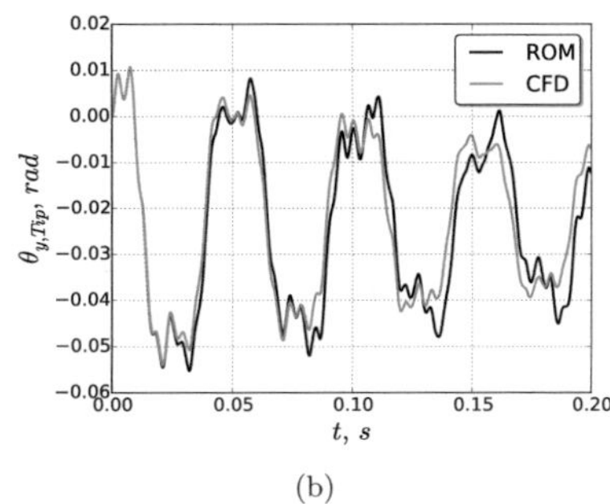

(b)

Abbildung 6.28.: Vergleich der Flügelspitzenbewegung der CFD-CSM- und ROM-CSM-Analyse mit Modell B: (a) Verrückung der Flügelspitze $u_{z,Tip}$; b) Rotation der Flügelspitze $\theta_{y,Tip}$

Diese Untersuchung zeigt, dass eine Variation des Strukturmodells durch das Ersatzmodell abgedeckt werden kann, wobei unzulässige Extrapolationen zu vermeiden sind. Derart kritische Extrapolationsfälle können jedoch durch das Extrapolationskriterium identifiziert werden. Prinzipiell ist es möglich, der unzulässigen Extrapolation durch eine Erweiterung der Trainingsdaten um höhere Schwingungsamplituden zu begegnen. Dem soll im Rahmen dieser Untersuchung jedoch nicht weiter nachgegangen werden.

6.7. Einbinden zusätzlicher Parameter: Anstellwinkel

Bei den bisherigen Untersuchungen war der Anstellwinkel auf $\alpha = 4°$ festgelegt. Im Folgenden wird der Anstellwinkel als Metaparameter definiert und ein Ersatzmodell für den Anstellwinkelbereich $1° < \alpha < 5°$ erstellt. Hierfür werden geführte Trainingsanalysen bei $\alpha = 1°, 2°, 3°, 4°, 5°$ mit den generalisierten Koordinaten der Analyse III aus Tabelle 6.6 durchgeführt. Mit diesen Daten wird ein Ersatzmodell erstellt, wobei die Identifikation in Analogie zu Abschnitt 6.5.1 vorgenommen und deshalb an dieser Stelle nicht detailliert erläutert wird. Nähere Informationen zur Modellidentifikation werden im Anhang in Abschnitt C.4 gegeben.

6.7.1. Untersuchung der stationären Analyse anhand des Testfalls 132

Durch das Einbinden des Anstellwinkels als Metaparameter kann das Ersatzmodell zur Vorhersage der stationären aeroelastischen Gleichgewichte im trainierten Anstellwinkelbereich verwendet werden. Daher kann die Vorhersagegüte und Robustheit des Ersatzmodells bei stationären Fällen anhand der Auftriebs-, Widerstands- und Momentenkurve des elastischen Flügels untersucht werden, welche bereits in Abschnitt 6.4 zu Validationszwecken anhand des Testfalls 132 betrachtet werden. Um die Robustheit des Modells auch zwischen den

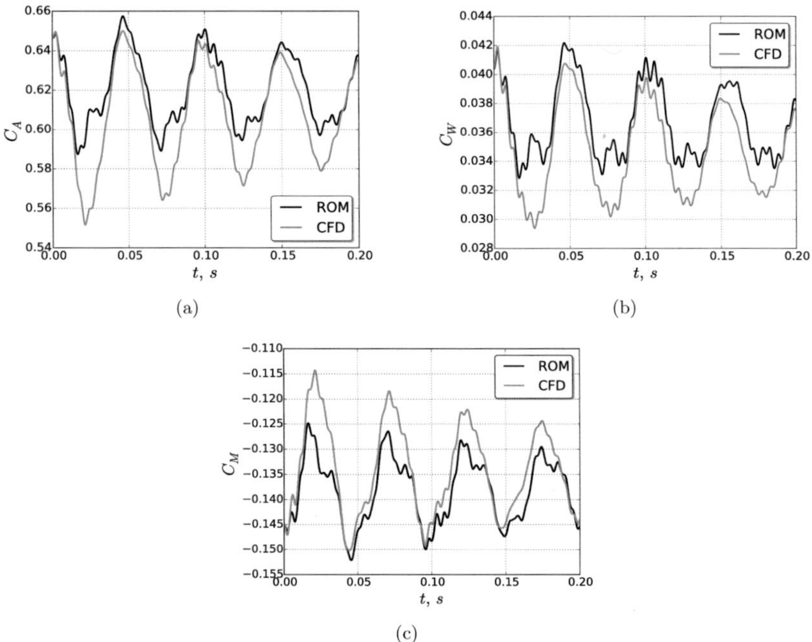

Abbildung 6.29.: Vergleich der globalen aerodynamischen Beiwerte der CFD-CSM- und ROM-CSM-Analyse mit Modell B: (a) globaler Auftriebsbeiwert C_A; b) globaler Widerstandsbeiwert C_W; b) globaler Momentenbeiwert C_M

trainierten Anstellwinkeln zu demonstrieren, werden die Kurven mit dem Ersatzmodell in Anstellwinkelschritten von $\Delta\alpha = 0,5°$ berechnet. Zudem wird mit dem Ersatzmodell bei den Anstellwinkeln $\alpha = 0,0°$ und $\alpha = 0,5°$ bewusst eine Extrapolation vorgenommen.

In Abbildung 6.30 sind die vorhergesagten Kurven des Ersatzmodells mit den Referenzergebnissen der CFD-CSM-Kopplung gezeigt. Auf die Darstellung der Ergebnisse von Chwalowski [14] wird an dieser Stelle aus Gründen der Übersichtlichkeit verzichtet, da diese bereits in Abschnitt 6.4 mit den Ergebnissen der CFD-CSM-Analyse verglichen werden.
Aus den Kurven geht eine gute Übereinstimmung der globalen aerodynamischen Beiwerte über den gesamten betrachteten Anstellwinkelbereich hervor. Lediglich der Momentenbeiwert weist bei $\alpha = 3°$ und $\alpha = 5°$ deutlichere Abweichungen auf. Hierbei fällt vor allem die Glätte der Momentenkurve der ROM-CSM-Analyse im Bereich der hohen Anstellwinkel auf. Da die verwendeten IQ-Funktionen die Eigenschaft haben, glattere Verläufe zu erzeugen als die Gaussfunktionen (vgl. Abschnitt 3.3.2), sind in Abbildung C.12 im Anhang zusätzlich die Ergebnisse des Ersatzmodells mit Gaussfunktionen gezeigt. Daraus geht hervor, dass das ROM mit Gaussfunktionen in dem besagten Bereich die Momentenbeiwerte besser

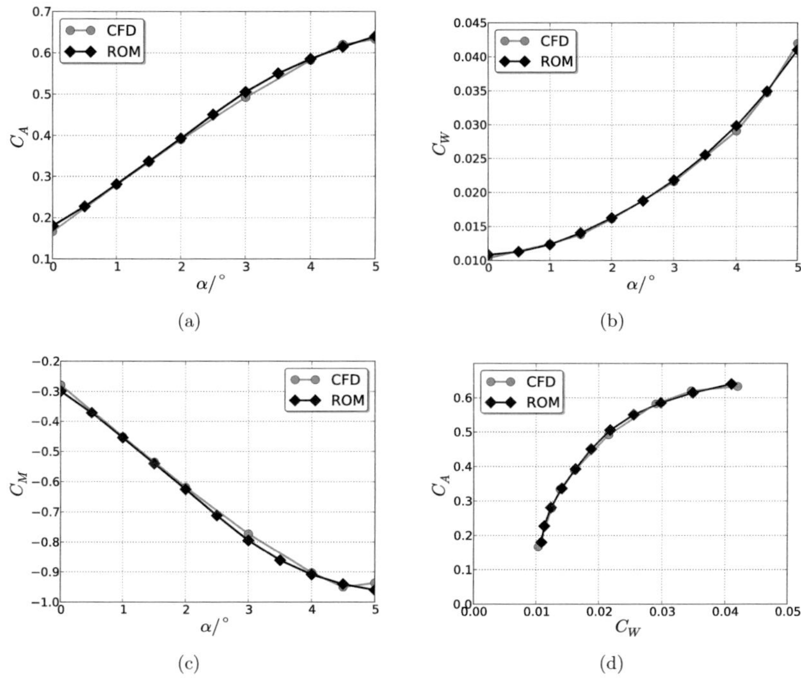

Abbildung 6.30.: Vergleich der Kurven des elastischen Flügels mit den Ergebnissen der CFD-CSM-Kopplung: (a) Auftriebskurve; (b) Widerstandskurve; (c) Momentenkurve; (d) Lilienthalpolare

vorhersagt, womit die beobachteten Abweichungen beim IQ-basierten ROM auf eine zu starke Überlappung bzw. Funktionsglättung zurückzuführen sind. Die Vorhersagegüte an den beiden extrapolierten Anstellwinkeln $\alpha = 0,0°$ und $\alpha = 0,5°$ ist ebenfalls akzeptabel, wobei bei $\alpha = 0,0°$ jedoch bereits stärkere Abweichungen zu beobachten sind.

Die Flügelspitzenverrückungen und -rotationen der aeroelastischen Gleichgewichte in Abbildung 6.31 stimmen ebenfalls in akzeptabler Weise mit der CFD-CSM-Kopplung überein. Analog zu den Abweichungen im Momentenbeiwert sind Differenzen der Flügelspitzenrotationen zwischen $\alpha = 3°$ und $\alpha = 5°$ erkennbar. Betrachtet man vergleichend die Ergebnisse des Ersatzmodells mit Gaussfunktionen in Abbildung C.11 im Anhang, zeigen sich mit Ausnahme bei $\alpha = 4°$ geringere Abweichungen der Flügelspitzenrotationen. Dies ist ebenfalls eine direkte Folge, der in diesem Bereich zu glatten Funktionsverläufe des Ersatzmodells mit IQ-Funktionen.

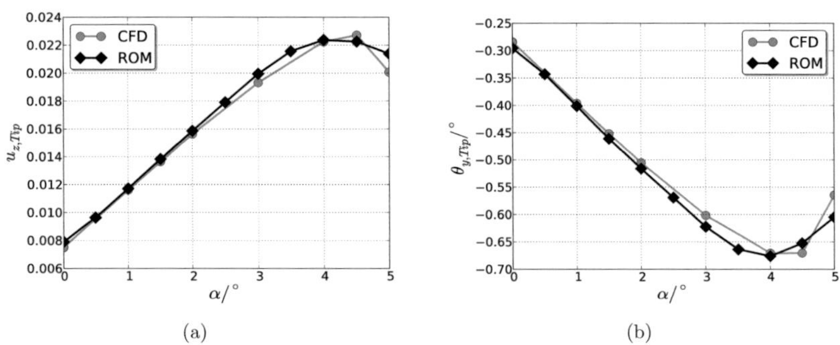

Abbildung 6.31.: Vergleich der Flügelspitzendeformation in den aeroelastischen Gleichgewichten bei verschiedenen Anstellwinkeln: (a) Flügelspitzenverrückung $u_{z,Tip}$; (b) Flügelspitzenrotation $\theta_{y,Tip}$;

6.7.2. Untersuchung der instationären Analyse bei interpolierten Anstellwinkeln

In diesem Abschnitt wird das Ersatzmodell in einer instationären Analyse bei Anstellwinkeln eingesetzt, welche nicht im Trainingsdatensatz enthalten sind. Hierbei wird wiederum der Fokus auf den Anstellwinkelbereich mit stärkeren nichtlinearen Effekten gelegt. Aus diesem Grund wird in der folgenden Untersuchung der Anstellwinkel auf $\alpha = 4,5°$ festgesetzt. Die übrigen Initial- und Randbedingungen sind in Analogie zu Abschnitt 6.5.3 definiert.

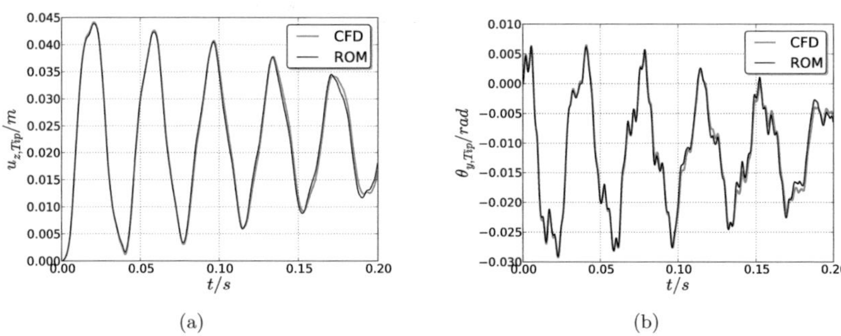

Abbildung 6.32.: Vergleich der Flügelspitzenbewegung der CFD-CSM- und ROM-CSM-Analyse bei $\alpha = 4,5°$: (a) Verrückung der Flügelspitze $u_{z,Tip}$; b) Rotation der Flügelspitze $\theta_{y,Tip}$

Die Bewegung des Flügelspitzenknotens der ROM-CSM-Analyse zeigt auch bei dem interpolierten Anstellwinkel von $\alpha = 4,5°$ zufriedenstellende Ergebnisse, wie aus Abbildung 6.32 hervorgeht. Lediglich in der letzten Schwingungsperiode sind leichte Abweichungen auszumachen.

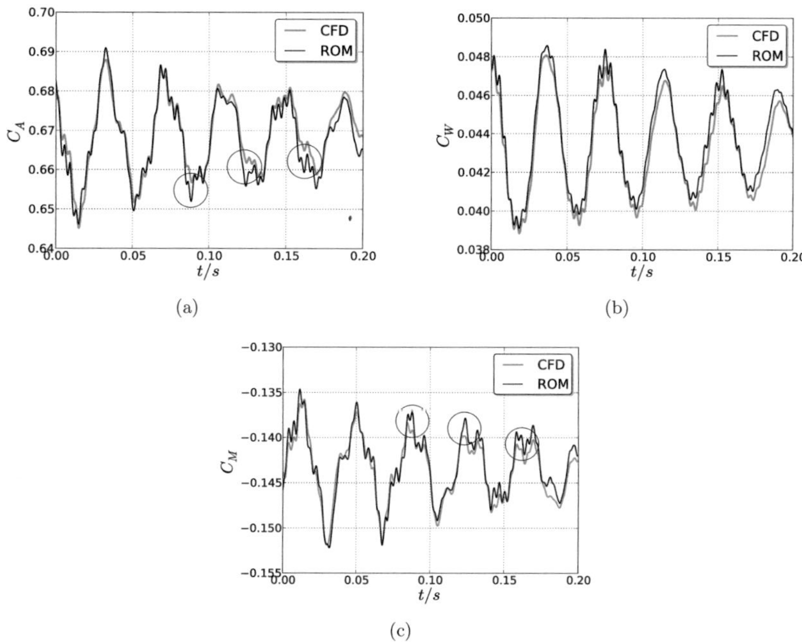

Abbildung 6.33.: Vergleich der globalen aerodynamischen Beiwerte der CFD-CSM- und ROM-CSM-Analyse bei $\alpha = 4,5°$: (a) globaler Auftriebsbeiwert C_A; b) globaler Widerstandsbeiwert C_W; b) globaler Momentenbeiwert C_M

	C_A	C_W	C_M
e_{max}	0,938 %	2,640 %	1,469 %
$\overline{e}$	0,284 %	1,135 %	0,537 %

Tabelle 6.17.: Maximal auftretender Fehler e_{max} und durchschnittlicher Fehler $\overline{e}$ der aerodynamischen Beiwerte C_A, C_W und C_M bei $\alpha = 4,5°$

Betrachtet man die aerodynamischen Beiwerte in Abbildung 6.33, lassen sich in den markierten Bereichen lokal auftretende Differenzen erkennen. Diese lokalen Differenzen treten in der Nähe zu den Zeitpunkten $t = 0,088\ s$, $t = 0,123\ s$ und $t = 0,162\ s$ auf, welche in den oberen Wendepunkten des Torsionswinkels $\theta_{y,Tip}$ der Flügelspitze liegen. Zudem befinden sich die oberen Wendepunkte des Torsionswinkels nahe bei $\theta_{y,Tip} = 0$. Dies lässt die Annahme zu, dass diese speziellen Systemzustände nicht gut im Trainingsdatensatz repräsentiert sind. An dieser Stelle sei darauf hingewiesen, dass dem Ersatzmodell lediglich das Trainingssignal der Analyse III bei den fünf Anstellwinkeln zugrunde liegt. Eine

Verbesserung der Vorhersagegüte könnte durch zusätzliches Einbeziehen des Trainingssignal der Analyse II und/oder Analyse I bei jedem Anstellwinkel erreicht werden. Dem soll aber an dieser Stelle nicht weiter nachgegangen werden.
Es ist aber auch festzustellen, dass im Gegensatz zu der Untersuchung in Abschnitt 6.5.3 bei dieser Analyse kein konstanter Versatz zwischen den aerodynamischen Beiwerten der ROM-CSM- und CFD-CSM-Analyse erkennbar ist. Dies spiegelt sich auch in den durchschnittlichen Fehlern der Beiwerte wider, welche in Tabelle 6.17 aufgeführt sind. Die maximal auftretenden Fehler sind in etwa mit der Untersuchung bei $\alpha = 4^\circ$ vergleichbar (vgl. Tab. 6.11), wohingegen der Durchschnittsfehler zumindest bei dem Auftriebs- und Widerstandsbeiwert erkennbar geringer ist. Es ist zu vermuten, dass der konstante Versatz in Abschnitt 6.5.3 durch die Verwendung der Trainingsanalysen I und/oder II hervorgerufen wird. Es ist aber auch festzuhalten, dass die in dieser Analyse beobachteten lokalen Differenzen auf das Fehlen eben dieser zusätzlichen Trainingsdaten zurück zu führen ist. Dies verdeutlicht den nicht zu unterschätzenden Einfluss der Trainingsdaten auf die Genauigkeit des Ersatzmodells. Dennoch zeigen die unterschiedlichen Ersatzmodelle in allen Analysen eine akzeptable Robustheit und Genauigkeit.

In Abschnitt C.6 im Anhang wird die transiente Analyse mit dem modifizierten Strukturmodell A aus Abschnitt 6.6 durchgeführt. In dieser Analyse liefert das Ersatzmodell hinreichend genaue Ergebnisse mit vergleichbaren Abweichungen. Weiterhin werden in Abschnitt C.7 zusätzlich zum modifizierten Strukturmodell noch die Anströmungsbedingungen variiert. Auch in dieser Analyse zeigt das Ersatzmodell noch eine akzeptable Vorhersagegenauigkeit, wobei ein leichter Anstieg der Fehler der aerodynamischen Beiwerte festzustellen ist.
Mit diesen Untersuchungen lässt sich demonstrieren, dass das Ersatzmodell auch bei realitätsnahen dreidimensionalen Fällen in einem gewissen Variationsbereich die aerodynamischen Kräfte mit akzeptabler Genauigkeit vorhersagen kann.

6.8. Zusammenfassung

Die durchgeführten Untersuchungen am HIRENASD-Modell zeigen, dass der entwickelte Ersatzmodellansatz für aeroelastische Analysen von realitätsnahen, dreidimensionalen Flügelmodellen eingesetzt werden kann. Es wird gezeigt, dass die Ersatzmodelle im transsonischen Bereich mit ausgeprägten Verdichtungsstößen auch bei höheren Anstellwinkeln mit einsetzenden Ablösungseffekten, sowohl in stationären, als auch in instationären Analysen akzeptable Vorhersagen der diskreten aerodynamischen Kräfte liefern. Des Weiteren wird demonstriert, dass Modifikationen des Strukturmodells hin zu geringeren Steifigkeiten durch den Ersatzmodellansatz in einem gewissen Maße abgedeckt werden können. Hierbei ist jedoch darauf zu achten, dass während der Analyse durch das Ersatzmodell keine unzulässigen Extrapolationen durchgeführt werden. Dies kann mit Hilfe eines einfachen Extrapolationskriteriums sicher gestellt werden, womit zumindest das Versagen einer Vorhersage erkannt werden kann.
Durch das Einbinden des Anstellwinkels als Metaparameter lassen sich mit hinreichender Güte in dem trainierten Anstellwinkelbereich, sowohl stationäre, als auch instationäre Analysen durchführen. Verbunden mit der Möglichkeit der Variation der strukturellen Steifigkeit ist mit diesem Ersatzmodell bereits eine Bandbreite an unterschiedlichen aeroelastischen Analysen möglich. Diese Analysen benötigen lediglich einen Bruchteil an Rechenzeit und Ressourcen wie die Vergleichsanalysen mit CFD und liefern dabei die aerodynamischen Kräfte mit hinreichender Genauigkeit.

7. Ausblick: Vorhersage von Böen

Die Idee in diesem Kapitel ist die Verwendung des in Abschnitt 3.2.4 beschriebenen Ansatzes zur Vorhersage von Böen zu untersuchen. Die Böenvorhersage ist kein vorrangiges Ziel des in dieser Arbeit entwickelten Ansatzes, jedoch stellt die Möglichkeit der Böenanalyse eine Erweiterung des Ansatzes für sehr viel komplexere aeroelastische Analysen dar. Aus diesem Grund wird die generelle Machbarkeit einer Böenvorhersage durch das Ersatzmodell als abschließende Untersuchung dieser Arbeit betrachtet.

Die Böenvorhersage wird am AGARD445.6-Flügel untersucht, welcher in Kapitel 5 ausführlich beschrieben wird. Für die folgenden Untersuchungen wird das Ersatzmodell aus Abschnitt 5.3 ohne weitere Modifikationen verwendet. Dementsprechend sind in den Trainingsdaten des Ersatzmodells keinerlei Böendaten enthalten.
Es werden zwei verschiedene Böen untersucht, deren Parameter in Tabelle 7.1 gegeben sind. Für die Böenlänge wird in der FAR Abschnitt 25.341 [30] eine Länge von 30 bis 350 Fuß für ein Flugzeug gegeben. Diese Länge ist für die Dimension eines Windkanalmodells nicht praktikabel. Daher wird die Böenlänge nach Dequand et al. [17] bestimmt, die bei einem 2D-Profil die zehnfache Profillänge als Böenlänge verwenden. Dementsprechend wird die Böenlänge auf das zehnfache der Wurzeltiefe des AGARD445.6 $c_{Wurzel} = 0,5586\ m$ gesetzt.
Die Bewegungsgeschwindigkeit der Böe wird anhand der Böenlänge und der ersten Eigenfrequenz des Flügels von $f_1 = 9,813\ Hz$ zu $U_g = L_g \cdot f_1 = 54,813\ m/s$ definiert. Die Strömungsparameter entsprechen denen der Analyse II in Tabelle 5.6, also dem Flatterpunkt.

Böe	L_g	U_g	w_{g0}
I	$5,586\ m$	$54,813\ m/s$	$1\ m/s$
II	$5,586\ m$	$54,813\ m/s$	$5\ m/s$

Tabelle 7.1.: Parameter der untersuchten Böen

7.1. Böenvorhersage ohne Strukturkopplung

Zunächst wird ein Böentreffer auf den starren Flügel untersucht. Es werden folglich keinerlei Strukturverrückungen zugelassen und lediglich die Auswirkung der Böe auf die aerodynamischen Beiwerte betrachtet.

In Abbildung 7.1 sind die vorhergesagten und berechneten globalen aerodynamischen Beiwerte des Treffers der Böe I dargestellt. Es ist zu erkennen, dass die aerodynamische Antwort qualitativ akzeptabel vorhergesagt wird, jedoch ist ein deutlicher Versatz in der Maximalamplitude zu erkennen.

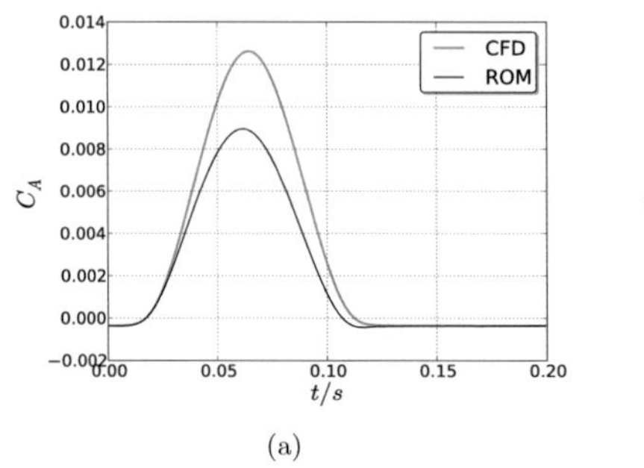

(a)

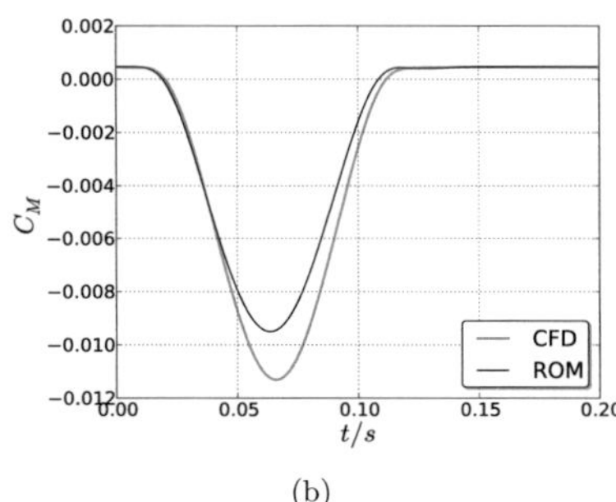

(b)

Abbildung 7.1.: Globale aerodynamischen Beiwerte des Böentreffers ohne Strukturkopplung (Böe I): (a) Globaler Auftriebsbeiwert; (b) Globaler Momentenbeiwert

Dieser Versatz ist damit erklärbar, dass in den Trainingsdaten des Ersatzmodells aufgrund der festen Einspannung in der Flügelwurzel lediglich sehr kleine Gittergeschwindigkeiten im Bereich des Innenflügels enthalten sind. Das Störgeschwindigkeitsfeld der Böe erstreckt sich jedoch gleichmäßig über den gesamten Flügel. Folglich werden die Störgeschwindigkeiten im Innenflügelbereich durch das Ersatzmodell nicht adäquat auf die vorhergesagte aerodynamische Antwort abgebildet.
Diesem Problem könnte mit einem um Böenanalysen angereicherten Trainingsdatensatz begegnet werden, was aber im Rahmen dieser Arbeit nicht mehr weiter verfolgt wird.

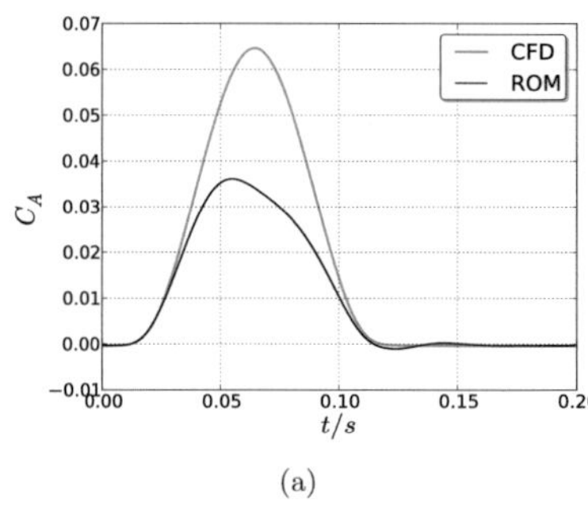

(a)

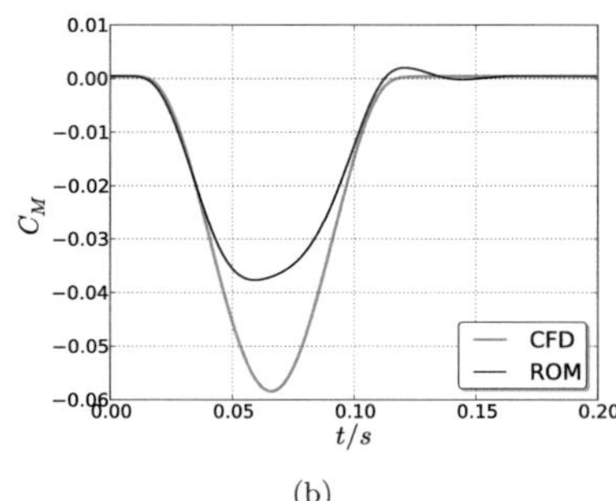

(b)

Abbildung 7.2.: Globale aerodynamischen Beiwerte des Böentreffers ohne Strukturkopplung (Böe II): (a) Globaler Auftriebsbeiwert; (b) Globaler Momentenbeiwert

Wird die maximale Störgeschwindigkeit erhöht, wie es bei der Böe II in Abbildung 7.2 der Fall ist, steigen die Differenzen deutlich. Die Ursache hierfür ist neben dem bereits beschriebenen Problem in einer unzulässigen Extrapolation zu sehen. Der Wert des maximalen Extrapolationskriteriums liegt zwar mit $D^* = 0,387$ knapp unter dem Grenzwert von $D^*_{limit} = 0,4$ (vgl. Gl. 3.47), dennoch ist ein deutliches Abflachen der Auftriebs- und Momentenverläufe des Ersatzmodells im Bereich des Maximalauftriebs der CFD-Analyse bei $t = 0,065\ s$ zu erkennen.

7.2. Böenvorhersage mit Strukturkopplung

Trotz der größeren Abweichungen bei der Böenvorhersage ohne Strukturkopplung wird in diesem Abschnitt eine Analyse mit gekoppeltem Strukturmodell durchgeführt. Die Böe trifft hierbei auf den undeformierten Flügel in Ruhelage, welcher durch den Böentreffer anschließend zum Flattern angeregt wird.

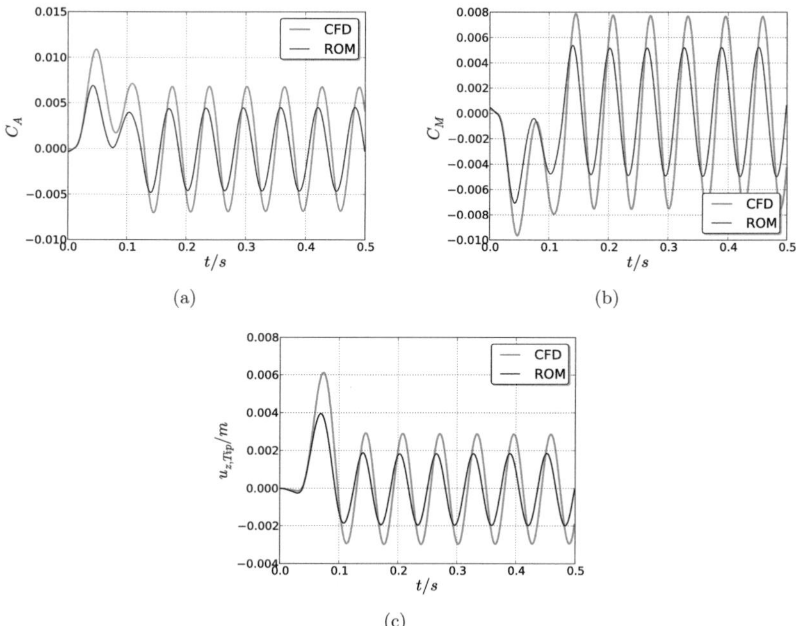

Abbildung 7.3.: Globale aerodynamischen Beiwerte und Flügelspitzenverrückung des Böentreffers mit Strukturkopplung (Böe I): (a) Globaler Auftriebsbeiwert; (b) Globaler Momentenbeiwert; (c) Flügelspitzenverrückung

In Abbildung 7.3 werden die aerodynamsichen Beiwerte sowie die Flügelspitzenverrückung der ROM-CSM-Kopplung mit der CFD-CSM-Analyse verglichen. Bei beiden Analysen geht der Flügel in ein indifferentes Flattern über. Da die Analyse im Flatterpunkt durchgeführt wird, ist dies ein zu erwartendes Ergebnis. Es zeigt sich, dass der zu gering vorhergesagte Auftrieb zu einer kleineren Bewegungsamplitude des Flügels führt, was ebenfalls eine erwartbares Ergebnis darstellt.

Da die Verbesserung der Böenvorghersage mit Hilfe zusätzlicher Trainingsdaten den Rahmen dieser Untersuchung übersteigen würde, wird eine sehr einfache Vorgehensweise zu Verbesserung der Böenvorhersage vorgeschlagen. Es ist prinzipiell vorstellbar, die Abweichungen der aerodynamischen Beiwerte durch Erhöhung der Böenstörgeschwindigkeit w_{g0} zu kompensieren. Daher wird die gekoppelte Analyse der Böe I mit einer Störgeschwindigkeit des Ersatzmodells von $w_{g0} = 1,6\ m/s$ wiederholt.

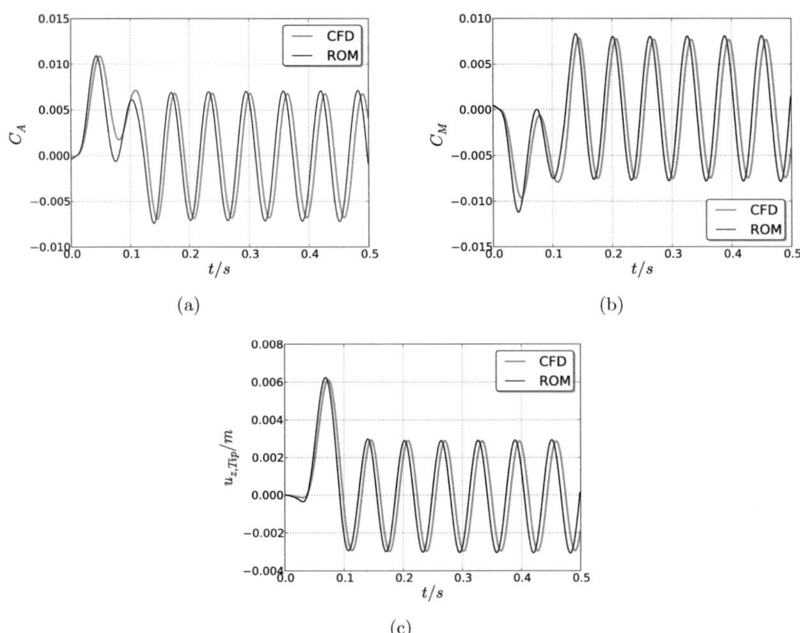

Abbildung 7.4.: Böenanalyse (Böe I) mit w_{g0}-Kompensation: (a) Globaler Auftriebsbeiwert; (b) Globaler Momentenbeiwert

In Abbildung 7.4 sind die Ergebnisse der Analyse mit kompensierter Böenstörgeschwindigkeit gezeigt. Bis auf eine leichte Phasenverschiebung zeigen die Verläufe in Amplitude und Frequenz eine recht gute Übereinstimmung. Folglich kann mit dieser Kompensationsmethode eine grobe Abschätzung der Strukturantwort auf eine schwache Böe erfolgen.
Es ist jedoch hervorzuheben, dass zum einen die betrachtete Böe sehr schwach ist und zum anderen das Problem der unzulässigen Extrapolation, welches in Abschnitt 7.1 beschrieben wird, weiterhin besteht. Zudem ist zu beachten, dass die reale Kraftverteilung auf dem Flügel, insbesondere in der Flügelwurzel, durch dieses Kompensationsverfahren nicht korrekt wiedergegeben wird.

7.3. Zusammenfassung

In diesem Kapitel wird demonstriert, dass prinzipiell auch Böenvorhersagen mit dem Ersatzmodell möglich sind. Dabei zeigt sich bei den Analysen ohne Strukturkopplung, dass das Ersatzmodell zwar qualitativ physikalisch sinnvolle Verläufe des Auftriebs- und Momentenbeiwerts vorhersagt, diese jedoch quantitativ deutliche Abweichungen aufweisen. Zudem treten bei vergleichsweise schwachen Störgeschwindigkeiten bereits zusätzliche Abweichungen aufgrund von unzulässigen Extrapolationen auf. Daraus lässt sich Ableiten, dass der Sonderfall eines Böentreffers nur unzureichend in den Trainingsdaten des verwendeten Ersatzmodells enthalten ist.

Bei den Analysen mit Strukturkopplung zeigt sich ein vergleichbares Verhalten. Die ROM-CSM-Kopplung führt zu qualitativ sinnvollen Strukturantworten auf den Böentreffer, welche quantitativ jedoch deutliche Differenzen zu den Ergebnissen der CFD-CSM-Kopplung aufweisen. Es wird zudem gezeigt, dass die Differenzen durch ein sehr einfaches Korrekturverfahren zwar kompensiert werden können, wobei sich dieses lediglich für eine grobe Abschätzung bei schwachen Böen eignet. Es muss in Hinblick auf die Böenuntersuchungen auch darauf hingewiesen werden, dass bei dem verwendeten AGARD445.6-Modell die Viskosität der Strömung vernachlässigt wird und das Flügelprofil sehr schlank ist. Dadurch ist der Einfluss nichtlinearer Effekte deutlich schwächer ausgeprägt als beispielsweise beim NLR7301-Profil oder bei der HIRENASD-Konfiguration.

Es ist zu vermuten, dass eine Verbesserung der Vorhersagegenauigkeit des Ersatzmodells bei Böen durch eine Erweiterung der Trainingsdaten um ausgewählte Böenfälle zu erreichen ist. Dies ist nicht Gegenstand dieser Arbeit und lediglich als Ausblick für weiterführende Arbeiten zu sehen.

8. Zusammenfassung und Ausblick

In dieser Arbeit wird ein Ansatz für ein nichtlineares, transientes, aerodynamisches Ersatzmodell entwickelt und erfolgreich in gekoppelten aeroelastischen Analysen eingesetzt. Das Ziel dieses Ersatzmodells ist die Vorhersage der zeitabhängigen, aerodynamischen Lasten auf der umströmten Oberfläche eines frei schwingenden, elastischen Flügels. Hierbei wird eine vergleichbare Qualität der aufwändigen numerischen Verfahren bei gleichzeitig erheblich reduzierter Analysezeit angestrebt. Dies beinhaltet insbesondere die hinreichende Berücksichtigung des Einflusses nichtlinearer aerodynamischer Effekte auf die aerodynamischen Lasten, wie sie im transsonischen Flugbereich vermehrt auftreten.

Ausgehend von einer vereinfachten Form der Theodorsenfunktion wird die grundlegende Annahme getroffen, dass bei einem umströmten Körper eine explizite Abbildung der Deformationen der benetzten Oberfläche auf die aerodynamischen Oberflächenkräfte mit Berücksichtigung nichtlinearer aerodynamischer Effekte möglich ist. Zur Modellierung dieser gesuchten expliziten Abbildung wird eine modulare Prozesskette bestehend aus mehreren mathematischen Methoden entwickelt. Diese Prozesskette ist darauf ausgelegt, eine explizite, hochdimensionale Eingangs-Ausgangs-Abbildung mit Berücksichtigung von transienten und nichtlinearen Effekten anhand von bereits durchgeführten, aufwändigen, numerischen Strömungsanalysen zu ermöglichen.
Hierbei werden die hochdimensionalen Eingangs- und Ausgangsgrößen mittels der POD-Methode in einen niederdimensionalen Unterraum projiziert. Zur Berücksichtigung der Zeitabhängigkeit wird ein Markov-Ketten-Modell mit zusätzlichen aus der vereinfachten Theodorsenfunktion gezogenen Annahmen modifiziert. Die Markov-Kette liefert den Eingangsvektor für eine nichtlineare Abbildungsmethode. Diese stellt eine Abbildung des reduzierten und durch die Markov-Kette arrangierten Eingangsvektors auf den reduzierten Ausgangsvektor her, welcher mittels POD wieder in den hochdimensionalen Raum projiziert wird. Für die nichtlineare Abbildung wird in dieser Arbeit ein neuronales Netz mit radialen Basisfunktionen verwendet, welches ein bekanntes Verfahren zur Identifikation nichtlinearer System ist. Im Rahmen dieser Arbeit wird das Verfahren um eine adaptive Anpassung der Funktionsradien sowie ellipsoide Funktionsformen erweitert, wobei stets auf explizite Algorithmik geachtet wird. Durch die explizite Identifikation der nichtlinearen Abbildung wird die benötigte Identifikationszeit des Ersatzmodells begrenzt.
Des Weiteren zeigt sich in dieser Arbeit, dass hinsichtlich des RBF-NN die Verwendung der inversen Quadrik Funktion als radiale Basisfunktion zu besseren Ergebnissen führt, als die Verwendung der Gauss-Funktion. Zudem ist immer eine Stabilisierung mit Hilfe des Glättungsfaktors notwendig. Dies ist zwar nicht von allgemeiner Gültigkeit, jedoch für die Anwendung innerhalb der vorgestellten aerodynamischen Ersatzmodellierung als empirische Erkenntnis zutreffend.

Der entwickelte Ansatz wird zunächst zu Validierungszwecken auf das zweidimensionalen NLR7301-Profil angewendet, bei welchem signifikant nichtlineare aerodynamische Effekte im transsonischen Bereich auftreten. So zeigen sich beim NLR7301-Profil bei bestimmten Strömungsbedingungen Limit Cycle Oscillations (LCO), welche ausschließlich auf nichtli-

neare aerodynamische Effekte zurückzuführen sind. Ferner sind beim NLR7301-Profil der Einfluss von Viskositätseffekten nicht vernachlässigbar. Es wird gezeigt, dass das Ersatzmodell in der Kopplung mit dem Strukturmodell in der Lage ist, die LCOs vorherzusagen. Folglich werden die dominierenden nichtlinearen aerodynamischen Effekte, welche die LCOs verursachen, durch das Ersatzmodell hinreichend abgedeckt. Dementsprechend ist die Anwendbarkeit des Ansatzes anhand des herausfordernden LCO-Testfalls gezeigt worden, womit die Validierung gelungen ist. Weiterführend wird gezeigt, dass durch Normierung der Eingangs- und Ausgangsgrößen des Ersatzmodells eine Variation der Strömungsparameter im LCO-Fall ohne weiteres Modelltraining in einem sehr begrenztem Maße möglich ist.
Anschließend wird die Anwendung des Ersatzmodellansatzes auf einen dreidimensionalen Fall anhand des AGARD445.6-Flügels untersucht. Beim AGARD445.6-Flügel handelt es sich um einen gepfeilten Einfachtrapez-Flügel mit sehr schlankem symmetrischen Profil. Bei diesem Fall wird in Übereinstimmung mit Literaturreferenzen der Einfluss der Viskosität vernachlässigt. Es wird demonstriert, dass der Ersatzmodellansatz ohne weitere Modifikationen auf einen dreidimensionalen Fall übertragen werden kann. Des Weiteren wird gezeigt, dass bei diesem Fall die Variation der Strömungsbedingungen bei einer fixen Machzahl in einem akzeptablen Maße durch das Ersatzmodell berücksichtigt werden kann. Dies ermöglicht die Vorhersage der Flattergrenze mit Hilfe des Ersatzmodells. Weiterführend wird die Machzahl als zusätzlicher Parameter in das Ersatzmodell eingebunden und die Flattergrenze in einem größeren Machzahlbereich vorhergesagt. Dabei zeigt sich, dass das nichtlineare Phänomen des Transonic Dip durch das Ersatzmodell akzeptabel abgebildet wird, wobei jedoch die Vorhersagegenauigkeit in diesem Bereich abnimmt. Ferner wird demonstriert, dass auch Variationen des Strukturmodells bei der Flatteruntersuchung durch das Ersatzmodell abgedeckt werden können.
Zuletzt wird das Ersatzmodell auf die HIRENASD-Konfiguration angewendet, dessen aerodynamische Geometrien an einem modernen Verkehrsflugzeugflügel orientiert sind. Die Untersuchungen werden bei einem höheren Anstellwinkel durchgeführt, bei welchem viskose Effekte auftreten, wie beispielsweise das Entstehen von Ablöseblasen. Es wird gezeigt, dass mit Hilfe des Ersatzmodellansatzes sowohl der stationäre aeroelastische Gleichgewichtszustand als auch instationäre, frei schwingende aeroelastische Analysen mit hinreichender Genauigkeit vorhergesagt werden können. Weiterführend wird demonstriert, dass eine Reduktion der strukturellen Flügel-Steifigkeit um 20% durch das Ersatzmodell ohne einen nennenswerten Verlust an Genauigkeit abgedeckt werden kann. Bei einer Reduktion der Flügel-Steifigkeit um 50% zeigen sich unzulässige Abweichungen, welche jedoch mittels eines Extrapolationskriteriums durch das Ersatzmodell indiziert werden. Schließlich wird der Anstellwinkel als zusätzlicher Parameter in das Ersatzmodell eingebunden und sowohl stationäre als auch instationäre aeroelastische Analysen bei interpolierten Anstellwinkeln durchgeführt. Dabei weist das Ersatzmodell ebenfalls eine hinreichende Genauigkeit auf, auch bei zusätzlicher Reduktion der Flügelsteifigkeit.
Als Ausblick wird die Nutzung des Ersatzmodellansatzes für Böenanalysen demonstriert. Hierfür wird das Ersatzmodell um den Störgeschwindigkeitenansatz erweitert, welches ein bekanntes Konzept zur Böenmodellierung darstellt. Es zeigt sich, dass der gewählte Ansatz zwar zu physikalisch sinnvollen Vorhersagen führt, welche jedoch quantitativ deutliche Differenzen aufweisen. Diese Differenzen sind vor allem damit zu erklären, dass in den Trainingsdaten keine Böenfälle enthalten sind.

Bei allen Analysen benötigt das Ersatzmodell lediglich einen Bruchteil der Analysezeit verglichen mit den numerischen Vergleichsanalyse. Je nach Modellgröße und Anwendungsfall liegt die Beschleunigung der Analysen bei Faktoren bis zu 1600. Des Weiteren zeigt sich, dass durch die Verwendung des Ersatzmodells vorher vernachlässigbare Operationen der FSI-Kopplung, wie beispielsweise die Gitterinterpolation oder die Lösung des Strukturproblems, in den Fokus weiterer Effizienzsteigerungen rücken.

Die in dieser Arbeit durchgeführten Untersuchungen zeigen, dass mit dem entwickelten Ansatz die Erstellung robuster Ersatzmodelle für aeroelastische Untersuchungen im Zeitbereich ermöglicht wird. Die Ersatzmodelle sind auf die nichtlineare Eingangs-Ausgangs-Abbildung hochdimensionaler Felder ausgelegt und bieten damit die Möglichkeit, auf dreidimensionale Modelle in industrieller Größenordnung angewendet zu werden. Der Ansatz lässt sich dabei durch das Einbinden zusätzlicher globaler Parameter sehr flexibel auf konkrete Problemstellungen anpassen.
Als problematisch ist die Erstellung der Trainingsdaten zu sehen, da die Größe und Qualität der Trainingsdaten stark über die Robustheit und Güte des Ersatzmodells entscheidet. Zudem ist beim Einbinden zusätzlicher Parameter auf eine entsprechende Variation derselben in den Trainingsdaten zu achten. Folglich können sehr viele aufwändige Analysen notwendig sein, um den Parameterraum hinreichend abzudecken. Daher ist vor dem Einsatz des Ersatzmodellansatzes eine Kosten-Nutzen-Abwägung sowie eine möglichst genaue Eingrenzung des abzudeckenden Parameterraums notwendig. Der Einsatz eines Ersatzmodells ist dann sinnvoll, wenn viele Analysen bei ähnlichen Parametern durchzuführen sind, wie beispielsweise bei Variationen der Struktur unter Beibehaltung des aerodynamischen Designs, oder wenn bereits aus vorherigen Analysen Daten vorhanden sind und diese mit Hilfe des Ersatzmodellansatzes zur Vorhersage von Analysen mit leichten Variationen genutzt werden können. Daher ist weiterhin als sinnvoller Ansatzpunkt zur Verbesserung der Methode, die Reduktion des Umfangs der Trainingsanalysen auf ein notwendiges Minimum und möglicherweise die Nutzung effektiverer Trainingssignale, zu nennen.

Der entwickelte Ersatzmodellansatz ist vor allem als hilfreiches Werkzeug zu sehen, mit welchem anhand von bereits vorhandenen numerischen Analysen eine schnelle Voruntersuchung für weitere aufwändige CFD-CSM-Analysen durchgeführt werden kann. Als weiteres praktisches Einsatzszenario ist die Verwendung in der aerostrukturellen Optimierung zu sehen, da die Variation der Struktur in gewissen Grenzen gut durch den Ersatzmodellansatz abgedeckt werden kann.

Als mögliche Weiterentwicklung des Ansatzes ist zunächst die Verbesserung der Böenvorhersage zu nennen, für welche bereits erste Grundlagen in dieser Arbeit gelegt werden. Hierbei ist vor allem die Erweiterung der Trainingsdaten um Böenanalysen als sinnvollen nächsten Schritt zu empfehlen, da dies zunächst keine Modifikationen des bestehenden Ansatzes erfordert.
Als weiterer Aspekt ist die Einbindung von Klappen und Steuerflächen zu nennen, welche den Einsatz eines Ersatzmodells in Manöver- oder Trimmrechnungen ermöglichen würde. Damit könnten auch sehr komplexe aeroelastische Analysen mit Hilfe eines Ersatzmodells durchgeführt werden.

Literaturverzeichnis

[1] M. Y. M. Ahmed and N. Qin. Surrogate-based aerodynamic design optimization: Use of surrogates in aerodynamic design optimization. In *13th International Conference on Aerospace Sciences & Aviation Technology, May 26 – 28, 2009, Cairo, Egypt*, number ASAT-13-AE-14, 2009.

[2] A. O. Allen. *Probability, Statistics, and Queueing Theory with Computer Science Applications.* Academic Press Professional, Inc., San Diego, CA, USA, 1978.

[3] D. Amsallem, J. Cortial, K. Carlberg, and C. Farhat. A method for interpolating on manifolds structural dynamics reduced-order models. *International Journal for Numerical Methods in Engineering*, 80(9):1241–1258, 2009.

[4] D. Amsallem and C. Farhat. An interpolation method for adapting reduced-order models and application to aeroelasticity. *AIAA Journal*, 46:1803–1813, 2008.

[5] K.-J. Bathe. *Finite-Elemente-Methode.* Springer Berlin / Heidelberg, 1986.

[6] C. M. Bishop. *Neural Networks for Pattern Recognition.* Oxford University Press, 1995.

[7] J. Blazek. *Computational Fluid Dynamics: Principles and Applications.* Elsevier, 2005.

[8] C. Braun. *Ein modulares Verfahren für die numerische aeroelastische Analyse von Luftfahrzeugen.* PhD thesis, Rheinisch Westfälische Technische Hochschule (RWTH) Aachen, 2007.

[9] J. Brink-Spalink and J. Bruns. Correction of unsteady aerodynamic influence coefficients using experimental or cfd data. In *Structures, Structural Dynamics, and Materials and Co-located Conferences*, pages –. American Institute of Aeronautics and Astronautics, Apr. 2000.

[10] G. Britten and J. Ballmann. Navier-stokes based direct numerical aeroelastic simulation. In *22nd Congress of International Council of the Aeronautical Sciences, Harrogate, UK, 28 August - 1st September, 2000*, number ICAS 2000-4.8.3, 2000.

[11] D. S. Broomhead and L. D. Multivariable functional interpolation and adaptive networks. *Complex Systems*, 2, No. 3:321–355, 1988.

[12] K. Carlberg and C. Farhat. A low-cost, goal-oriented 'compact proper orthogonal decomposition' basis for model reduction of static systems. *International Journal for Numerical Methods in Engineering*, 86:381–402, 2011.

[13] G. Chen, Y. Li, and G. Yan. A nonlinear POD reduced order model for limit cycle oscillation prediction. *Science in China G: Physics and Astronomy*, 53, No. 7:1325–1332, July 2010.

[14] P. Chwalowski, J. P. Florance, J. Heeg, C. Wieseman, and P. B. Preliminary computational analysis of the HIRENASD configuration in preparation for the aeroelastic prediction workshop. In *International Forum on Aeroelasticity and Structure Dynamics, Paris, France*, number IFASD-2011-108, June 2011.

[15] A. de Boer, M. van der Schoot, and H. Bijl. Mesh deformation based on radial basis function interpolation. *Computers & Structures*, 85(11–14):784 – 795, 2007. Fourth MIT Conference on Computational Fluid and Solid Mechanics.

[16] M. de C. Henshaw, K. Badcock, G. Vio, C. Allen, J. Chamberlain, I. Kaynes, G. Dimitriadis, J. Cooper, M. Woodgate, A. Rampurawala, D. Jones, C. Fenwick, A. Gaitonde, N. Taylor, D. Amor, T. Eccles, and C. Denley. Non-linear aeroelastic prediction for aircraft applications. *Progress in Aerospace Sciences*, 43(4-6):65 – 137, 2007.

[17] S. Dequand, C. Liauzun, P. Girodroux-Lavigne, and A. Lepage. Transonic response to a gust. In *International Forum on Aeroelasticity and Structure Dynamics, Paris*, number IFASD-2011-112, 2011.

[18] R. Dwight and Z.-H. Han. Efficient uncertainty quantification using gradient-enhanced kriging. In *AIAA Conference on Non-Deterministic Approaches, Palm Springs*, number AIAA-2009-2276, 2009.

[19] A. Dür. On the optimality of the discrete Karhunen-Loève expansion. *SIAM Journal of Control and Optimisation*, Vol. 36, No. 6:1937–1939, 1998.

[20] C. Fagley, J. Seidel, S. Siegel, and T. McLaughlin. Reduced order modeling using proper orthogonal decomposition (pod) and wavenet system identification of a free shear layer. In R. King, editor, *Active Flow Control II*, volume 108 of *Notes on Numerical Fluid Mechanics and Multidisciplinary Design*, pages 325–339. Springer Berlin / Heidelberg, 2010.

[21] C. Farhat. Real-time CFD-based flutter analysis of complex aircraft configurations on a mobile device. In *International Forum on Aeroelasticity and Structural Dynamics (IFASD), Keynote Lecture, Paris*, 2011.

[22] T. Gerhold, V. Hannemann, and D. Schwamborn. On the validation of the DLR-TAU code. In *New Results in Numerical and Experimental Fluid Mechanics, Notes on Numerical Fluid Mechanics*. Vieweg, 1999, pp. 426-433.

[23] M. Ghoreyshi, R. M. Cummings, A. Da Ronch, and K. J. Badcock. Transonic aerodynamic load modeling of x-31 aircraft pitching motions. *AIAA Journal*, 51(10):2447–2464, June 2013.

[24] M. Ghoreyshi, M. Post, R. Cummings, A. Da Ronch, and K. J. Badcock. Transonic aerodynamic loads modeling of x-31 aircraft. In *Fluid Dynamics and Co-located Conferences*, pages –. American Institute of Aeronautics and Astronautics, June 2012.

[25] A. A. Giunta, S. F. J. Wojtkiewicz, and M. S. Eldred. Overview of modern design of experiments methods for computational simulations. In *41st Aerospace Sciences Meeting and Exhibit, 6-9 January 2003, Reno, Nevada*, 2003.

[26] M. T. Hagan, H. B. Demuth, and M. Beale. *Neural Network Design*. PWS Publishing, 1996.

[27] Z.-H. Han, R. Zimmermann, and S. Görtz. A new cokriging method for variable-fidelity surrogate modeling of aerodynamic data. In *48th AIAA Aerospace Sciences Meeting Including the New Horizons Forum and Aerospace Exposition 4 - 7 January 2010, Orlando, Florida*, number AIAA 2010-1225, 2010.

[28] J. Heeg, J. Ballmann, K. Bhatia, E. Blades, A. Boucke, P. Chwalowski, G. Dietz, E. Dowell, J. Florance, T. Hansen, M. Mani, D. Mavriplis, B. Perry, M. Ritter, D. Schuster, M. Smith, P. Taylor, B. Whiting, and C. Wieseman. Plans for an aeroelastic prediction workshop. In *International Forum on Aeroelasticity and Structure Dynamics, Paris, France*, number IFASD-2011-110, 2011.

[29] R. Heinrich and L. Reimer. Comparison of different approaches for gust modelling in the CFD code TAU. In *International Forum on Aeroelasticity and Structure Dynamics, Bristol, UK*, 2013.

[30] F. A. A. Homepage. FAR §25.341. Online Document, 10. Oktober 2014.

[31] T. J. R. Hughes and J. McCulley. *The Finite Element Method*. Prentice-Hall International Editions, 1987.

[32] M. Jamil and X.-S. Yang. A literature survey of benchmark functions for global optimization problems. *International Journal of Mathematical Modelling and Numerical Optimisation*, Vol. 4, No. 2:150–194, 2013.

[33] V. Kecman. *Learning and Soft Computing: Support Vector Machines, Neural Networks, and Fuzzy Logic Models*. MIT Press, Cambridge, MA, USA, 2001.

[34] B.-S. Kim, Y.-B. Lee, and D.-H. Choi. Comparison study on the accuracy of metamodeling technique for non-convex functions. *Journal of Mechanical Science and Technology*, 23(4):1175–1181, 2009.

[35] R. Kruse, C. Borgelt, F. Klawonn, C. Moewes, G. Ruß, and M. Steinbrecher. *Computational Intelligence*. Computational Intelligence. Vieweg+Teubner Verlag / Springer Fachmedien Wiesbaden GmbH, Wiesbaden, 2012.

[36] K. Kunisch and S. Volkwein. Galerkin proper orthogonal decomposition methods for parabolic problems. *Numerische Mathematik*, 90:117–148, 2001.

[37] K. Lindhorst. Untersuchung von Reduced Order Modelling (ROM) Verfahren zur Analyse von aeroelastischen Systemen. Diplomarbeit, TU Braunschweig, Institut für Flugzeugbau und Leichtbau, 2010.

[38] K. Lindhorst, M. C. Haupt, and P. Horst. Efficient surrogate modelling of nonlinear aerodynamics in aerostructural coupling schemes. *AIAA Journal*, 52(9):1952–1966, June 2014.

[39] K. Lindhorst, M. C. Haupt, and P. Horst. Aeroelastic analyses of the high-reynolds-number-aerostructural-dynamics configuration using a nonlinear surrogate model approach. *AIAA Journal*, pages 1–12, July 2015.

[40] L. Ljung. *System Identification, Theory for the User*. Prentice-Hall, Inc., 1987, pp.71-79.

[41] S. Lu and V. R. *TDLM–a transonic doublet lattice method for 3D potential unsteady transonic flow calculation*. Deutsche Forschungsanstalt für Luft- und Raumfahrt, Köhn, 1992.

[42] D. J. Lucia, P. S. Beran, and W. Silva. Reduced-order modeling: new approaches for computational physics. *Progress in Aerospace Sciences*, 40:51–117, 2004.

[43] D. J. Lucia, P. S. Beran, and W. Silva. Aeroelastic system development using proper orthogonal decomposition and volterra theory. In *44th AIAA Structures, Structural Dynamics and Materials Conference*, number AIAA 2003-1922, 7-10 April 2003.

[44] P. Marzocca, L. Librescu, and W. Silva. Volterra series approach for nonlinear aeroelastic response of 2-D lifting surfaces. In *42nd AIAA Structures, Structural Dynamics and Materials Conference April 16-19, AIAA Paper 2001-1459*, 2001.

[45] M. Meyer and H. G. Matthies. Efficient model reduction in non-linear dynamics using the Karhunen-Loève expansion and dual-weighted-residual methods. *Computational Mechanics*, 31, No. 1-2:179–191, 2003. 10.1007/s00466-002-0404-1.

[46] S. P. Meyn and R. L. Tweedie. *Markov chains and stochastic stability*. Communications and Control Engineering Series. Springer-Verlag London Ltd., London, 1993.

[47] MSC.Software Corporation, 2 MacArthur Place, Santa Ana, CA 92707 USA. *MSC.Nastran 2004 Reference Manual*, 2004.

[48] M. Müller. On the POD method. Diplomarbeit, Institut für Numerische und Angewandte Mathematik, Georg-August-Universität zu Göttingen, 2008.

[49] A. Omran and B. Newman. Global aircraft dynamics using piecewise volterra kernels. In *AIAA Atmospheric Flight Mechanics Conference and Exhibit 18-21 August*, 2008.

[50] M. J. L. Orr. Introduction to radial basis function networks. Technical report, Center for Cognitive Science, University of Edinburgh, 1996.

[51] W. Pi, P. Kelly, and D. Liu. A transonic doublet lattice method for unsteady flow calculations. In *17th Aerospace Sciences Meeting, New Orleans, USA*, January 15-17, 1979.

[52] S. Piperno. Explicit/implicit fluid/structure staggered procedures with a structural predictor and fluid subcycling for 2d inviscid aeroelastic simulations. *International Journal for Numerical Methods in Fluids*, 25(10):1207–1226, 1997.

[53] B. Prananta, J. Kok, S. Spekreijse, M. Hounjet, and J. Meijer. Simulation of limit cycle oscillation of fighter aircraft at moderate angle of attack. Technical report, National Aerospace Laboratory NLR, 2003.

[54] D. E. Raveh. Reduced-order models for nonlinear unsteady aerodynamics. *AIAA Journal*, 39, No. 8:1417–1429, 2001.

[55] M. Ritter. Filename: *aepw_solar_hirenasd_coarse_netcdf.nc*. URL: https://c3.nasa.gov/dashlink/resources/627/, 20th November 2012.

[56] M. Ritter. Filename: *aepw_solar_hirenasd_fine_netcdf.nc*, 20th November 2012.

[57] M. Ritter. Filename: *aepw_solar_hirenasd_medium_netcdf.nc*. URL: https://c3.nasa.gov/dashlink/resources/627/, 20th November 2012.

[58] M. Ritter. Static and forced motion aeroelastic simulations of the HIRENASD wind tunnel model. In *53rd AIAA/ASME/ASCE/AHS/ASC Structures, Structural Dynamics and Materials Conference, Honolulu, Hawaii*, number AIAA 2012-1633, 23-26 April 2012.

[59] P. Roache. Quantification of uncertainty in computation fluid dynamics. *Annu. Rev. Fluid. Mech.*, 29:123–160, 1997.

[60] H. Schlichting and E. Truckenbrodt. *Aerodynamik des Flugzeugs, erster Band.* Springer Berlin / Heidelberg, 1967.

[61] W. Silva. Identification of nonlinear aeroelastic systems based on the volterra theory: Progress and opportunities. *Nonlinear Dynamics*, 39, No. 1-2:25–62, 2005.

[62] R. L. Simpson. Turbulent boundary-layer separation. *Annual Review of Fluid Mechanics*, 21.1:205–232, 1989.

[63] T. W. Simpson, J. J. Korte, T. M. Mauery, and F. Mistree. Kriging Models for Global Approximation in Simulation-Based Multidisciplinary Design Optimization. *AIAA Journal*, 39:2233–2241, Dec. 2001.

[64] P. R. Spalart and S. R. Allmaras. A one-equation turbulence model for aerodynamic flows. In *30th Aerospace Sciences Meeting & Exhibit, Reno, NV, USA*, number AIAA-92-0439, January 6-9 1992.

[65] H. Spiess. *Reduction Methods in Finite Element Analysis of Nonlinear Structural Dynamics.* PhD thesis, Institut für Baumechanik und Numerische Mechanik, Universität Hannover, 2006.

[66] L. Tang, R. E. Bartels, P.-C. Chen, and D. D. Liu. Numerical investigation of transonic limit cycle oscillations of a two-dimensional supercritical wing. *Journal of Fluids and Structures*, 17, No. 1:29–41, 2003.

[67] E. H. Thomas, J.P.; Dowell and K. C. Hall. Modeling viscous transonic limit-cycle oscillation behaviour using a harmonic balance approach. *Journal of Aircraft*, 41, No.6:1266–1274, 2004.

[68] R. Unger, M. Haupt, and P. Horst. Coupling techniques for computational non-linear transient aeroelasticity. *Journal of Aerospace Engineering*, 222:435–447, 2008.

[69] O. Voitcu and Y. S. Wong. A neural network approach for nonlinear aeroelastic analysis. In *43th AIAA Structures, Structural Dynamics and Materials Conference, 22-25 April, 2002, Denver, Colorado*, number AIAA 2002-1286, 2002.

[70] O. Voitcu and Y. S. Wong. An improved neural network model for nonlinear aeroelastic analysis. In *44th AIAA Structures, Structural Dynamics and Materials Conference, 7-10 April, 2003, Norfolk, Virginia*, number AIAA 2003-1493, 2003.

[71] G. Wang, H. H. Mian, Z.-Y. Ye, and J.-D. Lee. Numerical study of transitional flow around NLR-7301 airfoil using correlation-based transition model. *Journal of Aircraft*, 51, No. 1:342–350, 2014.

[72] S. Weber and K. D. Jones. Transonic flutter computation for a 2D supercritical wing. In *37th Aerospace Sciences Meeting & Exhibit, January 11-14, 1999, Reno, USA*, 1999.

[73] S. Weber, K. D. Jones, J. A. Ekaterinaris, and M. F. Platzer. Transonic flutter computations for the NLR 7301 supercritical airfoil. *Aerospace Science and Technology*, 5, No. 4:293–304, 2001.

[74] G. Wellmer. Ein partitioniertes Verfahren für aeroelastische Freiflugsimulationen. In *Deutscher Luft- und Raumfahrtkongress 2014*, 2014.

[75] C. Wieseman and A. Boucke. Filename: *ms103_modi_o1_nsm1_modrho.bdf*. URL: https://c3.nasa.gov/dashlink/resources/425/, 28th November 2011.

[76] C. Wieseman and A. Boucke. Filename: *StructuralAnalysisStatus.pdf*. URL: https://c3.nasa.gov/dashlink/resources/425/, 23rd April 2013.

[77] K. Willcox and J. Peraire. Balanced model reduction via the proper orthogonal decomposition. *AIAA Journal*, pages 2323–2330, 2002.

[78] M. Wojciechowski. Feed-forward neural network for python. *http://ffnet.sourceforge.net/*; Department of Civil Engineering, Architecture and Environmental Engineering, Technical University of Lodz, Poland, August 2011.

[79] K. Won, H. Tsai, M. Sadeghi, and F. Liu. Non-linear impulse methods for aeroelastic simulations. In *AIAA-2005-4845, presented at the 23rd AIAA Applied Aerodynamics Conference, Toronto, Ontario, June 6-9, 2005*, 2005.

[80] J. R. Wright and J. E. Cooper. *Introduction to Aircraft Aeroelasticity and Loads.* John Wiley & Sons, Ltd, 2007.

[81] E. C. Yates. *AGARD standard aeroelastic configuration for dynamic response, candidate configuration I - wing 445.6.* Number NASA TM-100492. NASA, Langley Research Center ; National Technical Information Service, 1987.

[82] W. Zhang, B. Wang, Z. Ye, and J. Quan. Efficient method for limit cycle flutter analysis based on nonlinear aerodynamic reduced-order models. *AIAA Journal*, 50(5):1019–1028, May 2012.

[83] O. Zienkiewicz, R. Taylor, and J. Zhu. *The finite element method: Its Basis & Fundamentals.* Elsevier Butterworth Heinemann, 2005.

A. Allgemeiner Anhang

A.1. Kombination zweier POD-Basen

Bei besonders hochdimensionalen Ein- und Ausgangsräumen mit vielen Snapshots kann es bei der Lösung des Eigenwertproblems aufgrund der großen Matritzen zu Problemen mit der Größe des Arbeitsspeichers kommen. Als einfache Lösungsstrategie wird hierfür die stückweise Bestimmung mehrerer POD-Basen und anschließende Kombination zu einer POD-Basis entwickelt. Die Methode kommt in den Untersuchungen zu dieser Arbeit nicht zum Einsatz, jedoch kann sie bei zukünftigen Anwendungen möglicherweise von Relevanz sein, weshalb sie an dieser Stelle kurz erläutert wird. Dabei wird eine sehr einfache Vorgehensweise verwendet, um die Orthogonalität sowie die optimale Beschreibung weitestgehend zu erhalten.

Zunächst werden die zu kombinierenden POD-Basen $\underline{\underline{\Psi}}_1$ und $\underline{\underline{\Psi}}_2$ in einer Matrix $\underline{\underline{Y}}_{12}$ zusammen gefasst, wie es in Gleichung A.1 dargestellt ist.

$$\underline{\underline{Y}}_{12} = \begin{pmatrix} \underline{\underline{\psi}}_1 \\ \underline{\underline{\psi}}_2 \end{pmatrix} \tag{A.1}$$

Diese Matrix wird als Snapshotmatrix für eine erneute Konstruktion einer POD-Basis $\underline{\underline{\Psi}}_{12}$ mittels Singulärwertzerlegung oder der Lösung des Eigenwertproblems verwendet.
Bei dieser Vorgehensweise muss jedoch das Reduktions-Kriterium beachtet werden. Da das Kriterium zweimal angewandt wird, ist es empfehlenswert, das Reduktions-Kriterium bei der Konstruktion der Ausgangsbasen $\underline{\underline{\psi}}_1$ und $\underline{\underline{\psi}}_2$ nahezu auf 1 zu setzen, um eine verfälschen des Kriteriums zu vermeiden.

A.2. Bestimmung ellipsoider Funktionsformen mittels SVD

Neben der Bestimmung ellipsoider Funktionsformen entlang des originären Koordinatensystems, wie es in Abschnitt 3.3.2 beschrieben wird, wird auch die zusätzliche Drehung der ellipsoiden Basisfunktionen zur besseren Approxiamtion der Zielfunktion in Betracht gezogen. Hierbei wird der Ansatz verfolgt, die Ellipsoide anhand von zu bestimmenden Hauptrichtungen der Punktwolke auszurichten. Zu der Bestimmung eben dieser Hauptrichtungen eignet sich wiederrum die in Abschnitt 3.1 verwendete Singulärwertzerlegung (SVD). Es sei darauf hingewiesen, dass an dieser Stelle keinerlei Reduktion der Parameter durchgeführt wird, es wird lediglich mit Hilfe der SVD ein an der Punktewolke orientertes Koordinatensystem B_{SVD} bestimmt. Hierbei wird die Singulärwertzerlegung, welche bereits in Gleichung 3.9 beschrieben wird, auf die Eingangsmatrix angewandt:

$$\underline{\underline{X}} = \underline{\underline{U}}^{+}\underline{\underline{\Sigma}}^{+}\underline{\underline{V}}^{+} \tag{A.2}$$

Die Matrix der Links-Singulärvektoren $\underline{\underline{U}}^{+}$ ist die gesuchte Projektionsmatrix zwischen dem originalen Koordinatensystem $B_{\underline{\underline{X}}}$ und des gesuchten Koordinatensystems B_{SVD}. Anschließend werden die Stützstellen in die neue Basis projiziert und analog zu Gleichung 3.44 die Halbachsen $\underline{H}_{SVD}$ bestimmt. Die Formmatrix $\underline{\underline{S}}$ im originalen Koordinatensystem ergibt sich dann durch Projektion der Formmatrix der gedrehten Basis B_{SVD} in das originale Koordinatensystem, wie es in Gleichung A.3 gezeigt ist.

$$\underline{\underline{S}} = \underbrace{\underline{\underline{U}}^{+}\left(\underline{\underline{I}}_{m}\underline{H}^{k}_{SVD}\right)}_{\underline{\underline{S}}_{SVD}}\left(\underline{\underline{U}}^{+}\right)^{T} \tag{A.3}$$

Damit ist die voll besetzte Formmatrix $\underline{\underline{S}}$ im originalen Koordinatensystem bestimmt. In den Untersuchungen zu dieser Arbeit zeigte sich jedoch, dass die SVD-basierte Orientierung der ellipsoiden Funktionsformen zu schlechteren Ergebnissen als die einfache abstandsbasierte Bestimmung der ellipsoiden Formen führt. Dementsprechend wird diese Vorgehensweise in dieser Arbeit nicht weiter verfolgt und ist lediglich der Vollständigkeit hier aufgeführt.

A.3. Strömungsbedingungen in reibungsfreier Strömung

Die Strömungsparameter Dichte ρ_∞, Druck p_∞, Temperatur T und Anströmgeschwindigkeit U_∞ einer reibungsfreien Strömung lassen sich bei einer fixen Machzahl Ma mit dem idealen Gasgesetzt A.4 und der Machzahldefinition A.5 bestimmen, wobei zwei Parameter festzulegen sind und die übrigen bestimmt werden können.

$$p_\infty = \rho_\infty RT \tag{A.4}$$

$$Ma = \frac{U_\infty}{\sqrt{\kappa RT}} \tag{A.5}$$

Häufig wird der dynamische Druck p_{dyn} (vgl. Gl. A.6) vorgegeben, mit welchem sich mit einer zusätzlichen Strömungsgröße die übrigen Parameter bestimmen lassen.

$$p_{dyn} = \frac{1}{2}\rho_\infty U_\infty^2 \tag{A.6}$$

A.4. Strömungsbedingungen in reibungsbehafteter Strömung: Sutherland-Modell

Das Sutherland-Modell ist ein empirischer Ansatz zur Beschreibung der Beziehung der Viskosität μ und der Temperatur T eines reibungsbehafteten Fluids. Der Zusammenhang wird durch Gleichung A.7 gegeben, wobei C die Sutherland-Konstante und T_0 bzw. ν_0 die Referenztemperatur bzw. -viskosität darstellt. Für Luft werden von TAU die Standardwerte von $C = 120K$, $T_0 = 291.15K$ und $\nu_0 = 1.827 \cdot 10^{-5}\frac{kg}{ms}$ verwendet.

$$\nu = \nu_0 \frac{T_0 + C}{T + C}\left(\frac{T}{T_0}\right)^{\frac{3}{2}} \tag{A.7}$$

In Verbindung mit dem idealen Gasgesetzt A.4, der Reynoldszahldefinition A.8 und Machzahldefinition A.5 lassen sich für eine gegebene Kombination von Temperatur, Machzahl und Reynoldszahl die übrigen Strömungsgrößen Druck p_∞, Dichte ρ_∞ und die Strömungsgeschwindigkeit U_∞ bestimmen.

$$Re = \frac{\rho_\infty U_\infty L_{Re}}{\mu} = \frac{U_\infty L_{Re}}{\nu} \tag{A.8}$$

Wird der dynamische Druck p_{dyn} (vgl. Gl. A.6) in Verbindung mit der Mach- und Reynoldszahl vorgegeben, lassen sich die übrigen Größen T, p_∞, ρ_∞ und U_∞ implizit bestimmen.

A.5. Iterative Bestimmung der Flattergrenze mit Hilfe des logarithmischen Dekrements

Bei der Bestimmung der Flattergrenze im Zeitbereich sind in der Regel mehrere transiente aeroelastische Analysen notwendig, um den Flatterpunkt zu finden. Dabei kann mittles des logarithmischen Dekrements auf Basis von zwei Flatterrechnungen eine grobe Abschätzung des Flatterpunkts erfolgen. Dies ist eine bekannte Vorgehensweise aeroelastischen Analysen im Zeitbereich und wird beispielsweise von Chwalowski [14] beschrieben.
Mit dem logarithmischen Dekrement lässt sich auf recht einfache Weise die Dämpfung bzw. Anfachung eines beliebigen oszillierenden Systems quantifizieren, wobei eine Anfachung physikalisch einer negativen Dämpfung - also einer Energiezufuhr - entspricht.

Das logarithmische Dekrement bestimmt sich aus dem natürlichen Logarithmus des Quotienten aus zwei aufeinander folgenden oberen Scheitelpunkten, wie es aus Gleichung A.9 und Abbildung A.1(a) hervorgeht. Demzufolge lässt sich ein Wert für δ_{log} für jede Periode bestimmen. Hierbei ist es sinnvoll und gängige Praxis, die Dekremente erst nach einer Einschwingphase von mehreren Perioden zu bestimmen und dann über mehrere Perioden zu mitteln. Anstelle der oberen können prinzipiell auch die unteren Scheitelpunkte zur Bestimmung von δ_{log} herangezogen werden.

$$\delta_{log} = \ln\left(\frac{z_n}{z_{n+1}}\right) \tag{A.9}$$

Da in dem gesuchten Flatterpunkt das logarithmische Dekrement den Wert $\delta_{log} = 0$ annimmt, lässt sich der Flatterpunkt nach Chwalowski [14] folgendermaßen iterativ bestimmen:

- Bestimmen des logarithmischen Dekrements bei zwei Flatteranalysen mit unterschiedlichen dynamischen Drücken p_{dyn}
- Abschätzung des dynamischen Drucks bei $\delta_{log} = 0$ durch lineare Inter- bzw. Extrapolation
- Erneutes durchführen einer Flatterrechnung beim abgeschätzten dynamischen Druck und Korrektur der Abschätzung

Die Vorgehensweise wird in Abbildung A.1(b) verdeutlicht, welche die Flatterpunktbestimmung des AGARD445.6-Flügels bei $Ma = 0,901$ zeigt. Aus der Abbildung geht auch hervor, dass das logarithmische Dekrement in der Regel nicht linear von dem dynamischen

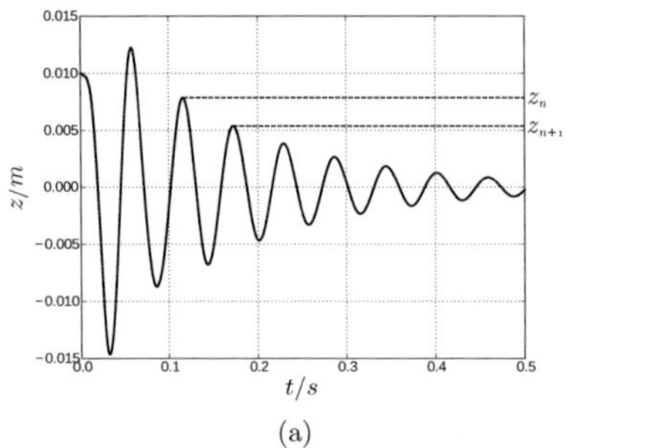

(a)

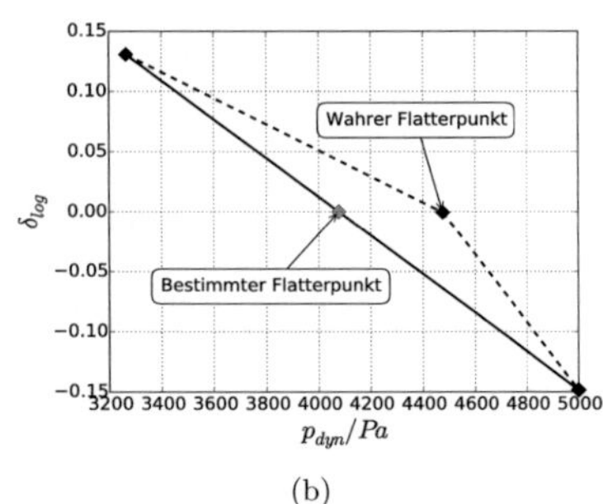

(b)

Abbildung A.1.: (a) Veranschaulichung des logarithmischen Dekrements an einer gedämpften Schwingung; (b) Abschätzen des Flatterpunkts mittels des logarithmischen Dekrements am Beispiel des AGARD 445.6 Flügels bei $Ma = 0,901$

Druck abhängt. Folglich sind mehrere Iterationen bis zur Bestimmung des tatsächlichen Flatterpunkts nötig.

B. Anhang zusätzlicher Ergebnisse zum AGARD445.6-Flügel

B.1. Ersatzmodellidentifikation im transsonischen und unteren supersonischen Bereich mit der Machzahl als Metaparameter

Im Folgenden wird auf die Identifikation des machzahlabhängigen Ersatzmodells eingegangen, welches in Abschnitt 5.4.2 verwendet wird. Die Erstellung der verwendeten Trainingsdaten wird bereits in Abschnitt 5.4 beschrieben.

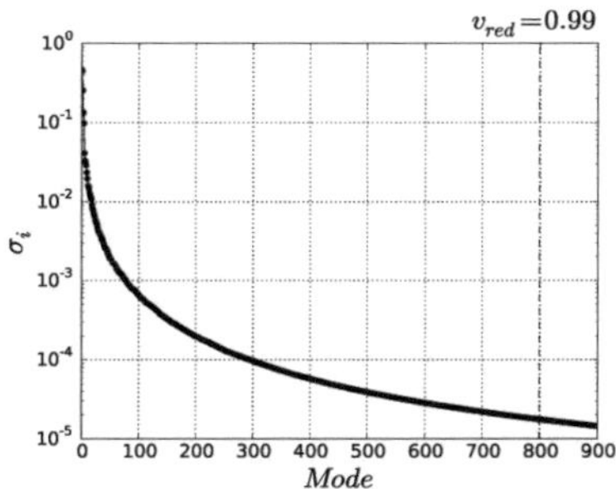

Abbildung B.1.: Singulärwerte der Ausgangs-POD-Basis des AGARD445.6-Flügels mit der Machzahl als Metaparameter

Da die geführte Bewegung des Trainingssignals der aus Abschnitt 5.3.1 gleicht, kann die Eingangs-POD-Basis (vgl. Abb. 5.4(a)) von dieser Untersuchung direkt übernommen werden. Für die Konstruktion der Ausgangs-POD-Basis wird in Analogie zu Abschnitt 5.3.1 das Abschneidekriterium $v_{red} = 0,99$ verwendet. Dies führt zu einer Ausgangs-POD-Basis mit 799 Basisvektoren, deren Singulärwerte in Abbildung B.1 dargestellt sind. Die recht hohe Zahl an Basisvektoren kann mit der Vielfältigkeit der Kraftverteilungen bei den unterschiedlichen Machzahlen erklärt werden.

Die Parameter der Markov-Kette werden in Analogie zu Abschnitt 5.3.1 gewählt. In Abbildung B.2 sind die Ergebnisse der Parameterstudie dargestellt. Der Studie folgend wird das Modell mit IQ-Funktionen, ellipsoiden Funktionsformen mit $k = 1$ und einem Glättungsfaktor von $\lambda_s = 10^{-7}$ verwendet.

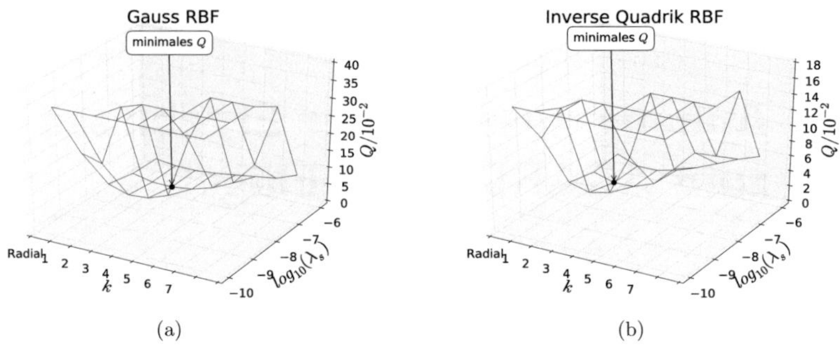

(a) (b)

Abbildung B.2.: Qualitätsindex Q der Parameterstudie mit der Machzahl als Metaparameter: (a) Gauss-RBF; (b) IQ-RBF

B.2. Bestimmung der Flattergrenze mit variiertem Strukturmodell

Die Flattergrenze wird in Abschnitt 5.4.2 erfolgreich für das in Abschnitt 5.1 beschriebene Strukturmodell durch das Ersatzmodell vorhergesagt. Da das Strukturmodell einen erheblichen Einfluss auf die Flattereigenschaften hat, wird in diesem Abschnitt die Steifigkeit des Strukturmodells reduziert und die Flattergrenze erneut bestimmt. Das verwendete Ersatzmodell ist dasselbe wie in Abschnitt 5.4.2.
Die Reduktion der Steifigkeit wird durch Skalierung der Steifigkeitsmatrix erreicht, analog wie beim HIRENASD in Abschnitt 6.6. In dieser Untersuchung wird die Steifigkeit um 20% reduziert, also $\underline{\underline{K}}_{0,8} = 0,8\underline{\underline{K}}$. Durch die Reduktion der Steifigkeit reduzieren sich auch die Eigenfrequenzen, welche in Tabelle B.1 für das originale und das modifizierte Strukturmodell angegeben sind.

Mode	f_s/Hz (orig.)	f_s/Hz (mod.)	$\Delta f_s/\%$
1	$9,813$	$8,777$	10,56
2	$38,795$	$34,699$	10,56
3	$50,514$	$45,181$	10,56
4	$94,119$	$84,182$	10,56

Tabelle B.1.: Vergleich der Eigenfrequenzen des originalen und des modifizierten Strukturmodells

In Abbildung B.3 sind die Flattergrenze und -frequenzen der ROM-CSM- und der CFD-CSM-Analyse mit dem modifizierten Strukturmodell gezeigt. Die Flattergrenze wird in dem Bereich $0,678 < Ma < 0,901$ in zufriedenstellendem Maße vorhergesagt. Bei den Flatterfrequenzen fällt analog zu den Untersuchungen am originalen Strukturmodell auf, dass größere Abweichungen bei den extra- bzw. interpolierten Machzahlen auftreten. Bei $Ma = 0,954$ und $Ma = 0,99$ sind die Abweichungen deutlich größer, wobei die relativen Fehler in diesem

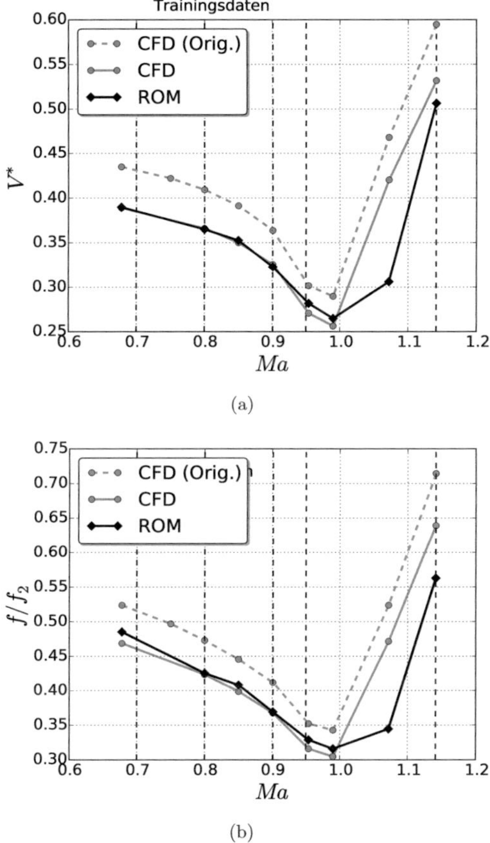

Abbildung B.3.: Vergleich der Flatteruntersuchung der ROM-CSM- und CFD-CSM-Kopplung mit reduzierter Steifigkeit: (a) Flattergrenze; (b) Flatterfrequenzen normiert mit der zweiten Eigenfrequenz $f_2 = 38,795\ Hz$ des originalen Strukturmodells

Bereich in etwa denen des orignialen Strukturmodells gleichen. Im Überschallgebiet zeigt sich bezüglich der Abweichungen ein indifferentes Bild: Die Abweichungen bei der interpolierten Machzahl $Ma = 1,072$ sind im Vergleich zu denen des originalen Strukturmodells deutlich größer, wohingegen die Fehler bei $Ma = 1,141$ signifikant kleiner sind als bei dem originalen Strukturmodell. Die vorhergesagten Flatterparameter weichen jedoch stets in dieselbe Richtung ab, wie beim originalen Strukturmodell. Aus dieser Beobachtung lässt sich prinzipiell eine grobe Korrektur der Abschätzung ableiten: Sobald die Abweichungen der Flattergrenze für ein Strukturmodell bekannt sind, kann auf der Grundlage dieser prozentualen Abweichungen die vorhergesagte Flattergrenze des variierten Strukturmodells zusätzlich korrigiert werden. Für die Zuverlässigkeit dieser Vorgehensweise bedürfte es jedoch weiterer Untersuchungen, welche im Rahmen dieser Arbeit nicht weiter verfolgt werden.

Ma	V^* (CFD)	V^* (ROM)	Fehler /%	f/f_2 (CFD)	f/f_2 (ROM)	Fehler /%
0,678	0,3890	0,3897	0,183	0,4686	0,4851	3,529
0,800	0,3660	0,3650	0,253	0,4235	0,4255	0,472
0,850	0,3499	0,3525	0,729	0,3986	0,4082	2,413
0,901	0,3255	0,3228	0,817	0,3673	0,3691	0,477
0,954	0,2707	0,2817	4,075	0,3158	0,3287	4,082
0,990	0,2562	0,2648	3,349	0,3046	0,3158	3,676
1,072	0,4202	0,3059	27,211	0,4715	0,3446	26,916
1,141	0,5317	0,5063	4,781	0,6390	0,5627	11,936

Tabelle B.2.: Vergleich der Flattergrenze und -frequenz der ROM-CSM- und CFD-CSM-Analyse mit reduzierter Steifigkeit

C. Anhang zusätzlicher Ergebnisse zur HIRENASD-Konfiguration

C.1. Aerodynamische Kurven und Druckverteilungen des starren Flügels beim Testfall 132

In Abbildung C.1 werden die Auftriebs-, Widerstands- und Momentenkurve des undeformierten Gitters mit den Ergebnissen von Chwalowski [14] verglichen. Der Vergleich der

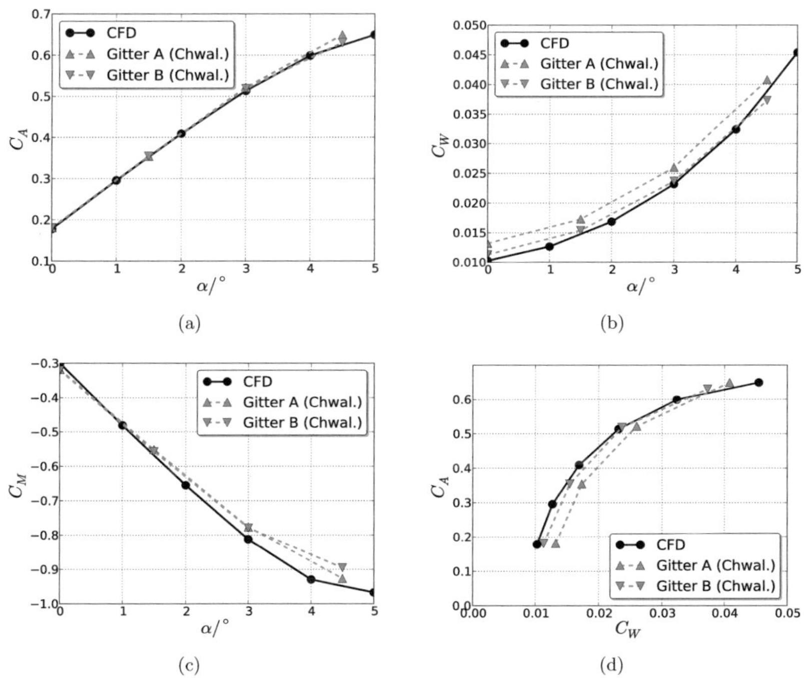

Abbildung C.1.: Kurven des starren Flügels mit den Ergebnissen von Chwalowski [14]: (a) Auftriebskurve; (b) Widerstandskurve; (c) Momentenkurve; (d) Lilienthalpolare

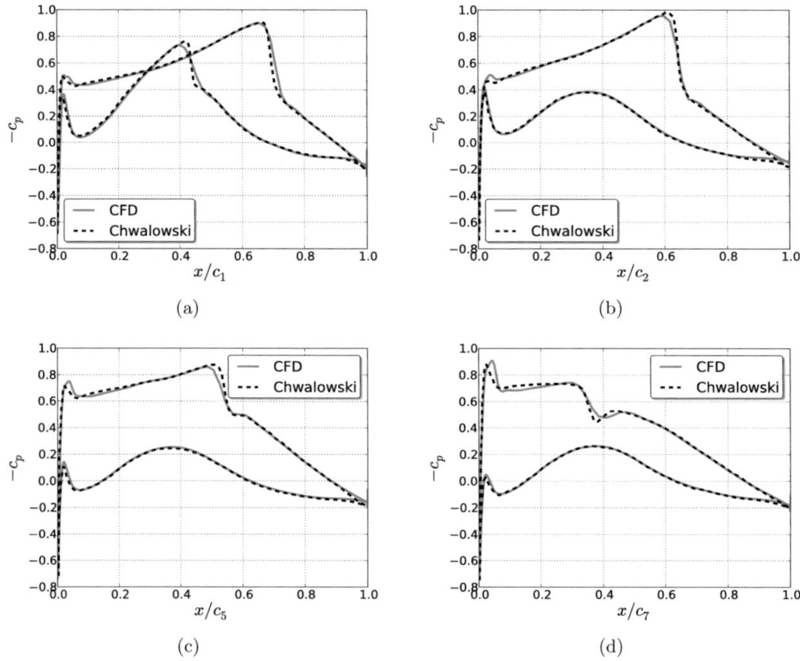

Abbildung C.2.: Vergleich der Druckverteilungen des starren Flügels bei $\alpha = 1,5°$ mit den Ergebnissen von Chwalowski [14] (Gitter B): (a) Schnitt 1; (b) Schnitt 2; (c) Schnitt 5; (d) Schnitt 7

Druckverteilungen des starren, undeformierten Flügels der TAU-Rechnung mit dem mittleren Gitter mit den Ergebnissen von Chwalowski [14] bei $\alpha = 1,5°$ ist in Abbildung C.2 dargestellt. Die Diskussion der Diagramme erfolgt in Abschnitt 6.4.

C.2. Stationäre Analyse bei höheren Anstellwinkel mit dem Ersatzmodell

In diesem Abschnitt sind ergänzende Diagramme zu der Untersuchung aus Abschnitt 6.5.2 aufgeführt. In den Abbildungen C.3, C.4, C.5 und C.6 sind die Kräfte F_x und F_z in den Schnitten 2-5 dargestellt. Auf den Ersten Schnitt wird verzichtet, da dort die aeroelastische Deformation nahezu keine Änderung der Oberflächenkräfte bewirkt.

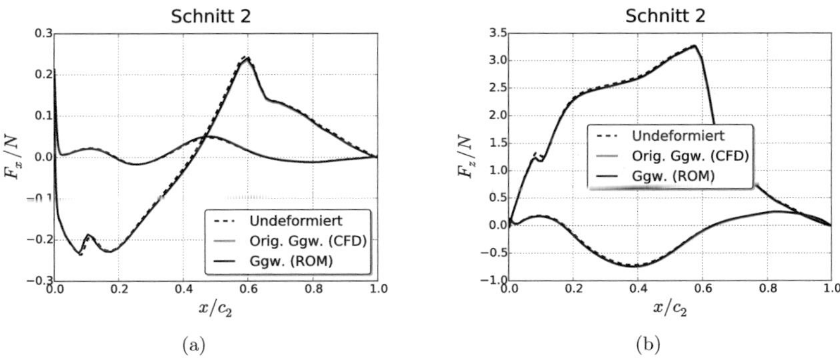

Abbildung C.3.: Vergleich der diskreten aerodynamischen Kräfte der CFD-CSM- und ROM-CSM-Analyse: (a) F_x in Schnitt 2; (b) F_z in Schnitt 2

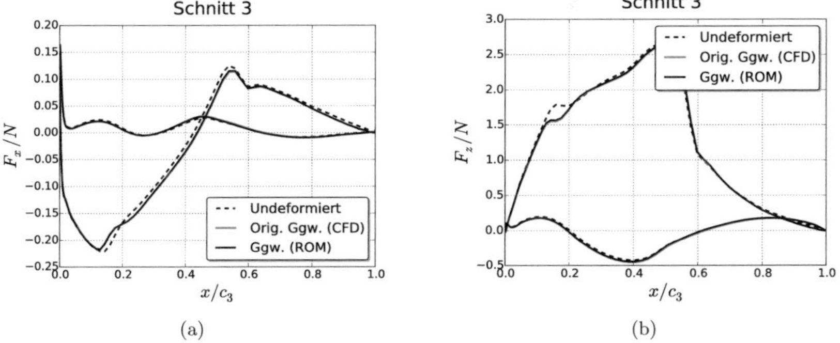

Abbildung C.4.: Vergleich der diskreten aerodynamischen Kräfte der CFD-CSM- und ROM-CSM-Analyse: (a) F_x in Schnitt 3; (b) F_z in Schnitt 3

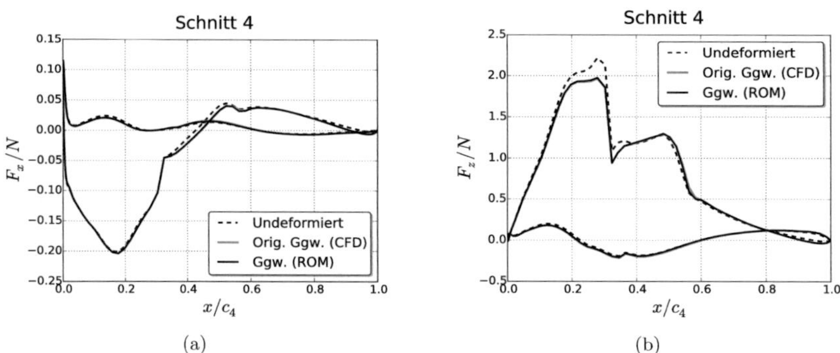

(a) (b)

Abbildung C.5.: Vergleich der diskreten aerodynamischen Kräfte der CFD-CSM- und ROM-CSM-Analyse: (a) F_x in Schnitt 4; (b) F_z in Schnitt 4

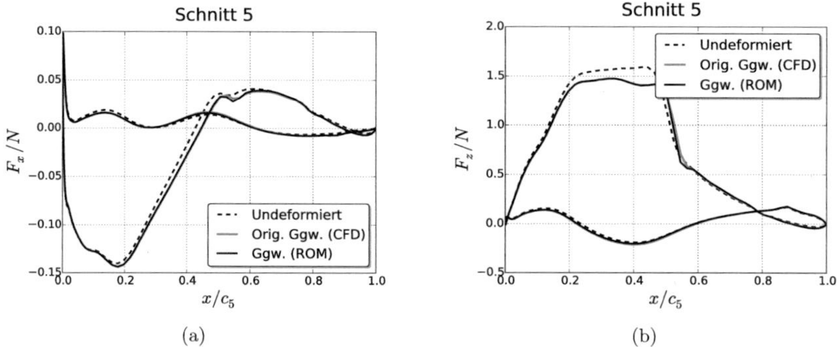

(a) (b)

Abbildung C.6.: Vergleich der diskreten aerodynamischen Kräfte der CFD-CSM- und ROM-CSM-Analyse: (a) F_x in Schnitt 5; (b) F_z in Schnitt 5

C.3. Stationäre Analyse mit variierten Strukturmodellen

In diesem Abschnitt sind ergänzende Diagramme zu der stationären Untersuchung aus Abschnitt 6.6.1 aufgeführt. In den Abbildungen C.7 und C.8 sind die Kräfte F_z in den Schnitten 2-5 der beiden modifizierten Strukturmodelle dargestellt. Auf den ersten Schnitt wird verzichtet, da dort die aeroelastische Deformation nahezu keine Änderung der Oberflächenkräfte bewirkt.

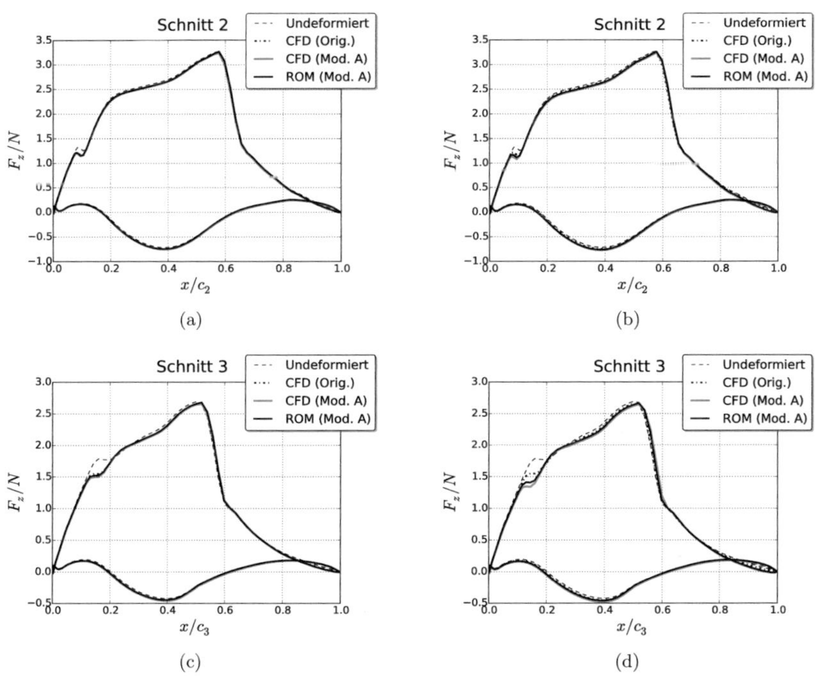

Abbildung C.7.: Vergleich der diskreten aerodynamischen Kräfte F_z der CFD-CSM- und ROM-CSM-Analyse: (a) Schnitt 2 (Modell A); (b) Schnitt 2 (Modell B); (c) Schnitt 3 (Modell A); (d) Schnitt 3 (Modell B)

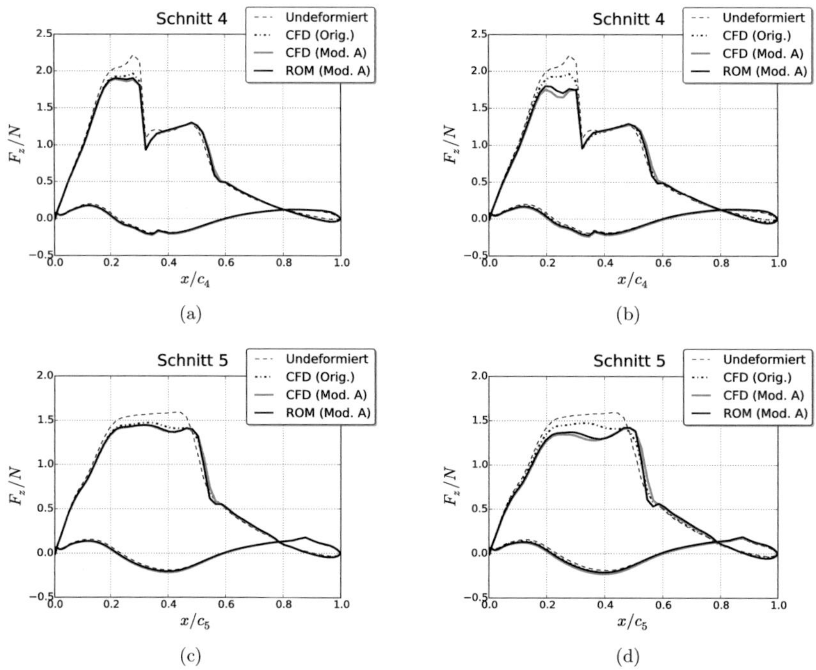

Abbildung C.8.: Vergleich der diskreten aerodynamischen Kräfte F_z der CFD-CSM- und ROM-CSM-Analyse: (a) Schnitt 4 (Modell A); (b) Schnitt 4 (Modell B); (c) Schnitt 5 (Modell A); (d) Schnitt 5 (Modell B)

C.4. Ersatzmodellidentifikation mit dem Anstellwinkel als Metaparameter

In diesem Abschnitt sind nähere Informationen über den Identifikationsprozess des in Abschnitt 6.7 verwendeten Ersatzmodells gegeben.

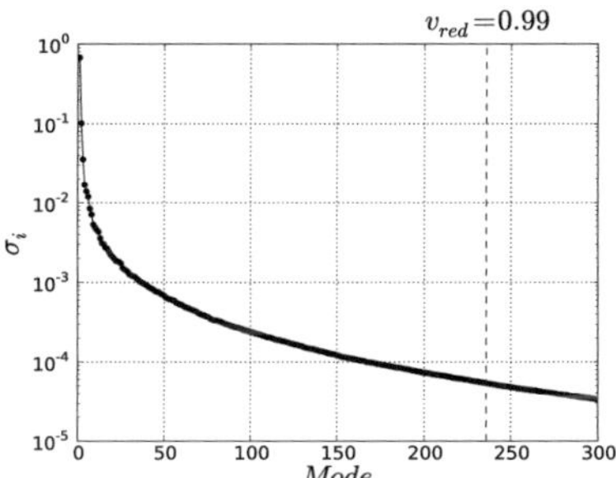

Abbildung C.9.: Singulärwerte der Ausgangs-POD-Basis der HIRENASD-Konfiguration mit dem Anstellwinkel als Metaparameter

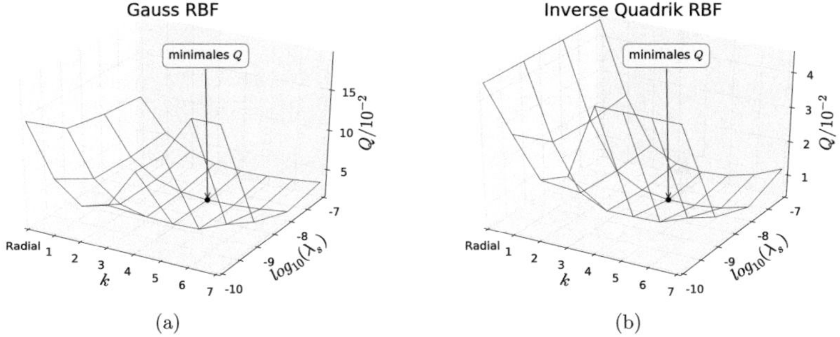

Abbildung C.10.: Qualitätsindex Q der Parameterstudie mit dem Anstellwinkel als Metaparameter: (a) Gauss-RBF; (b) IQ-RBF

Da das Trainingssignal für die Erstellung des Ersatzmodells exakt dem aus Abschnitt 6.5.1 gleicht und lediglich der Anstellwinkel variiert wird, kann die POD-Basis der Eingangsgrößen ohne Modifikationen übernommen werden. Die Singulärwerte der Eingangs-POD-Basis sind dementsprechend in Abbildung 6.17(a) gegeben.

Demgegenüber ist die Ausgangs-POD-Basis neu zu konstruieren, um den variierenden Kraftverteilungen bei den unterschiedlichen Anstellwinkeln Rechnung zu tragen. Die Singulärwerte sind in Abbildung C.9 aufgeführt. Das Abschneidekriterium von $v_{red} = 0,99$ führt zu 236 Basisvektoren. Zieht man vergleichend die Anzahl von 77 Basisvektoren bei einem fixen An-

stellwinkel von $\alpha = 4°$ betracht, indiziert die signifikant gestiegenen Zahl an Basisvektoren die zusätzliche Varianz der Kraftverteilungen bei den unterschiedlichen Anstellwinkeln.
Die Parameter der Markov-Kette werden in Analogie zu Abschnitt 6.5.1 gewählt. In Abbildung C.10 sind die Ergebnisse der Parameterstudie aufgeführt. Der Parameterstudie folgend, wird für die Untersuchungen in Abschnitt 6.7 das Ersatzmodell mit IQ-Funktionen, $\lambda = 10^{-8}$ und $k = 4$ gewählt.

C.5. Ersatzmodell-Untersuchung des Testfalls 132

In diesem Abschnitt werden die Ergebnisse der in Abschnitt C.4 identifizierten Ersatzmodelle mit Gauss- und IQ-Funktionen für den Testfall 132 gezeigt. In Abbildung C.11 sind die Flügelspitzendeformationen der aeroelastischen Gleichgewichte gezeigt. Die Verrückungen der ROM-CSM-Kopplung mit Gaussfunktionen stimmen besser mit der CFD-CSM-Kopplung überein, mit Ausnahme des Anstellwinkels $\alpha = 4°$. Diese Beobachtung ist auf den glatteren Verlauf der IQ-Funktionen zurückzuführen, welcher in Abschnitt 3.3.2 thematisiert wird.

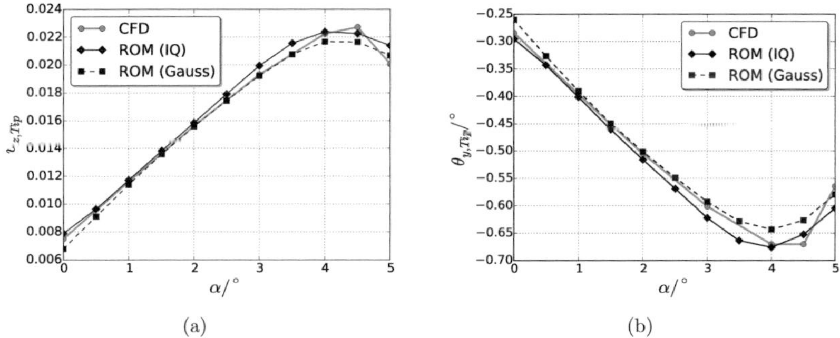

Abbildung C.11.: Vergleich der Flügelspitzendeformationen in den aeroelastischen Gleichgewichten bei verschiedenen Anstellwinkeln der Ersatzmodelle mit IQ- und Gaussfunktionen: (a) Flügelspitzenabsenkung $u_{z,Tip}$; (b) Flügelspitzenrotation $\theta_{y,Tip}$;

In Abbildung C.12 sind die elastischen Polaren gezeigt. Es ist ebenfalls erkennbar, dass im Bereich $3° < \alpha < 5°$ das Ersatzmodell mit Gaussfunktionen geringere Abweichungen zeigt, als das mit IQ-Funktionen.

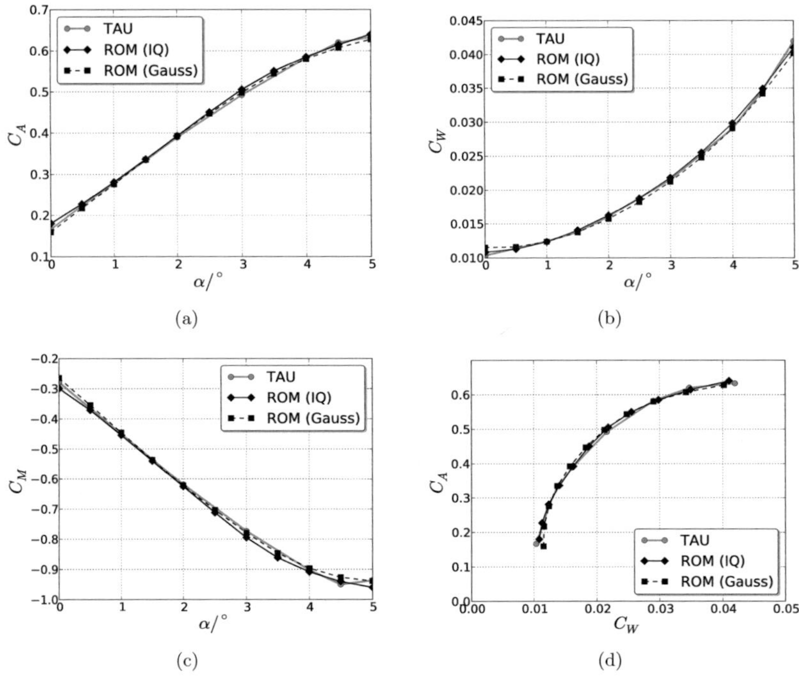

Abbildung C.12.: Vergleich der elastischen Kurven des Ersatzmodells mit IQ- und Gaussfunktionen: (a) Auftriebsbeiwert über α; (b) Widerstandsbeiwert über α; (c) Momentenbeiwert über α; (d) Auftriebsbeiwert über Widerstandsbeiwert

C.6. Transiente Analyse mit interpoliertem Anstellwinkel und Strukturvariation

Die in Abschnitt 6.7.2 durchgeführte transiente Analyse bei einem Anstellwinkel von $\alpha = 4,5°$ wird im Folgenden mit dem modifizierten Strukturmodell A aus Abschnitt 6.6 wiederholt. Es wird also eine transiente Analyse bei einem interpolierten Anstellwinkel mit einem Strukturmodell vorgenommen, welches eine um 20% reduzierte Steifigkeit besitzt.

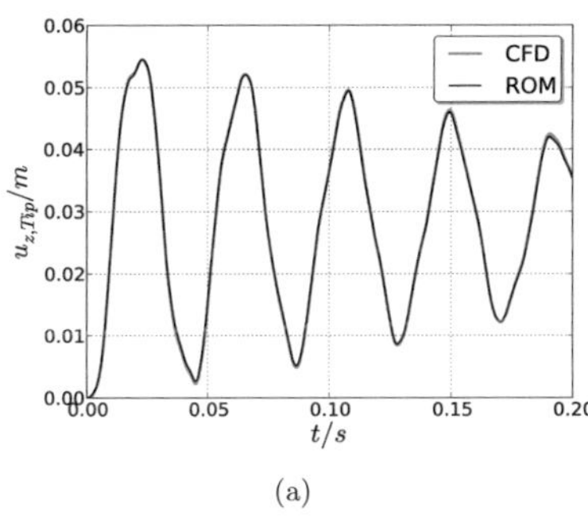

(a)

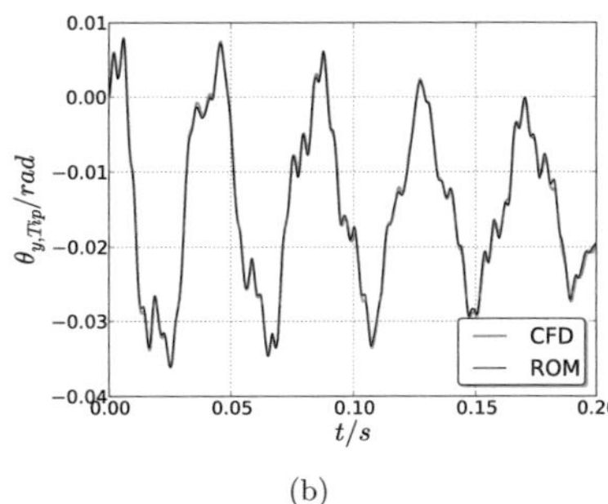

(b)

Abbildung C.13.: Vergleich der Flügelspitzenbewegung der CFD-CSM- und ROM-CSM-Analyse bei $\alpha = 4,5°$ mit Strukturmodell A: (a) Verrückung der Flügelspitze $u_{z,Tip}$; b) Rotation der Flügelspitze $\theta_{y,Tip}$

In Abbildung C.13 sind Zeitverläufe der Verrückungen und Rotationen des Flügelspitzenknotens dargestellt. Interessanterweise treten bei dieser Analyse nicht die Abweichungen auf, welche bei der Analyse mit dem Originalmodell beobachtet werden (vgl. Abb. 6.32). Zieht man zusätzlich die globalen aerodynamischen Beiwert in Abbildung C.14 heran, sind auch keine ausgeprägten lokalen Abweichungen zu erkennen. Es ist aber auch zu beobachten, dass die Oszillationsfrequenz bei der Analyse mit Modell A deutlich geringer ist, was sich in den reduzierten Eigenfrequenzen des Modells A begründet (vgl. Tab. 6.13). Des Weiteren ist zu berücksichtigen, dass für die Identifikation des anstellwinkelabhängigen Ersatzmodells lediglich Analysen mit dem Trainingssignal der Analyse III aus Tabelle 6.6 verwendet werden, da dieses Trainingssignal die größten Strukturverrückungen enthält (vgl. Abb. 6.16). Die Strukturverrückungen bei der hier durchgeführten aeroelastischen Analyse mit dem Strukturmodell A sind im Vergleich zu denen des Originalmodells in Abschnitt 6.32 größer. Folglich ist zu vermuten, dass die erhöhten Strukturbewegungen der hier durchgeführten Analyse besser im Trainingssignal repräsentiert ist und aus diesem Grund die Abweichungen geringer ausfallen. Diese Vermutung lässt sich jedoch nicht durch Betrachtung des Mahalanobis-Abstands stützen.

In Tabelle C.1 sind die Fehler der aerodynamischen Beiwerte aufgeführt. Die Durchschnittsfehler sind in vergleichbarer Größe wie bei der Analyse mit dem originalen Strukturmodell in Abschnitt 6.32. Dies demonstriert, dass zusätzlich zur Interpolation des Anstellwinkels noch eine Variation des Strukturmodells erfolgreich durch das Ersatzmodell abgedeckt werden kann.

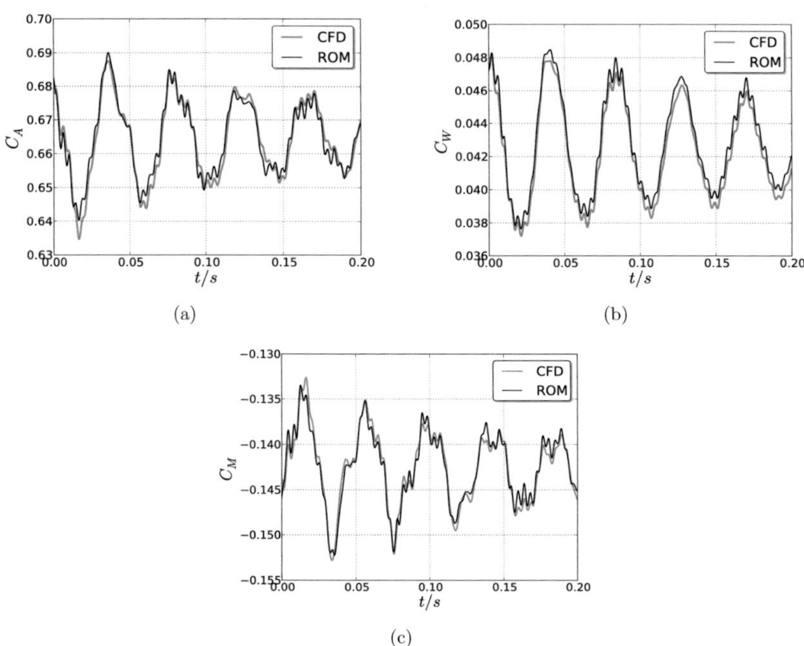

Abbildung C.14.: Vergleich der globalen aerodynamischen Beiwerte der CFD-CSM- und ROM-CSM-Analyse bei $\alpha = 4,5°$ mit Strukturmodell A: (a) globaler Auftriebsbeiwert C_A; b) globaler Widerstandsbeiwert C_W; b) globaler Momentenbeiwert C_M

	C_A	C_W	C_M
e_{max}	1,039 %	2,626 %	1,571 %
$\overline{e}$	0,305 %	1,356 %	0,482 %

Tabelle C.1.: Maximal auftretender Fehler e_{max} und durchschnittlicher Fehler $\overline{e}$ der aerodynamischen Beiwerte C_A, C_W und C_M bei $\alpha = 4,5°$ mit Strukturmodell A

C.7. Transiente Analyse mit Anstellwinkel-, Struktur- und Strömungsvariation

Neben der Variation des Strukturmodells, welche bereits in Abschnitt C.6 vorgenommen wird, werden in diesem Abschnitt zusätzlich noch die Parameter der freien Anströmung verändert. Hierfür wird die Temperatur der Anströmung um $\Delta T_\infty = 100\ K$ erhöht, womit sich mit den Sutherland-Parametern aus Tabelle 6.3 über das Sutherland-Modell die Strömungsgrößen aus Tabelle C.2 ergeben. In Abbildung C.15 wird die Flügelspitzen-

Parameter	Wert	Parameter	Wert
Ma	$0,8$	Re	$7 \cdot 10^6$
ρ_∞	$1,3159\ \frac{kg}{m^3}$	T_∞/K	$346,9\ K$
p_∞	$135485\ Pa$	U_∞	$303,9\ \frac{m}{s}$

Tabelle C.2.: Variierte Strömungsparameter

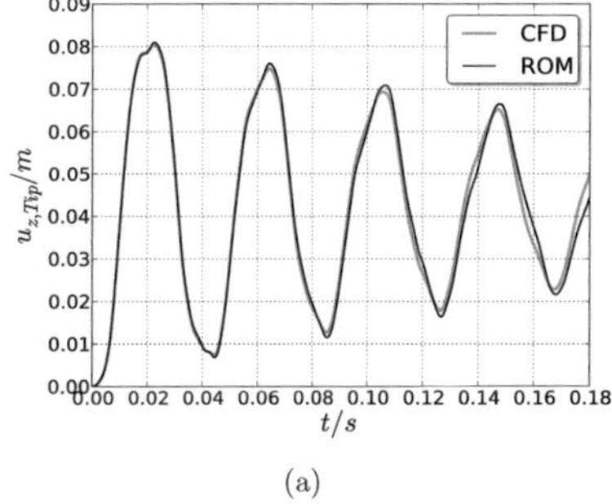

(a)

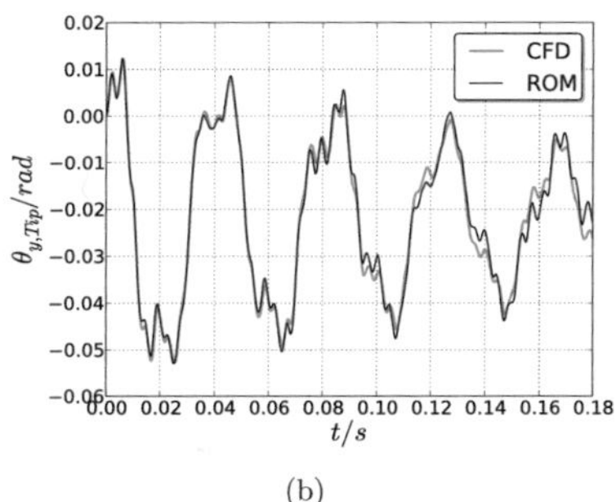

(b)

Abbildung C.15.: Vergleich der Flügelspitzenbewegung der CFD-CSM- und ROM-CSM-Analyse bei $\alpha = 4,5°$ mit Strukturmodell A und $T_\infty = 346,9\ K$: (a) Verrückung der Flügelspitze $u_{z,Tip}$; b) Rotation der Flügelspitze $\theta_{y,Tip}$

verrückung und -rotation der ROM-CSM- mit der CFD-CSM-Analyse verglichen. Wie aus den Diagrammen hervorgeht, wird die Strukturverformung auch in diesem Fall mit hinreichender Genauigkeit vorhergesagt. Lediglich ab $t = 0,1\ s$ sind leichte Abweichungen zwischen beiden Analysen zu beobachten. Dies ist vor allem in Hinblick auf die recht großen Strukturverformungen in der ersten Schwingungsperiode bemerkenswert, welche mit $u_{z,max}^{A,ROM} = 0,081\ m$ vergleichsweise weit von den maximalen Strukturdeformationen $u_{z,max}^{Train} = 0,0457\ m$ des Trainingssignals entfernt liegen. Dennoch wird an dieser Stelle das Extrapolationskriterium mit $D^*_{min} = 0,3043 \leq 0,4 = D^*_{limit}$ nicht überschritten.

Aus dem Vergleich der aerodynamischen Beiwerte in Abbildung C.16 geht hervor, dass die Beiwerte mit akzeptabler Genauigkeit vorhergesagt werden. Hierbei sind jedoch lokal stärkere Abweichungen in den Bereichen der oberen Scheitelpunkte der Flügelspitzenverrückung bei $t = 0,02\ s$, $t = 0,06\ s$ und $t = 0,1\ s$ festzustellen.

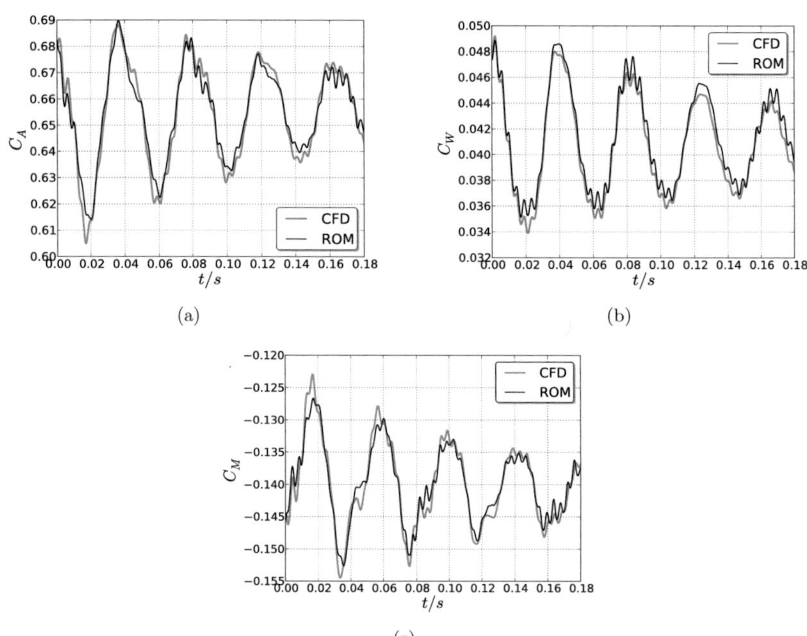

Abbildung C.16.: Vergleich der globalen aerodynamischen Beiwerte der CFD-CSM- und ROM-CSM-Analyse bei $\alpha = 4,5°$ mit Strukturmodell A und $T_\infty = 346,9K$: (a) globaler Auftriebsbeiwert C_A; b) globaler Widerstandsbeiwert C_W; b) globaler Momentenbeiwert C_M

	C_A	C_W	C_M
e_{max}	1,990 %	4,350 %	3,367 %
$\overline{e}$	0,502 %	1,654 %	0,904 %

Tabelle C.3.: Maximal auftretender Fehler e_{max} und durchschnittlicher Fehler $\overline{e}$ der aerodynamischen Beiwerte C_A, C_W und C_M bei $\alpha = 4,5°$ mit Strukturmodell A und $T_\infty = 346,9\ K$

Betrachtet man die Fehler der aerodynamischen Beiwerte in Tabelle C.3 lässt sich feststellen, dass die durchschnittlichen Fehler im Vergleich zu der Analyse bei den ursprünglichen Strömungsbedingungen (vgl. Tab. C.1) lediglich etwas ansteigen. Demgegenüber ist bei den maximalen Fehler eine deutliche Zunahme bemerkbar, welche auf die lokalen Abweichungen bei $t = 0,02\ s$ zurückzuführen sind.

Aus dieser Analyse geht hervor, dass das Ersatzmodell in Analysen bei einem interpolierten Anstellwinkel mit variiertem Strukturmodell und veränderten Strömungsbedingungen eine hinreichend genaue Vorhersage ermöglicht.